スッキリわかる

建設業経理士 1級

経理士

財務諸表

滝澤ななみ
TAC出版開発グループ

● はしがき

大切なのは基本をしっかりと理解すること

　建設業経理士1級は、財務諸表・財務分析・原価計算の3科目で実施されます。なかでも財務諸表の合格率は平均20%であり、原価計算や財務分析に比べると、その難易度はやや高めです。しかし、難易度が高いからといって、難問が解けなければ合格できないというものでもありません。ここで大切なのは、**基本的な問題を落とさない**ということです。

　そこで本書では、合格に必要な知識を基礎からしっかりと身につけることを目標とし、合格に必要なポイントを丁寧に説明しています。

特徴1　読みやすく、場面をイメージしやすいテキストにこだわりました

　1級財務諸表の試験範囲は非常に広いため、**効率的に学習**する必要があります。そこで、1級初学者の方が内容をきちんと理解し、最後までスラスラ読めるよう、**やさしい、一般的なことば**を用いて、専門用語等の解説をしています。

　さらに、**取引の場面を具体的にイメージ**できるように、2級でおなじみのゴエモン（キャラクター）を登場させ、みなさんがゴエモンと一緒に取引ごとに会計処理を学んでいくというスタイルにしています。

特徴2　準拠問題集を完備

　テキストを読んだだけでは知識を身につけることはできません。テキストを読んだあと、問題を解くことによって、知識が定着するのです。

　そこで、**テキストのあとに必ず問題を解いていただけるよう**、本書に完全準拠した「スッキリとける問題集　建設業経理士1級財務諸表」を準備しました。

　2級以上の合格者は公共工事の入札に関わる経営事項審査の評価対象となっています。本書を活用することで読者のみなさんがいちはやく建設業経理検定に合格され、日本の建設業界を担う人材として活躍されることを願っています。

2020年5月

・第3版刊行にあたって
　「税効果会計に係る会計基準」の改定にともない、表示区分の変更を行っております。

建設業経理士1級の学習方法と合格まで‥‥‥

1. テキスト『スッキリわかる』を読む   テキスト

まずは、**テキスト（本書）**を読みます。

テキストは自宅でも電車内でも、どこでも手軽に読んでいただけるように作成していますが、机に向かって学習する際には、鉛筆と紙を用意し、取引例や新しい用語がでてきたら、**実際に紙に書いてみましょう。**

また、本書はみなさんが考えながら読み進めることができるように構成していますので、ぜひ**答えを考えながら**読んでみてください。

2. テキストを読んだら問題を解く！   問題集

簿記は**問題を解くことによって、知識が定着**します。本書のテキスト内には、姉妹本『スッキリとける問題集　建設業経理士1級　財務諸表』内で対応する問題番号を付しています（☺ 問題集 ☺）ので、それにしたがって、問題を解きましょう。

また、まちがえた問題には付箋などを貼っておき、あとでもう一度、解きなおすようにしてください。

3. もう一度、すべての問題を解く！   テキスト&問題集

上記1、2を繰り返し、本書の内容理解に自信がもてたら、**本書を見ないで**『スッキリとける問題集』の**問題をもう一度最初から全部解いてみましょう。**

4. そして過去問題を解く！   過去問題

『スッキリとける問題集』には、本試験レベルの問題も収載していますが、本試験の出題形式に慣れ、時間内に効率的に合格点をとるために同書の別冊内にある**3回分の過去問題**を解くことをおすすめします。

なお、**別売の過去問題集***には10回分の過去問題を収載しています。

*TAC出版刊行の過去問題集
・「合格するための過去問題集 建設業経理士1級　財務諸表」

建設業経理士1級はどんな試験？

1. 試験概要

主 催 団 体	一般財団法人建設業振興基金
受 験 資 格	特に制限なし
試 験 日	毎年度　9月・3月
試 験 時 間	財務諸表　9：30～11：00　財務分析　12：00～13：30 原価計算　14：30～16：00
申込手続き	インターネット・郵送
申 込 期 間	おおむね試験日の4カ月前より1カ月 ※主催団体の発表をご確認ください。
受 験 料 等 （消費税込）	1科目：8,120円 2科目同日受験：11,420円 3科目同日受験：14,720円 ※上記の受験料等には、申込書代金、もしくは決済手数料としての320円 　（消費税込）が含まれています。
問 合 せ	一般財団法人建設業振興基金　経理試験課 URL：https://www.keiri-kentei.jp/

2. 配点（財務諸表）

過去5回はおおむね次のような配点で出題されており、合格基準は100点満点中70点以上となります。

第1問	第2問	第3問	第4問	第5問	合　計
20点	14点	18点	12点	36点	100点

3. 受験データ（財務諸表）

回　　数	第24回	第25回	第26回	第27回	第28回
受験者数	1,555人	1,612人	1,517人	1,697人	1,860人
合格者数	434人	393人	311人	410人	408人
合 格 率	27.9%	24.4%	20.5%	24.2%	21.9%

財務諸表、財務分析、原価計算の3科目すべてに合格すると、1級資格者となります。科目合格の有効期限は5年間です。

● CONTENTS ●

さくいん

会計の基礎編

第1章

企業会計の分類と目的

そもそも、「会計」ってなんだろう。
誰が、どのような目的で行うのかな?

ここでは企業会計の分類と目的について
みていきましょう。

企業会計の分類と目的

企業は、会計によってその経済活動を測定し報告します。
具体的に、誰にどのような情報を報告するのでしょうか。

企業会計とは

「会計」とは、ひとことでいうと、収益と費用を記録し、その結果を計算し、報告することです。

ひとくちに「会計」といっても、企業で行う会計、公官庁で行う会計、家庭で行う会計などさまざまなものがあります。このうち、企業で行う会計（**企業会計**）について学習していきます。

財務会計と管理会計

企業会計を「誰に報告するか」によって分類すると、**財務会計**と**管理会計**に分類することができます。

財務会計は財務諸表で学習する内容です。

財務会計は、出資者である株主や債権者など、企業外部の人に企業の財政状態や経営成績を報告するための会計です。これによって、投資家や株主、債権者などが投資の意思決定をしたり、取引をするかどうかを決定するので、財務会計はわかりやすく報告することが求められ、**一定のルールにしたがって計算すること**が求められます。

管理会計は主に原価計算で学習する内容です。

一方、**管理会計**は、経営者や経営管理者（部長）など、企業内部の人に報告するための会計です。これによって、経営者や経営管理者が経営方針を決めたり、計画を策定するため、管理会計は**実用的**であることが求められます。

財務情報開示の必要性

　企業は、利害関係者との間でしばしば対立競合する関係にあります。そして、このような事情のもとで、適正な財務情報の提供を通じて、次の3つの利害調整を図ろうとしています。

3つの利害調整

●経営者の経営受託責任を明確にする（委託財産の運用管理責任）。

●利害関係者の意思決定に役立てる（投資・融資・取引の判断）。

●利害関係者への財の分配額の基礎を与える（配当・利払い・賃金・納税）。

⇔ 問題集 ⇔
問題1

会計公準

我が社は永遠に
不滅というわけか…！

仮定の話でしょ…。

フフフッ　フフフッ

継続企業
の公準

企業会計は「企業会計
原則」に定められてい
ます。
まずは、「企業会計原則」を
学ぶ前に、企業会計の基礎的
な前提をみていきましょう。

● 企業会計の根幹と実務慣習

　企業が会計を行ううえでの基礎的前提を**会計公準**といいます。会計公準は企業会計の根幹となるものであり、実務慣習としての会計原則は、会計公準を前提として機能しています。

　会計公準には、(1)**企業実体の公準**、(2)**継続企業の公準**、(3)**貨幣的評価の公準**の3つがあります。

(1)　企業実体の公準

　企業実体の公準とは、会計単位に関する公準です。企業は経営者のものでも、株主のものでもなく、1つの独立したものであると仮定し、この独立した1つの単位として会計を行うという前提をいいます。

(2)　継続企業の公準（期間計算の公準）

　継続企業の公準とは、企業は解散や清算を予定しておらず、永遠に活動するものであるという前提をいいます。

　したがって、会計を行うには、永遠に続く全期間を1年や半年、四半期のように人為的に一定期間ごとに区切る必要があることを意味します。

もちろん、途中で事業がどうにもならなくて解散することもありますが、そもそも企業は解散することを前提に活動をしていない、ということですね。

(3) **貨幣的評価の公準**

　貨幣的評価の公準とは、企業の活動はすべて貨幣額によって
計算するという前提をいいます。

> 貨幣的評価の公準
> は、貨幣価値が安
> 定しているという
> 仮定にもとづいて
> います。

⇔ **問題集** ⇔
問題2

CASE 3

企業会計原則の基礎

会計原則？
むむむむ…。

あ、あまり深入り
しないで下さい。

「企業会計原則」には、さまざまな処理が定められています。
まずは、「企業会計原則」の基礎的なところからみていきましょう。

企業会計原則とは

企業会計原則は、たとえほかの法律に決められていなくても、すべての企業が会計処理を行うにあたって守らなければいけないルールです。

> **企業会計原則の設定について**
>
> 企業会計原則は、企業会計の実務の中に慣習として発達したもののなかから、一般に公正妥当と認められたところを要約したものであって、必ずしも法令によって強制されないでも、すべての企業がその会計を処理するに当って従わなければならない基準である。

実務の中で慣習とされていたものをまとめたものだから、守れないわけはないですよね、ということです。

企業会計原則は、**一般原則、損益計算書原則、貸借対照表原則**の3つで構成されています。このうち、基本的でかつ1級の学習上、必要なものについて以下で説明します。

一般原則

一般原則は、損益計算書や貸借対照表に共通する基本的なルールを示しており、具体的には次の7つの原則があります。

一般原則	
(1) 真実性の原則	(5) 継続性の原則
(2) 正規の簿記の原則	(6) 保守主義の原則
(3) 資本取引・損益取引区分の原則	(7) 単一性の原則
(4) 明瞭性の原則	

(1) 真実性の原則

> **一般原則　一**
> 　企業会計は、企業の財政状態及び経営成績に関して、真実な報告を提供するものでなければならない。

　真実性の原則では、企業の財政状態、経営成績について真実な報告をすることを要請しています。

　この真実性の原則は、ほかの6つの一般原則よりも上位に位置する最も根本的なルールです。

　また、ここでいう「真実」とは、絶対的な真実ではなく、**相対的な真実**を意味します。

　たとえば、固定資産の減価償却方法には、定額法や定率法がありますが、定額法を採用するか定率法を採用するかによって、結果として計算される金額は異なります。

> [例] 当期首において取得した備品（取得原価1,000円、耐用年数5年、残存価額0円、定率法の償却率0.5）を減価償却する。

　定額法の場合の減価償却費：1,000円 ÷ 5年 = 200円
　定率法の場合の減価償却費：1,000円 × 0.5 = 500円

　このように1つの会計事実（備品の減価償却）について、複数の会計処理（定額法、定率法）が認められるときは、どちらの会計処理方法を採用したかによって、計算結果（金額）は異なりますが、その採用した方法で正しく処理されていれば、どちらの金額も真実であると認められます。これを**相対的真実**といいます。

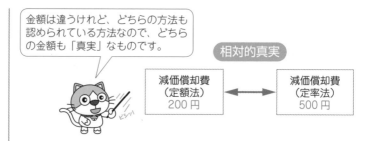

金額は違うけれど、どちらの方法も認められている方法なので、どちらの金額も「真実」なものです。

相対的真実

減価償却費（定額法）200円 ⟷ 減価償却費（定率法）500円

(2) 正規の簿記の原則

> **一般原則　二**
> 企業会計は、すべての取引につき、正規の簿記の原則に従って、正確な会計帳簿を作成しなければならない。

正規の簿記の原則では、正確な会計帳簿の作成と、その会計帳簿にもとづいて財務諸表を作成することを要請しています。

このように、会計帳簿にもとづいて財務諸表を作成することを**誘導法による財務諸表の作成**といいます。

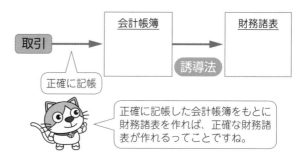

取引 → 会計帳簿 → 財務諸表

誘導法

正確に記帳

正確に記帳した会計帳簿をもとに財務諸表を作れば、正確な財務諸表が作れるってことですね。

企業会計は、決められた会計処理方法によって正確な計算をすべきですが、そもそも財務会計の目的は企業外部の人に企業の情報を提供することです。したがって、重要性の低いものについては本来の厳密な会計処理によらないで、ほかの簡便な会計処理によることも認められており、この場合も正規の簿記の原則にしたがった処理として認められます。

このように、重要性の高いものには厳密な会計処理、表示方法によることを要請するとともに、重要性の低いものは簡便な会計処理、表示方法によることを認めるという原則を**重要性の**

重要性の原則は一般原則には入っていませんが、大切な原則なのでしっかり覚えておきましょう。

原則といいます。

(3) 資本取引・損益取引区分の原則

> **一般原則　三**
> 　資本取引と損益取引とを明瞭に区別し、特に資本剰余金と利益剰余金とを混同してはならない。

　資本取引・損益取引区分の原則では、企業の財政状態および経営成績の適正な開示を行うために、資本取引（資本金、資本剰余金が増減する取引）と損益取引（収益、費用が増減する取引）を明確に区別することを要請しています。

(4) 明瞭性の原則

> **一般原則　四**
> 　企業会計は、財務諸表によって、利害関係者に対し必要な会計事実を明瞭に表示し、企業の状況に関する判断を誤らせないようにしなければならない。

　明瞭性の原則では、財務諸表の利用者が企業の状況に関して誤った判断をしないように、明瞭な財務諸表を作成することを要請しています。
　なお、「明瞭」とは、**わかりやすい表示方法で財務諸表を作成すること**と、**財務諸表を作成するのにあたって採用した会計処理の原則や手続きを明らかにすること**をいいます。

① 表示に関する明瞭性（形式的明瞭性）
　表示に関する明瞭性とは、財務諸表の様式や財務諸表を一定の区分に分けて表示することなど、形式に関する明瞭性をいいます。

> **表示に関する明瞭性**
> ・損益計算書や貸借対照表は一定の様式による
> ・損益計算書や貸借対照表は一定の区分に分けて表示する
> ・損益計算書や貸借対照表には、総額で表示する

② 内容に関する明瞭性（実質的明瞭性）

内容に関する明瞭性とは、財務諸表に記載された金額がどのような会計処理方法により計算されたものであるのかを財務諸表に**注記**して開示することなど、内容に関する明瞭性をいいます。

内容に関する明瞭性
・重要な会計方針の注記
・重要な後発事象の注記

ⓐ 重要な会計方針

会計方針とは、会計処理の原則、手続きおよび表示の方法をいい、これらのうち重要なものは財務諸表に注記しなければなりません。

［注記］
(1) 重要な会計方針
① 有形固定資産の減価償却方法について、建物は定額法、備品は定率法によっている。
　　　　　　　　　　　　　　　⋮

ⓑ 重要な後発事象

後発事象とは、貸借対照表日（決算日）以後に生じた事象で、次期以降の財政状態や経営成績に重要な影響を及ぼすものをいいます。

たとえば、決算日後に発生した大規模な地震によって主力工場が倒壊し、一時的に生産ができない状況となった場合、次期以降に生産量が減ることが予想されます。このとき、次期の売上が減少する可能性があるので、利害関係者が企業に関する誤った判断をしないよう、重要な後発事象については財務諸表に注記することが要請されます。

[注記]
(2) 重要な後発事象
　　×2年4月8日に発生した大規模な地震により、主力
　工場が倒壊したため、次期の生産能力は約30％低下する
　見込みである。

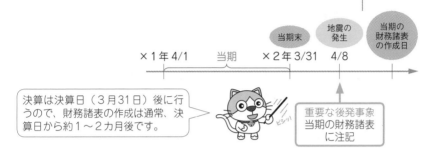

決算は決算日（3月31日）後に行
うので、財務諸表の作成は通常、決
算日から約1〜2カ月後です。

重要な後発事象
当期の財務諸表
に注記

(5) 継続性の原則

一般原則　五
　企業会計は、その処理の原則及び手続を毎期継続して適
用し、みだりにこれを変更してはならない。

　継続性の原則では、1つの会計事実に対して複数の会計処理
の原則や手続きがある場合、ある会計処理の原則や手続きを
いったん採用したら、原則として毎期継続して適用することを
要請しています。
　ただし、会計に関する法令の変更や企業の大規模な経営方針
の変更など、正当な理由がある場合の変更は認められます。

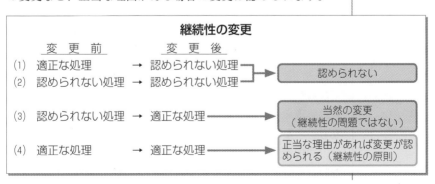

継続性の原則が必要とされる理由のひとつに、**利益操作を排除**することがあります。

　たとえば、固定資産の減価償却方法について定額法と定率法が認められる場合、定額法で計算した減価償却費と定率法で計算した減価償却費は異なります。したがって、継続性の原則がなければ、当期に費用を多く計上したい場合にはいずれか減価償却費が多くなる方法を採用し、次期に費用を少なく計上したい場合にはいずれか減価償却費が少なくなる方法を採用するということが意図的にできてしまいます。

　また、第1期は定率法を採用し、第2期は定額法を採用するなど、各期の条件が異なると、第2期の利益が増えていたからといって、必ずしも業績が良くなったとはいえません。

　このように**期間比較を可能とするため**にも継続性の原則が必要とされるのです。

(6) 保守主義の原則

<blockquote>
一般原則　六

　企業の財政に不利な影響を及ぼす可能性がある場合には、これに備えて適当に健全な会計処理をしなければならない。
</blockquote>

　保守主義の原則では、予想される将来の危険性に備えて慎重な会計処理をすることを要請しています。

　配当や税金の支払いは利益にもとづいて行われるため、利益が多く計上されるほど、企業から現金が流出することになります。

　したがって、同一の事象について、利益が小さくなるような会計処理をしたほうが現金の流出を抑えられ、企業財政が健全なものとなります。このように利益が小さくなるような会計処理（費用が大きくなるような会計処理）を適用したり、不確かな収益を計上しないようにすることは、保守的な会計処理とい

えます。

　なお、いくら保守的な会計処理が望ましいといっても、貸倒引当金の額を見積額よりも相当多めに計上するなど、**過度の保守主義は認められません**。

> 過度の保守主義は、もはや、真実性の原則に反してしまいます。

(7)　単一性の原則

> **一般原則　七**
> 　株主総会提出のため、信用目的のため、租税目的のため等種々の目的のために異なる形式の財務諸表を作成する必要がある場合、それらの内容は、信頼しうる会計記録に基づいて作成されたものであって、政策の考慮のために事実の真実な表示をゆがめてはならない。

　単一性の原則では、目的によって財務諸表の表示形式が異なることはあっても、それらの財務諸表を作成する際の会計記録はひとつでなければならないことを要請しています。

> 要するに二重帳簿を禁止しているわけですね。

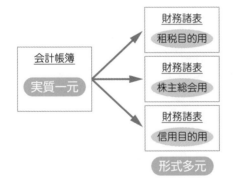

● 損益計算書原則

損益計算書原則は、損益計算書の作成にかかる原則です。そのうち、特に基本となるものについてみておきましょう。

(1) 損益計算書の様式

> **損益計算書原則　一**
>
> 損益計算書は、企業の経営成績を明らかにするため、一会計期間に属するすべての収益とこれに対応するすべての費用とを記載して経常利益を表示し、これに特別損益に属する項目を加減して当期純利益を表示しなければならない。

損益計算書は、一会計期間における企業の経営成績を示す計算書で、一会計期間に帰属するすべての収益（成果）から対応する費用（犠牲）を控除して、期間利益を計算します。

(2) 総額主義の原則

> **損益計算書原則　一B**
>
> 費用及び収益は、総額によって記載することを原則とし、費用の項目と収益の項目とを直接に相殺することによってその全部又は一部を損益計算書から除去してはならない。

総額主義の原則では、原則として収益や費用は総額で計上することを要請しています。ただし、売買目的有価証券の評価損と評価益は相殺して表示するなどの例外もあります。

(3) 費用収益対応の原則

> **損益計算書原則　一C**
>
> 費用及び収益は、その発生源泉に従って明瞭に分類し、各収益項目とそれに関連する費用項目とを損益計算書に対応表示しなければならない。

費用収益対応の原則では、費用と収益を発生した理由別に分

類して、各収益項目とそれに関連する費用項目を損益計算書に
対応表示することを要請しています。

(4) 損益計算書の区分と利益概念

損益計算書原則 二

損益計算書には、営業損益計算、経常損益計算及び純損
益計算の区分を設けなければならない。

A 営業損益計算の区分は、当該企業の営業活動から生ず
る費用及び収益を記載して、営業利益を計算する。

二つ以上の営業を目的とする企業にあっては、その費
用及び収益を主要な営業別に区分して記載する。

B 経常損益計算の区分は、営業損益計算の結果を受けて、
利息及び割引料、有価証券売却損益その他営業活動以外
の原因から生ずる損益であって特別損益に属しないもの
を記載し、経常利益を計算する。

C 純損益計算の区分は、経常損益計算の結果を受けて、
前期損益修正額、固定資産売却損益等の特別損益を記載
し、当期純利益を計算する。

以上より、損益計算書の形式を示すと次のようになります。

<table>
<tr><td colspan="3" align="center">損益計算書</td><td></td></tr>
<tr><td colspan="3" align="center">自×1年4月1日 至×2年3月31日</td><td></td></tr>
<tr><td>Ⅰ</td><td>売 上 高</td><td>××</td><td rowspan="5">営業損益計算</td></tr>
<tr><td>Ⅱ</td><td>売 上 原 価</td><td>××</td></tr>
<tr><td></td><td>売 上 総 利 益</td><td>××</td></tr>
<tr><td>Ⅲ</td><td>販売費及び一般管理費</td><td>××</td></tr>
<tr><td></td><td>営 業 利 益</td><td>××</td></tr>
<tr><td>Ⅳ</td><td>営 業 外 収 益</td><td>××</td><td rowspan="3">経常損益計算</td></tr>
<tr><td>Ⅴ</td><td>営 業 外 費 用</td><td>××</td></tr>
<tr><td></td><td>経 常 利 益</td><td>××</td></tr>
<tr><td>Ⅵ</td><td>特 別 利 益</td><td>××</td><td rowspan="5">純損益計算</td></tr>
<tr><td>Ⅶ</td><td>特 別 損 失</td><td>××</td></tr>
<tr><td></td><td>税引前当期純利益</td><td>××</td></tr>
<tr><td></td><td>法 人 税 等</td><td>××</td></tr>
<tr><td></td><td>当 期 純 利 益</td><td>××</td></tr>
</table>

建設業では、売上
高は完成工事高、
売上原価は完成工
事原価、売上総利
益は完成工事総利
益を用います。

● 貸借対照表原則

　貸借対照表原則は、貸借対照表の作成にかかる原則です。そのうち、特に基本となるものについてみておきましょう。

貸借対照表の基本原則
(1) 貸借対照表完全性の原則（貸借対照表の本質）
(2) 総額主義の原則（金額の表示基準）
(3) 区分表示の原則（項目の表示基準）

---

(1) 貸借対照表完全性の原則

貸借対照表原則　一
　貸借対照表は、企業の財政状態を明らかにするため、貸借対照表日におけるすべての資産、負債及び純資産（資本）を記載し、株主、債権者その他の利害関係者にこれを正しく表示するものでなければならない。ただし、正規の簿記の原則に従って処理された場合に生じた簿外資産及び簿外負債は、貸借対照表の記載外におくことができる。

　貸借対照表の目的（本質）は財政状態を明らかにするため、貸借対照表日（決算日）におけるすべての資産、負債及び純資産（資本）を表示することです。これを**貸借対照表完全性の原則**といいます。

　なお、正規の簿記の原則では、重要性の低いものについては本来の厳密な会計処理によらないで簡便な会計処理によることを認めています。その結果、実際に存在する資産や負債であっても帳簿に記載されない資産や負債（**簿外資産**や**簿外負債**）が生じることがあります。このように、正規の簿記の原則にしたがって処理した結果生じた簿外資産や簿外負債については、貸借対照表完全性の原則でも認めています。

(2) 総額主義の原則

> **貸借対照表原則　一B**
> 　資産、負債及び純資産（資本）は、総額によって記載することを原則とし、資産の項目と負債又は純資産（資本）の項目とを相殺することによって、その全部又は一部を貸借対照表から除去してはならない。

　総額主義の原則では、原則として資産、負債、純資産（資本）を総額で計上することを要請しています。ただし、例外として債権と債務を相殺して記載するものもあります。

(3) 区分表示の原則

> **貸借対照表原則　二**
> 　貸借対照表は、資産の部、負債の部及び純資産（資本）の部の三区分に分ち、さらに資産の部を流動資産、固定資産及び繰延資産に、負債の部を流動負債及び固定負債に区分しなければならない。

> **貸借対照表原則　四（一）B**
> 　固定資産は、有形固定資産、無形固定資産及び投資その他の資産に区分しなければならない。

> **貸借対照表原則　四（二）**
> 　負債は流動負債に属する負債と固定負債に属する負債とに区別しなければならない。

　以上より、貸借対照表の形式を示すと次のようになります。

```
               貸 借 対 照 表
                 ×2年3月31日
         資 産 の 部            負 債 の 部
    Ⅰ  流 動 資 産        Ⅰ  流 動 負 債
    Ⅱ  固 定 資 産        Ⅱ  固 定 負 債
      1. 有形固定資産           純資産の部
      2. 無形固定資産
      3. 投資その他の資産          （省略）
    Ⅲ  繰 延 資 産
```

　なお、貸借対照表の勘定科目は、通常は現金化しやすいものから順に並べます。これを**流動性配列法**といいます。

　しかし、固定資産を多く所有している企業では、現金化しにくいものから順に並べるという**固定性配列法**によることもあります。

> **貸借対照表原則　三**
> 　資産及び負債の項目の配列は、原則として、流動性配列法によるものとする。

必ず流動性配列法によらなければならないというわけではありません。

　また、流動・固定の分類の方法は次の2つがあります。

① 正常営業循環基準

　正常営業循環基準とは、企業の営業循環過程のなかで発生する資産・負債は流動資産・流動負債とする基準です。

　建設業においては、「現金 → 未成工事支出金 → 完成工事未収入金 → 受取手形 → 現金」という一連の循環過程があります。

② 一年基準（ワン・イヤー・ルール）

　一年基準とは、貸借対照表日の翌日から起算して、1年以内に入出金の期限が到来するものを流動資産・流動負債とし、1年を超えて入出金の期限が到来するものを固定資産・固定負債とする基準をいいます。

　正常営業循環基準で判断される資産・負債以外に適用されます。たとえば、貸付金・借入金を流動・固定に分類する場合が該当します。

問題集
問題3～7

会計の基礎編

第2章

発生主義会計

会計の基礎は学んだけど、
実際に、収益と費用を計上するときは
どのような基準に
もとづいているのかな?

ここでは発生主義会計について
みていきましょう。

CASE

4 発生主義会計

発生主義会計

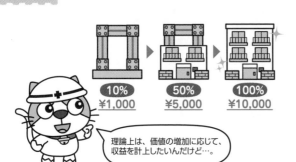

理論上は、価値の増加に応じて、収益を計上したいんだけど…。

ゴエモン㈱は、ビルの建設をしています。本当は、価値の増加に応じて収益を計上したいところですが、この場合、どのような考え方にもとづけばよいのでしょうか？

利益算定方法

　利益算定方法には、財産法と損益法という考え方があります。

(1) 財産法

　財産法とは、期首純資産（資本）と期末純資産（資本）の比較により、期間損益を計算する方法です。

> **期末純資産 － 期首純資産 ＝ 当期純損益**

　この財産法による計算は、貸借対照表で行われます。

(2) 損益法

　損益法とは、一会計期間に発生した収益から、それに対応する費用を差し引いて期間損益を計算する方法です。

> **収益 － 費用 ＝ 当期純損益**

　この損益法による計算は、損益計算書で行われます。
　また、財産法と損益法のメリットとデメリットは次のようになります。

財産法と損益法のメリットとデメリット

	メリット	デメリット
財産法	純資産（資本）の増減を正確に表し、実際の純利益を計算する方法として、あいまいな点を排除している。	正確な純利益が把握されても、発生原因が明らかにならない。
損益法	純利益の発生原因およびその内訳が明らかになる。	資産・負債の実地調査をともなわないため、実際の純利益としてとらえるには、不確実な要素をかかえる。

> 財産法は実地調査をするため、資産・負債の増減が正確に把握されます。

(3) 利益算定手法

　期間損益計算は、損益法により行いますが、算定利益を確実なものにするために、財産法における実地調査が必要です。このように、損益法を財産法により補うことで期間利益を算定します。

　具体的には、棚卸資産の実地調査等が財産法にあたり、損益法によって求めた利益から「棚卸減耗費」「商品評価損」等を調整します。

● 発生主義会計

　一般的には、期間収益・期間費用の会計処理の方法は、次の2つに大別されます。

2つの会計処理
●現金主義会計
●発生主義会計

(1) 現金主義会計

　現金主義会計とは、収益および費用の期間帰属を現金収支にもとづいて決定しようとする会計です。収益は現金の入金時に

計上し、費用は現金の出金時に計上します。

　現金主義会計では、現金の当期増加額が利益になります。資金的裏づけのある収支計算なので、計算される利益は**恣意性の介入する余地のない、確実なもの**となります。

　しかし、当期中に現金販売した商品の仕入代金が、当期ではなく翌期に支払われる場合、売上は当期に計上されるにもかかわらず、仕入原価は計上されない不合理が生じます。したがって、収益と費用が対応せず適正な期間損益計算ができないという欠点があります。

(2)　発生主義会計

　発生主義会計は損益発生の事実に着目し、財・用役の流れを重視し、収益・費用の合理的な期間帰属にもとづく会計で、**適正な期間損益計算を行う**方法として広く用いられている会計です。

　発生主義会計では、次の３つの原則を軸として損益法による会計が行われます。

３つの原則
●発生主義の原則 ●実現主義の原則 ●費用収益対応の原則

(a)　発生主義の原則

　発生主義の原則とは、収益や費用は発生した期間に計上することを要請する原則をいいます。

　ここで、「発生」とは収益の場合は企業活動によって経済価値が増加することをいい、費用の場合は企業活動によって経済価値が減少することをいいます。

> 損益計算書原則　－Ａ
> 　すべての費用及び収益は、その支出及び収入に基づいて計上し、その発生した期間に正しく割当てられるように処理しなければならない。

発生主義の原則は、収益および費用の期間帰属を正しく認識し、適正な期間損益計算を可能にする長所があります。

　しかし、一般には、収益の認識には発生主義の原則は適用されません。なぜなら、発生主義の原則は、未実現の収益を計上するおそれがあるからです。したがって、建設業のように前受金制度が一般的な業種を除いて、費用の認識に限定して適用されています。

(b)　実現主義の原則

　実現主義の原則とは、収益を実現の事実にもとづいて認識する考え方です。実現の事実とは、次の2つの要件を満たすものをいいます。

> ### 実現の2要件
> ① 財貨（商品）または用益（サービス）の提供
> 　　　　　かつ
> ② 現金または現金等価物（売掛金など）の受取り

　本来、収益は生産が進むにつれて発生すると考えられ、適正な期間損益計算を行うためには、発生主義の原則により認識すべきです。しかし、発生主義の原則にもとづき生産の段階で収益を認識すると未実現の収益（資金的な裏づけのない収益）が計上されるおそれがあります。

　現行制度では、分配可能利益（資金的な裏づけのある利益）の算定を計算目的の1つとしているので、収益は実現主義の原則によって認識します。利益は配当等により企業外部に流出するため、利益のもととなる収益には資金的裏づけが必要とされます。

(c)　費用収益対応の原則

　費用収益対応の原則とは、一会計期間の収益と、その収益を獲得するために費やした費用を対応させて当期純利益を計算することを要請する原則です。

　たとえば、原価100円の商品を150円で売り上げた場合、損益計算書には売上（収益）150円とそれに対応する売上原価

（費用）100円が計上されます。このように商品というモノを媒介として収益と費用が対応する形態を**個別的対応**といいます。

　一方、売上（収益）を獲得するために必要な営業所の減価償却費（費用）は一会計期間に生じた金額が損益計算書に計上されます。また、受取利息（収益）や支払利息（費用）も一会計期間に生じた金額が損益計算書に計上されます。このように一会計期間という期間を媒介として収益と費用が対応する形態を**期間的対応**といいます。

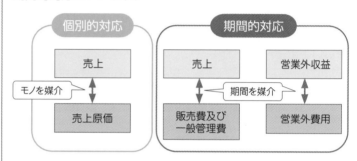

発生主義会計のまとめ

(a)「発生主義の原則」により一会計期間の発生費用を認識
(b)「実現主義の原則」により一会計期間の実現収益を認識
(c)「費用収益対応の原則」により一会計期間の実現収益に対応する費用を計上

　このような期間損益計算を行う会計システムを**発生主義会計**といいます。なお、発生費用であっても実現収益に対応する費用にならないものは、次期以降の費用とするために貸借対照表に計上し繰り延べます。

　また、収益・費用の測定（金額の決定）はともに**収支額基準**により行われます。収支額基準とは、収益・費用を収入額または支出額にもとづいて計上することを要請する原則です。なお、ここでいう収入額または支出額には当期の収入額または支出額だけでなく、過去および将来の収入額または支出額を含みます。

問題集
問題8〜11

第3章

建設業における収益・費用

建設業では、注文を受けてから
お客さんに引き渡すまで長い時間がかかります。

当期に注文を受けた建物を
翌期以降に引き渡したときは、
いつ売上高を計上するんだろう?
対応する売上原価は…?

他にも、いろいろな収益・費用があるみたい。

ここでは、建設業における
収益・費用をみていきます。

工事代金を受け取ったときの処理

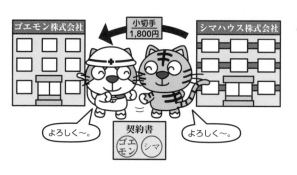

ゴエモン㈱は、シマハウス㈱からマンションの受注を受け、契約を結ぶとともに、工事代金の一部を受け取りました。

このような場合の会計処理をみてみましょう。

取引 ×3年3月1日　ゴエモン㈱は、シマハウス㈱からマンションの建設を契約価額（工事収益総額）30,000円で請け負い、工事代金の一部として1,800円を小切手で受け取り、着工した。なお、完成予定日は×5年2月28日である。

用語 **請け負う**…責任をもって引き受けること
　　　 着　工…つくりはじめること

売上高計上のプロセス

　建設業では、まず発注者（シマハウス㈱）から工事を請け負います。このとき、代金の一部を手付金として受け取ることがあります。

　契約締結後、受注者（ゴエモン㈱）は建設用の材料を仕入れ、作業員を雇い、機械設備を用いて目的物（マンション）を建設していきます。

　そして、目的物が完成したら発注者に引き渡して、残っている契約代金を受け取ります。

できたよ。

ど〜も〜。

　ここでは、前記のような、あらかじめ交わされた契約にもとづいて行われる工事（工事契約）に関する会計処理について学習していきます。

工事代金を受け取ったときの処理

　請負工事では工事期間が長く、代金も多額になるため、工事の完成前に代金の一部を受け取ることがあります。これは商品売買業では前受金（負債）となるものですが、建設業の場合は前受金ではなく、**未成工事受入金（負債）**という勘定科目で処理します。

　したがって、CASE 5の仕訳は次のようになります。

> 未完成の工事にかかる受入金なので、「未成工事受入金」ですね。本質は前受金と同じです。

CASE 5の仕訳

（現　　　　金）	1,800	（未成工事受入金）	1,800

売上高と売上原価① 1年目の決算

これで、全体のどのくらいできたんだろう?

×3年3月31日 今日は決算日。

ゴエモン㈱は、当期に請け負った工事がありますが、まだ完成していません。

このような場合、決算においてどのような処理をするのでしょう?

取引 ×3年3月31日（決算日） 当期中に工事現場で使用されたのは、材料費800円、労務費700円、外注費600円、経費300円であった。なお、契約価額（工事収益総額）は30,000円、（見積）工事原価総額は24,000円であり、契約時に受け取った1,800円は未成工事受入金として処理している。この工事は工事進行基準によって処理する。

用語 工事収益総額…工事契約で定められた対価の総額
工事原価総額…工事契約で定められた工事の施工にかかる総原価
工事進行基準…工事が未完成であっても、決算においてその進捗度を見積って工事収益を計上する会計処理方法

工事進行基準と工事完成基準

建設業は建物やダムなどをつくる事業なので、一種の製造業です。

通常の製造業では、製品が完成してお客さんに渡したときに売上（収益）を計上します。これは、お客さんに製品（または商品）を渡したときに受け取れる金額が確定する、つまり収益が実現するからです。

この点、請負工事では、はじめに契約で請負金額（受け取る

モノの引渡しと現金または現金等価物の受取りの2要件がそろったときに収益を計上するというのが実現主義の考え方でしたよね。

金額）が確定していますし、また完成した工事は発注者に引き
渡すことが決まっています。

　そこで、請負工事に関しては、工事の完成・引渡前でも工事
の完成度合い（進捗度）に応じて収益を計上するという方法が
採用されます。この方法を**工事進行基準**といいます。

要するに売れることも決まっているし、売価も確定しているわけです。

工事進行基準
＝
完成度合いに応じて収益を計上

10% → 60% → 100%

①収益の期間帰属の合理性、②計算の確実性、③流動資金の裏づけの3つの理由より工事進行基準が適当とされています。

　工事進行基準では、通常、工事期間中に発生するであろう総
原価（工事原価総額）のうち、当期にいくらの原価が発生した
かによって、工事の進捗度を求めます。そして、工事の進捗度
に売価である工事収益総額を掛けて当期の完成工事高（収益）
を計上します。したがって、工事収益総額や工事原価総額等が
明らかでなければ工事進行基準によって完成工事高（収益）を
計上することができません。

建設業による売上高を完成工事高といい、建設業以外の売上高を兼業事業売上高といいます。

　そこで、**工事収益総額**（契約価額）、**工事原価総額、決算日
における工事進捗度**の3つを見積ることができる場合には工事
進行基準で処理し、そうでない場合は工事が完成し、引き渡し
たときに収益を計上するという方法（**工事完成基準**といいま
す）で処理することになります。

請負工事において、契約価額（工事収益総額）や工事原価総額が決まっていないとか、これらの金額がテキトウである、ということはあまりないので、ほとんどの場合、工事進行基準が適用されます。

工事進行基準と工事完成基準

工事収益総額、工事原価総額、決算日における工事進捗度を信頼性をもって見積ることができる場合	→	工事進行基準（工事の進捗度に応じて収益を計上する方法）を適用
上記以外	→	工事完成基準（工事の完成・引渡時に収益を計上する方法）を適用

● 工事進行基準による場合の会計処理

(1) 原価発生額の振替え

工事進行基準による場合も、工事完成基準による場合も、原価要素が工事現場で使用された時点で、当期に発生した原価を**未成工事支出金（資産）**という勘定科目に振り替えます。

CASE 6	(1)原価発生額の振替仕訳					
（未成工事支出金）	2,400	（材	料	費）	800
		（労	務	費）	700
		（外	注	費）	600
		（経	費）	300

(2) 工事収益の計上

工事進行基準では、決算日に工事の進捗度を見積り、工事の進捗度に工事収益総額を掛けて当期の収益を計上します。

なお、工事の進捗度は通常、**原価比例法**という方法で計算します。原価比例法とは、当期（まで）に発生した実際工事原価を工事原価総額で割って計算する方法で、計算式を示すと次のとおりです。

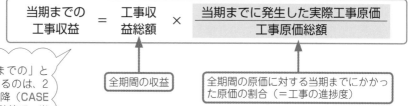

$$\text{当期までの工事収益} = \text{工事収益総額} \times \frac{\text{当期までに発生した実際工事原価}}{\text{工事原価総額}}$$

全期間の収益

全期間の原価に対する当期までにかかった原価の割合（＝工事の進捗度）

以上より、工事進行基準による場合の当期（まで）の工事収益を計算式で表すと次のようになります。

当期の工事収益

当期（まで）に10%の工事が完成したので、10%分の収益を計上します。
なお、CASE 6では当期から工事を開始しているので、当期までの工事収益＝当期の工事収益となります。

$$30,000 円 \times \frac{800 円 + 700 円 + 600 円 + 300 円}{24,000 円} = 3,000 円$$

工事の進捗度＝0.1

上記の計算式で計算した当期の工事収益は、**完成工事高（収益）**として計上します。

（完 成 工 事 高）　3,000

なお、未成工事受入金が1,800円ある（契約時に1,800円を前受けしている）ので、工事収益の計上にあたって、これを減らします。

（未成工事受入金）　1,800　（完 成 工 事 高）　3,000

完成工事高（3,000円）と未成工事受入金（1,800円）の差額はあとで受け取ることができるため、売掛金となります。この売掛金は、建設業（請負工事）では**完成工事未収入金（資産）**として処理します。

完成した工事に関する未収入金額なので、「完成工事未収入金」ですね。本質は売掛金と同じです。
ちなみに「買掛金」は建設業では「工事未払金」となります。

CASE 6 (2)工事収益の計上

（未成工事受入金）　1,800　（完 成 工 事 高）　3,000
（完成工事未収入金）　1,200 ← 貸借差額

(3) 工事原価の計上

工事進行基準では、上記の完成工事高（収益）に対応する原価を計上するため、(1)の未成工事支出金（資産）を**完成工事原価（費用）**に振り替えます。

完成工事原価は、建設業における売上原価です。

CASE 6 (3)工事原価の計上

| （完成工事原価） | 2,400 | （未成工事支出金） | 2,400 |

以上の(1)から(3)の仕訳が、工事進行基準の仕訳です。

CASE 6の仕訳

（未成工事支出金）	2,400	（材　　料　　費）	800
		（労　　務　　費）	700
		（外　　注　　費）	600
		（経　　　　　費）	300

| （未成工事受入金） | 1,800 | （完 成 工 事 高） | 3,000 |
| （完成工事未収入金） | 1,200 | | |

| （完 成 工 事 原 価） | 2,400 | （未成工事支出金） | 2,400 |

工事完成基準による場合の決算時の処理

工事完成基準では、工事が完成し、引き渡したときに完成工事高と完成工事原価を計上します。

したがって、完成・引渡前の期間では、その期間に発生した原価を未成工事支出金に振り替える処理だけ行います。

工事進行基準の(1)の仕訳と同じです。

よって、CASE 6を工事完成基準で処理すると次のようになります。

（未成工事支出金）	2,400	（材　　料　　費）	800
		（労　　務　　費）	700
		（外　　注　　費）	600
		（経　　　　　費）	300

売上高と売上原価②　2年目以降の決算

けっこう、できてきたね！

×4年3月31日　今日は決算日。

シマハウス㈱から工事を請け負って2回目の決算日を迎えましたが、まだ工事は完成していません。

工事進行基準による場合、2年目である当期の工事収益はどのように計算したらよいのでしょう？

取引　×4年3月31日（決算日）　当期中に発生した費用は材料費4,000円、労務費3,500円、外注費3,000円、経費1,500円であった。なお、工事収益総額は30,000円、工事原価総額は24,000円であり、前期中に発生した原価合計は2,400円、前期に計上した工事収益は3,000円であった。この工事は工事進行基準（原価比例法）によって処理する。

工事進行基準による場合の2年目の会計処理

　CASE 6で学習したように、工事進行基準では(1)**原価発生額の振替え**、(2)**工事収益の計上**、(3)**工事原価の計上**を行います。
　会計処理は1年目と同じなので、ここでは2年目（当期）の工事収益の計算方法についてのみ説明します。

　工事2年目（当期）の工事収益の計算は、いったん2年目までの工事の進捗度を見積り、2年目までの工事収益を計算します。そして、2年目までの工事収益から1年目の工事収益を差し引いて2年目（当期）の工事収益を計算します。

当期の工事収益

① 2年目（当期）までの工事収益：

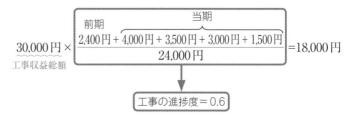

$$\underset{\text{工事収益総額}}{30{,}000\text{円}} \times \frac{\overbrace{2{,}400\text{円}}^{\text{前期}} + \overbrace{4{,}000\text{円}+3{,}500\text{円}+3{,}000\text{円}+1{,}500\text{円}}^{\text{当期}}}{24{,}000\text{円}} = 18{,}000\text{円}$$

工事の進捗度＝0.6

② 2年目（当期）の工事収益：

$$\underset{\text{1年目＋2年目}}{18{,}000\text{円}} - \underset{\text{1年目}}{3{,}000\text{円}} = \underset{\text{2年目(当期)}}{15{,}000\text{円}}$$

　以上より、CASE 7の仕訳（工事進行基準）は次のようになります。

CASE 7の仕訳

（未成工事支出金）	12,000	（材　　料　　費）	4,000
		（労　　務　　費）	3,500
		（外　　注　　費）	3,000
		（経　　　　　費）	1,500
（完成工事未収入金）	15,000	（完 成 工 事 高）	15,000
（完成工事原価）	12,000	（未成工事支出金）	12,000

● 工事原価総額が変更された場合

　工事進行基準では、当期までに発生した原価を工事原価総額で割って当期までの工事進捗度を計算します。

　したがって、途中で工事原価総額の変更があった場合には、変更後の工事収益を計算する際の工事進捗度の計算は、変更後の工事原価総額にもとづいて行います。

　たとえば、CASE 7で当期に工事原価総額が25,000円に変更された場合（変更前の工事原価総額は24,000円）、当期の工事収益の計算は変更後の25,000円を用いて行います。

① 2年目（当期）までの工事収益：

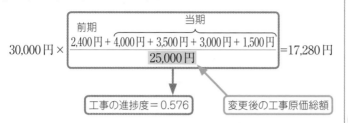

$$30,000円 \times \dfrac{2,400円 + 4,000円 + 3,500円 + 3,000円 + 1,500円}{25,000円} = 17,280円$$

工事の進捗度 = 0.576　　変更後の工事原価総額

> 変更前の期間（前期）の工事収益の計算は、工事原価総額の変更の影響を受けません。

② 2年目（当期）の工事収益：

$$17,280円 - 3,000円 = 14,280円$$
1年目+2年目　　1年目　　2年目（当期）

工事収益総額が変更された場合

> 今度は工事収益総額が変更された場合です。

　途中で工事収益総額の変更があった場合にも、変更後の工事収益を計算する際の工事進捗度の計算は、変更後の工事収益総額にもとづいて行います。

　たとえば、CASE 7で当期に工事収益総額が40,000円に変更された場合（変更前の工事収益総額は30,000円。工事原価総額は当初の24,000円で変更なし）、当期の工事収益の計算は変更後の40,000円を用いて行います。

工事収益総額が変更された場合の当期の工事収益

① 2年目（当期）までの工事収益：

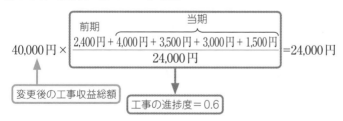

$$40,000円 \times \dfrac{2,400円 + 4,000円 + 3,500円 + 3,000円 + 1,500円}{24,000円} = 24,000円$$

変更後の工事収益総額　　工事の進捗度 = 0.6

② 2年目（当期）の工事収益：

$$24,000円 - 3,000円 = 21,000円$$
1年目+2年目　　1年目　　2年目（当期）

⇔ 問題集 ⇔
問題 12〜14

完成・引渡時の処理

ゴエモン株式会社

シマハウス株式会社

これで
引渡完了！

×5年2月28日　シマ
ハウス㈱から工事を請
け負ったマンションが完成し
たので、引き渡しました。な
お、契約価額（工事収益総額）
の残額は来月末に受け取るこ
とにしています。
この場合はどんな処理をする
のでしょうか？

取引　×5年2月28日　シマハウス㈱から請け負っていた建物が完成し
たので、引き渡した。当期中に発生した費用は材料費3,200円、労
務費2,800円、外注費2,400円、経費1,200円であった。この建物
の工事収益総額は30,000円、工事原価総額は24,000円である。な
お、契約時に受け取った手付金（1,800円）との差額は来月末日に
受け取る。また、前期までに発生した原価合計は14,400円、前期
までに計上した工事収益は18,000円であった。この工事は工事進
行基準によって処理する。

● **工事進行基準による場合の完成・引渡時の処理**

　工事が完成し、引渡しをしたときに、(1)**原価発生額の振替え**、
(2)**工事収益の計上**、(3)**工事原価の計上**を行います。

　ただし、当期の工事収益は、工事収益総額から前期までに計
上した工事収益を差し引いて計算します。

　以上より、CASE 8の仕訳は次のようになります。

完成時の工事進捗
度は100%なの
で、わざわざ工事
進捗度を計算しま
せん。

CASE 8の仕訳

（未成工事支出金）	9,600	（材　料　費）	3,200
		（労　務　費）	2,800
		（外　注　費）	2,400
		（経　　　費）	1,200

（完成工事未収入金）	12,000	（完成工事高）	12,000

> 30,000円 － 18,000円 ＝ 12,000円
> 工事収益総額　　前期までに
> 　　　　　計上した工事収益

（完成工事原価）	9,600	（未成工事支出金）	9,600

工事完成基準による場合の完成・引渡時の処理

　工事完成基準では、工事が完成し、引き渡したときに工事収益を計上します。

　なお、各期に発生した原価は未成工事支出金として処理しているので、未成工事支出金を完成工事原価に振り替える処理をします。

　以上より、仮にCASE 8を工事完成基準で処理した場合の仕訳は、次のようになります。

（未成工事支出金）	9,600	（材　料　費）	3,200
		（労　務　費）	2,800
		（外　注　費）	2,400
		（経　　　費）	1,200

> 当期に発生した原価を未成工事支出金に振り替える仕訳

> 手付金

（未成工事受入金）	1,800	（完成工事高）	30,000
（完成工事未収入金）	28,200		

> 貸借差額

> 完成工事高を計上する仕訳

（完成工事原価）	24,000	（未成工事支出金）	24,000

> 当期までに発生した原価を完成工事原価に振り替える仕訳

> 14,400円＋9,600円＝24,000円

⇔ 問題集 ⇔
問題15

工事収益・工事原価の計算

工事進行基準に
注目！

工事進行基準と工事完成基準を学習してき
ました。
ここでは、問題と解きながら両者の違いをみてみま
しょう。

例 次の資料にもとづき、工事進行基準と工事完成基準により各期の
工事収益、工事原価、工事利益を計算しなさい。

［資　料］
(1) 工事収益総額45,000円、請負時の工事原価総額30,000円
(2) 実際に発生した原価
　　　第1期 9,000円　　　第2期 15,000円　　　第3期 8,000円
(3) 第2期において工事原価総額を32,000円に変更している。
(4) 工事は第3期に完成し、引渡しをしている。
(5) 決算日における工事進捗度は、原価比例法により決定する。

A. 工事進行基準の場合

	第1期	第2期	第3期
工事収益	円	円	円
工事原価	円	円	円
工事利益	円	円	円

B. 工事完成基準の場合

	第1期	第2期	第3期
工事収益	円	円	円
工事原価	円	円	円
工事利益	円	円	円

Step
1 問題文の確認

　工事進行基準と工事完成基準による場合の各期の工事収益、

工事原価、工事利益を計算する問題です。

工事収益、工事原価、工事利益は、P/L計上するときには、完成工事高、完成工事原価、完成工事総利益となります。

Step 2 工事進行基準の場合の計算…A

　第2期において工事原価総額を変更しているので、工事進行基準による場合の第2期の工事収益は、変更後の工事原価総額を用いて計算することに注意しましょう。

(1) **第1期の工事収益**

$$45,000円 \times \frac{9,000円}{30,000円} = 13,500円$$

(2) **第2期の工事収益**

$$45,000円 \times \frac{9,000円 + 15,000円}{32,000円} - 13,500円 = 20,250円$$

(3) **第3期の工事収益**

$$45,000円 - (13,500円 + 20,250円) = 11,250円$$

CASE 9の解答　A. 工事進行基準の場合

	第1期	第2期	第3期
工事収益	13,500円	20,250円	11,250円
工事原価	9,000円	15,000円	8,000円
工事利益	4,500円	5,250円	3,250円

Step 3 工事完成基準の場合の計算…B

　工事完成基準では、完成・引渡しをしたとき（第3期）に工事収益と工事原価を計上します。したがって、第1期と第2期の工事収益と工事原価は0円となります。

9,000円 + 15,000円 + 8,000円
= 32,000円

CASE 9の解答　B. 工事完成基準の場合

	第1期	第2期	第3期
工事収益	0円	0円	45,000円
工事原価	0円	0円	32,000円
工事利益	0円	0円	13,000円

⇔ 問題集 ⇔
問題16

販売費及び一般管理費

ポスターは
広告宣伝費！

住まいの
ことなら

ゴエモン(株)

良いものを作れば売れると考えていたゴエモン㈱でしたが、もっと事業を拡大するべく、宣伝にも力をいれることにしました。
この費用はどの区分に計上するのでしょうか？

販売費及び一般管理費の意義

営業活動によって発生した費用・収益のうち、売上高と売上原価以外のものと考えてください。

　販売費及び一般管理費とは、販売活動に係る販売費と管理部門および経営活動に係る一般管理費を併せた費用です。

建設業法施行規則による種類

　建設業法施行規則では、販売費及び一般管理費の種類として次のものが規定されています。

役員報酬・給料手当・退職給付費用・法定福利費・福利厚生費・修繕維持費・事務用品費・通信交通費・水道光熱費・調査研究費・広告宣伝費・貸倒引当金繰入額（営業債権）・貸倒損失（営業債権）・交際費・寄付金・支払地代・支払家賃・減価償却費・開発費償却・租税公課・保険料・雑費

営業外損益

営業外損益の意義

営業外損益とは、販売費及び一般管理費以外の費用や収益で、経常的に発生するものです。

> 営業活動以外の活動によって発生した費用や収益のことです。

建設業法施行規則による種類

建設業法施行規則では、営業外収益・営業外費用の種類として次のものが規定されています。

営業外収益	受取利息・有価証券利息・受取配当金・有価証券売却益・有価証券評価益・雑収入
営業外費用	支払利息・社債利息・開業費償却・株式交付費償却・貸倒引当金繰入額（営業外債権）・貸倒損失（営業外債権）・有価証券売却損・有価証券評価損・手形売却損・雑損失

営業外損益の表示

企業会計原則では次のように定めています。

損益計算書原則・四

営業外損益は、受取利息及び割引料、有価証券売却益等の営業外収益と支払利息及び割引料、有価証券売却損、有価証券評価損等の営業外費用とに区分して表示する。

CASE 12 特別損益

ギャー

隕石が社屋に直撃しました。

順調に成長していたゴエモン㈱ですが、突然の災害によって、大きな損失を受けてしまいました。

この損失は、ゴエモン㈱の実力とは無関係のものといえます。この費用はどの区分に計上するのでしょうか？

● 特別損益の種類

特別損益には、臨時損益と前期損益修正の2種類があります。

(1) 臨時損益

臨時損益とは、臨時的、偶発的な原因によって発生する損益なので、当期の損益計算とはまったく無関係であり、当期の経常損益計算に含めることは原則としてできないので特別損益計算に含められます。

臨時損益項目には次のものがあります。

> 金額の僅少なものまたは毎期経常的に発生するものは、経常損益計算に含めることができます。

臨時損益項目

- ●固定資産売却損益
- ●転売以外の目的で取得した有価証券の売却損益
- ●災害による損失

ビシッ!

(2) 前期損益修正

前期損益修正とは、引当金の見積り誤りなど過去の誤謬を修正するためのものです。

前期損益修正項目には次のものがあります。

「会計上の変更及び誤謬の訂正に関する会計基準」の公表により、引当金の見積り誤りなどの過去の誤謬となるものは、過去の財務諸表を直接修正することにより修正再表示することになったので注意しましょう。

> **前期損益修正項目**
> ●過年度における引当金の過不足修正額
> ●過年度における減価償却の過不足修正額
> ●過年度におけるたな卸資産評価の訂正額
> ●過年度償却済債権の取立額

特別損益の表示

企業会計原則では次のように定めています。

> **損益計算書原則・六**
> 　特別損益は、前期損益修正益、固定資産売却益等の特別利益と前期損益修正損、固定資産売却損、災害による損失等の特別損失に区分して表示する。

⇔ 問題編 ⇔
問題17

第4章

資産・負債会計総論

・・・・・

貸借対照表は資産・負債・純資産の部にわかれています。
いままでは、なんとなく区別していたけど、
資産と負債ってどういう意味なんだろう……
記載の方法にもいろいろなきまりがあるみたい。

ここでは、資産・負債会計総論をみてみましょう。

資産と負債の意義

お金を借りて…。

資産を購入。

貸借対照表に記載される資産と負債とはどういうものなのでしょうか。
借方が資産で、貸方が負債。
2級までなら、そんな覚え方でもよかったけれど……
ここでは、資産と負債の意義について学習しましょう。

資産の意義

> 資産を「将来の経済的便益」と表すことがあります。

　資産とは、企業が調達した資金（他人資本、株主資本）を何に運用しているかという状態を表すものです。そして、資産は、企業の経営活動において将来なんらかの便益をもたらします。

負債の意義

　負債とは、債権者の持分をいい、債権者が企業資産に対してもっている請求権のことです。この請求権は、特定の資産に対するものではなく、抽象的な請求権を表しています。

流動・固定の分類

イメージとして、流動資産は現金化しやすいもの…。

流動負債は支払期限が近い…。

これまでにも流動資産や固定負債は学習してきましたが、どうやって流動項目と固定項目にわけているのでしょうか？
ここでは流動・固定の分類について学習しましょう。

流動・固定の分類方法

　資産と負債には、流動項目・固定項目に分類する方法に(1)**正常営業循環基準**と(2)**一年基準**があります。

(1)　正常営業循環基準

　企業の主目的たる営業活動の循環過程の中（営業サイクル内）で発生する資産と負債を流動項目とし、それ以外のものを固定項目とします。

建設業における正常営業循環の一連の流れを図にすると、このようになります。

営業サイクル外 固定項目

棚卸資産
材料など

営業サイクル内 流動項目

仕入債務
工事未払金、支払手形

売上債権
完成工事未収入金、受取手形

現金預金
現金、当座預金

(2)　一年基準（ワン・イヤー・ルール）

　営業活動の循環過程の中に入らない資産・負債のうち、決算日の翌日から1年以内に決済するものを流動項目とし、1年を超えて決済するものを固定項目とします。

未払費用・前受収益は、科目の性質からすべて流動負債となります。

資産の分類

完成工事未収入金
（売掛金）はどこ？

権利なので、
目に見えませんよ。

流動・固定分類以外に
も資産には分類方法が
あるみたい。
ここでは、資産の評価による
分類と考え方をみてみましょ
う。

● 資産の評価による分類と考え方

　資産はその性質によって、**貨幣性資産**と**非貨幣性資産**に分類
され、非貨幣性資産はさらに**費用性資産**とその他の非貨幣性資
産とに分類されます。

　貨幣性資産とは、最終的に現金となる資産をいい、非貨幣性
資産とは、貨幣性資産以外の資産をいいます。また、費用性資
産とは、最終的に費用となる資産をいいます。

資産の評価による分類		
貨幣性資産		現金預金、金銭債権など
非貨幣性資産	費用性資産	棚卸資産、固定資産など
	その他の 非貨幣性資産	子会社株式など

(1) 貨幣性資産

　貨幣性資産のうち現金預金はその収入額にもとづいて評価し
ます。なお、金銭債権はその回収可能額にもとづいて評価しま
す。

⑵ **費用性資産**

　費用性資産は、原価主義の原則によって、当該資産の取得に要した支出額（取得原価）にもとづいて評価します。

　原価主義の原則によって評価した費用性資産の取得原価は、**費用配分の原則**によって各会計期間の費用として認識・配分され、費用配分後の残余部分が各会計期間末における評価額となります。

これを、CASE17で学習する、取得原価主義といいます。

⇔ **問題集** ⇔

問題18

CASE 16 資産・負債会計総論

負債の分類

資産だけでなく、負債にも流動・固定以外の分類があります。
どのような分類なのか、みてみましょう。

発生原因による分類

負債は発生原因によって、営業取引から生じた債務、財務活動から生じた債務、損益計算から生じた債務に分類できます。

負債の発生原因による分類

営業取引から生じた債務	金銭債務	工事未払金など
	非金銭債務	未成工事受入金など
財務活動から生じた債務	借入金・社債など	
損益計算から生じた債務	未払費用・引当金など	

(1) 営業取引から生じた債務

建設業では、工事のために必要な材料費を支払ったり、顧客から代金を前受けしたりすることがあります。このような取引から生じた債務を、営業取引から生じた債務といいます。営業取引から生じた債務は、金銭の支出を伴うか否かにより、金銭債務と非金銭債務に区別します。

(2) 財務活動から生じた債務

資金の調達を目的とした取引から生じた債務を、財務活動から生じた債務といいます。

⑶ 損益計算から生じた債務

　適切な期間損益計算を行うための収益・費用の帰属計算によって生じた貸方項目を、損益計算から生じた債務といいます。損益計算から生じた債務には、未払費用や引当金が含まれます。

⇔ 問題集 ⇔
問題19

取得原価主義

どの価額で資産
計上すべき？

瓦 1枚 ¥1,000

瓦 5枚 ¥4,500

資産・負債を貸借対照表に計上するときには、どのようなきまりがあるのでしょうか。
ここでは、取得原価主義をみてみましょう。

● 取得原価主義

> 一方、負債の価額は、契約等によって定められているものが多いですね。

　企業会計原則では、貸借対照表に記載する資産の価額について次のように定めています。

> **貸借対照表原則・五**
> 　貸借対照表に記載する資産の価額は、原則として、当該資産の取得原価を基礎として計上しなければならない。
> 　資産の取得原価は、資産の種類に応じた費用配分の原則によって、各事業年度に配分しなければならない。有形固定資産は、当該資産の耐用期間にわたり、定額法、定率法等の一定の減価償却の方法によって、その取得原価を各事業年度に配分し、無形固定資産は、当該資産の有効期間にわたり、一定の減価償却の方法によって、その取得原価を各事業年度に配分しなければならない。繰延資産についても、これに準じて、各事業年度に均等額以上を配分しなければならない。

(1) 原価基準

> 資産を贈与されたときには、時価等を取得原価とします。

　原価基準とは、資産を取得したときの受入価額を、資産の貸借対照表価額とするという考え方です。この受入価額は、一般的には、当該資産を取得するために実際に支出された貨幣の額（取得原価）にもとづいて決定します。

① 原価基準の採用根拠

原価基準の採用根拠としては、次のようなものがあげられます。

原価基準の採用根拠	
採用根拠	内容
貨幣資本維持	株主などから集めた貨幣資本を資産として企業内に留保・維持できる
利益の処分可能性 （未実現利益の排除）	資産の評価益を収益として計上しないため、裏づけのない未実現利益が排除される
客観性・確実性	企業外部との取引価額によるため、領収書などの客観的な資料で金額を証明できる

② 原価基準の問題点

原価基準が資産評価の合理的基準となりうるためには、貨幣価値が安定していることが前提となります。極端なインフレ時には名目的な含み益が認識され、極端なデフレ時には架空資産的要素が発生するなどの弊害が生じ、財産計算という目的にとっては、妥当な基準ではないことになります。

(2) 時価基準

時価基準とは、資産の評価を当該資産の時価に求める考え方です。時価には次の2つの考え方があります。

> **時価の考え方**
> ●正味実現可能価額：決算時の売却価額－付随費用
> ●再 調 達 原 価：決算時の購入価額

(3) 低価基準

低価基準とは、取得原価または帳簿価額と、時価のいずれか低い方の金額をもって当該資産の貸借対照表価額とする考え方です。

● 貸借対照表価額

　わが国の会計制度では、原則として原価基準が採用されていますが、資産の種類によっては例外的に時価基準・低価基準が採用されています。

CASE 18

資産・負債会計総論

費用配分の原則

貸借対照表に計上された資産は、その価額が一定というわけではありません。
ここでは、費用配分の原則についてみてみましょう。

買ったあとの費用化は？

棚卸資産

固定資産

費用配分の原則

費用配分の原則は、資産の取得原価を所定の方法にしたがい、その利用期間にわたって費用として計画的・規則的に配分することを要請する原則です。

(1) 適用範囲

費用配分を必要とするのは、CASE15で学習した費用性資産です。具体的には棚卸資産、有形固定資産、無形固定資産、繰延資産などが適用されます。

(2) 費用配分の原則が重要とされる理由

費用配分の原則は損益計算書と貸借対照表の両方にかかわる原則です。

費用配分の原則によって、費用性資産の取得原価を、当期に配分される部分（費用）と次期に繰り越す部分（資産）に分けることになるため、費用の測定原則であると同時に資産の評価原則であるということができます。

有形固定資産の減価償却をイメージしてみてください。

問題集
問題20

資産・負債科目の表示

外部公表用だから
わかりやすく！

B/S

資産の部	負債の部
Ⅰ　流動資産	Ⅰ　流動負債
・・・	・・・
Ⅱ　固定資産	Ⅱ　固定負債
・・・	**純資産の部**
Ⅲ　繰延資産	Ⅰ　株主資本
・・・	・・・

資産や負債を貸借対照表に表示するときには、どこに記載すればいいのでしょうか？
ここでは、資産・負債科目の表示についてみてみましょう。

資産・負債科目の表示

　企業会計原則には、資産科目と負債科目の表示について次のように定められています。

貸借対照表原則・四（一）
　資産は、流動資産に属する資産、固定資産に属する資産及び繰延資産に属する資産に区別しなければならない。仮払金、未決算等の勘定を貸借対照表に記載するには、その性質を示す適当な科目で表示しなければならない。

貸借対照表原則・四（二）
　負債は、流動負債に属する負債と固定負債に属する負債とに区別しなければならない。仮受金、未決算等の勘定を貸借対照表に記載するには、その性質を示す適当な科目で表示しなければならない。

第5章

現金預金と金銭債権

1年後に手に入る10,000円と、
いま、財布に入っている10,000円は
価値が違うんだって!
どういうことなんだろう?
また、貸倒引当金の算定方法が
2級よりも増えるみたい……

ここでは、現金預金と金銭債権に
ついて、みていきましょう。

現金の範囲

これらは現金で処理!

(100)

1,000

他人振出
小切手

紙幣や硬貨、他人振出
小切手などは現金で処
理することは2級で学習した
けど、現金で処理するものっ
てほかにどんなものがあった
かな?
ここでは現金の範囲について
みておきましょう。

現金の範囲

簿記上、現金として処理するものには、**通貨**（硬貨・紙幣）
と**通貨代用証券**（他人振出小切手や配当金領収証など）があり
ます。

これは2級で学習
済みですね。

現金の範囲
①通貨…硬貨・紙幣
②通貨代用証券…他人振出小切手、配当金領収証、
　　　　　　　　期限到来後の公社債利札　など

現金とまちがえやすいもの

現金とまちがえやすいものには、**自己振出小切手**、**先日付小
切手**などがあります。

手許に残っているときの処理方法
● 自己振出小切手 … 当座預金（資産）の増加
● 先日付小切手　 … 受取手形（資産）の増加
● 収入印紙　　　 … 貯蔵品（資産）の増加
● はがき・切手　 … 貯蔵品（資産）の増加
● 借用証書　　　 … 貸付金（資産）の増加

預金の分類

どちらも流動資産？

定期預金
満期日：
×2年10月31日

定期預金
満期日：
×3年6月30日

預金には、普通預金、当座預金、定期預金などがあるけど、全部流動資産というわけではないみたい…。ここでは、預金の分類と表示についてみておきましょう。

預金の分類と表示

　普通預金や当座預金のように、満期の定めがなく、いつでも銀行で引き出すことができる預金は、すべて**流動資産**に分類されます。

　一方、定期預金のように満期の定めがある預金については、決算日の翌日から**1年以内に満期日が到来するかどうか（一年基準）**によって、流動資産と固定資産に分類されます。

> すぐに（簡単に）引き出せない預金は、固定資産に分類されます。

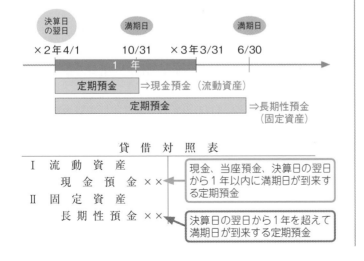

決算日の翌日　　　満期日　　　　　　満期日

×2年4/1　　10/31　×3年3/31　6/30

1　年

定期預金 ⇒現金預金（流動資産）

定期預金 ⇒長期性預金（固定資産）

貸 借 対 照 表

Ⅰ　流 動 資 産
　　　現 金 預 金　××　← 現金、当座預金、決算日の翌日から1年以内に満期日が到来する定期預金

Ⅱ　固 定 資 産
　　　長 期 性 預 金　××　← 決算日の翌日から1年を超えて満期日が到来する定期預金

金銭債権

貨幣の時間価値

貨幣の時間価値って何だろう…？

1,000

1年後

？

現在の1,000円が1年後にはいくらになるのか、また、1年後の1,000円は現在いくらになるのか。貨幣の時間価値を考慮した計算をみていきます。

例　次の資料にもとづいて、各問に答えなさい。なお、解答数値は円未満の端数を四捨五入すること。

［資　料］
　年利率5％の現価係数は次のとおりである。
　　1年　0.9524
　　2年　0.9070
　　3年　0.8638
［問1］現時点で保有する1,000円を年利率5％の複利で3年間運用した場合の3年後の元利合計（終価）を求めなさい。
［問2］3年後に収入が予定される1,000円の現在価値を計算しなさい。ただし年利率5％とする。
［問3］(1)　年利率5％における3年間の年金現価係数を計算しなさい。
　　　　(2)　第1年度より各年度末に1,000円ずつ合計3年間の収入が予定される場合の現在価値を計算しなさい。

貨幣の時間価値

　時の経過により貨幣価値が増えることを**貨幣の時間価値**といいます。たとえば、いま所有している1,000円を銀行に預ければ1年後には利息分だけ価値が増加するので、現在の1,000円と1年後の1,000円とでは時間価値相当額だけその価値が異なってきます。

複利計算と終価係数

　資金を銀行などに預けると、通常、利息は利払日ごとに元金に繰り入れられます。

　したがって、2回目の利息を計算する際には、元金に1回目の利息を加えた額を新たな元金として計算することになります。

　このように、利息にも利息がつくような計算を**複利計算**といいます。

　そこで、現在の資金（S_0円とします）を複利で銀行などへ預けた場合の、n年後の金額（元利合計。**終価**ともいいます）をS_n円とすると、次のような計算式で表すことができます。

> 現時点のS_0円のn年後の価値をS_n円とすると、
> $$S_n = S_0 \times (1 + 利率)^n$$

この$(1＋利率)^n$を終価係数といい、利殖係数、複利元利率ともいわれます。

　以上より、CASE22について計算してみましょう。

CASE22 ［問1］の元利合計

終価係数を用いて計算すると次のようになります。

$1{,}000円 \times (1 + 0.05)^3 = 1{,}157.625円 \rightarrow 1{,}158円$

〈タイムテーブル〉 (単位：円)

	T_0 (現時点)	T_1 (1年度末)	T_2 (2年度末)	T_3 (3年度末)

元利合計　1,000　　　　1,050　　　1,102.5　　　1,157.625

×（1＋0.05）　×（1＋0.05）　×（1＋0.05）

● 割引計算と現価係数

　貨幣の現在の価値を**現在価値**といい、一定期間後の価値を**将来価値**（終価ともいいます）といいます。

　ここで複利計算とは逆に、将来価値を現在価値に引き戻すことを**割引計算**といい、現在価値に引き戻すために使用する係数のことを**現価係数**といいます。

　そこで、n年後のS_n円の現在価値をS_0円とすれば、次のような計算式で表すことができます。

> n年後のS_n円の現在価値をS_0円とすると、
> $$S_0 = S_n \times n年後の現価係数$$

この現価係数は$\dfrac{1}{（1＋利率）^n}$で計算することができ、前述の終価係数の逆数になります。

　以上より、CASE22について計算してみましょう。

CASE22［問2］の現在価値

　資料にある年利率5％の3年目の現価係数を用いて計算すると次のようになります。

$1{,}000円 \times \underset{現価係数}{0.8638} = 863.8円　\rightarrow　864円$

〈タイムテーブル〉 (単位：円)

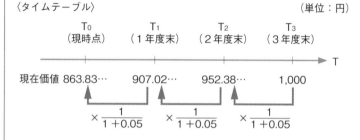

	T_0 (現時点)	T_1 (1年度末)	T_2 (2年度末)	T_3 (3年度末)

現在価値　863.83…　　907.02…　　952.38…　　1,000

$\times \dfrac{1}{1＋0.05}$　$\times \dfrac{1}{1＋0.05}$　$\times \dfrac{1}{1＋0.05}$

なお、年利率5％の現価係数は次の計算で算定されます（小数点以下第5位四捨五入）。

$$1\,年後 = \frac{1}{1 + 0.05} \fallingdotseq 0.9524$$

$$2\,年後 = \frac{1}{(1 + 0.05)^2} \fallingdotseq 0.9070$$

$$3\,年後 = \frac{1}{(1 + 0.05)^3} \fallingdotseq 0.8638$$

● 年金現価係数

何年にもわたって毎年一定額を受け取る（または支払う）ことを**年金**といいます。このように毎年一定額の現金収支がある場合の現在価値はどのように求めたらよいのでしょうか。

毎年の金額を一つ一つ割引計算をしていくのは面倒です。そこで、一括して現在価値に割引計算をする場合があります。

このときに使用する係数を**年金現価係数**といい、1年後からn年後までの現価係数を合計して求められます。

> n年間にわたり、毎年受け取るS_n円の現在価値をS_0円とすると、
> $S_0 = S_n \times$ n年後の年金現価係数

この年金現価係数は $\dfrac{1-(1+利率)^{-n}}{利率}$ として計算することができます。

以上により、CASE22について計算してみましょう。

CASE22［問3］の年金現価係数と現在価値

(1) **年金現価係数**

年金現価係数は1年後からn年後までの現価係数の合計として求められます。

1年間の場合 ＝ 0.9524
2年間の場合 ＝ 0.9524 ＋ 0.9070 ＝ 1.8594
3年間の場合 ＝ 0.9524 ＋ 0.9070 ＋ 0.8638 ＝ 2.7232

(2) **現在価値**

$$1,000\,円 \times 0.9524 + 1,000\,円 \times 0.9070 + 1,000\,円 \times 0.8638$$
$$= 1,000\,円 \times (0.9524 + 0.9070 + 0.8638)$$
$$= 1,000\,円 \times 2.7232 \text{〈年金現価係数〉}$$
$$= 2,723.2\,円 \ \rightarrow \ 2,723\,円$$

〈タイムテーブル〉 (単位：円)

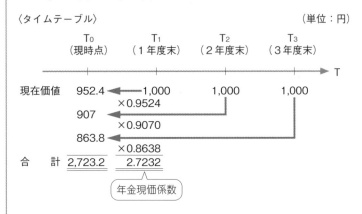

参 考

現価係数表と年金現価係数表

　問題によっては、現価係数や年金現価係数が、表で与えられることがあります。たとえば、現価係数表は次のようになります。

現 価 係 数 表

年 ＼ 割引率	1%	2%	3%	4%	5%
1年	0.9901	0.9804	0.9709	0.9615	0.9524
2年	0.9803	0.9612	0.9426	0.9246	0.9070
3年	0.9706	0.9423	0.9151	0.8890	0.8638
4年	0.9610	0.9238	0.8885	0.8548	0.8227
5年	0.9515	0.9057	0.8626	0.8219	0.7835

　年利率5％で3年目の現価係数は、上の表より5％と3年の交差する0.8638となります。

CASE 23 金銭債権

金銭債権と営業債権

へ〜
全部同じじゃないんだ…。

金銭債権

営業債権	営業外債権
完成工事未収入金	貸付金
受取手形	

今日は決算日。ゴエモン㈱では完成工事未収入金や受取手形に貸倒引当金を設定しようとしています。
ここでは、金銭債権の種類と評価についてみてみましょう。

● 金銭債権の種類

たとえば、完成工事未収入金はあとで工事代金を受け取ることができる権利です。このように将来、他人から一定の金額を受け取ることができる権利を**金銭債権**といいます。

また金銭債権には、完成工事未収入金や受取手形のように営業活動から生じた債権と、貸付金のように営業活動以外の活動（財務活動）から生じた債権があり、営業債権のうち完成工事未収入金や受取手形は特に**売上債権**といいます。

金銭債権の種類			
金銭債権	営業債権	売上債権	完成工事未収入金、受取手形など
		その他	営業上、継続的に発生する、取引先に対する立替金など
	営業外債権		営業債権以外の**貸付金**や未収入金など

● 金銭債権の評価

　金銭債権は、原則として、金銭債権の取得原価から貸倒引当金を控除した金額を貸借対照表価額とします。

２級で、社債を割引発行した場合、社債の額面金額と払込金額の差額が金利調整差額と認められるときは、償却原価法を適用しましたよね？これと同じ考え方です。

　ただし、債権を債権金額よりも低い価額（または高い価額）で取得した場合で、**取得価額と債権金額の差額が金利調整差額と認められるとき**は、**償却原価法**によって算定した価額から貸倒引当金を控除した価額を貸借対照表価額とします。

債権金額≠取得価額で差額が金利調整差額と認められない場合は、①の原則的評価になります。

金銭債権の評価

①債権金額＝取得価額の場合（原則）

> 貸借対照表価額＝取得価額－貸倒引当金

②債権金額≠取得価額　かつ

　差額が金利調整差額と認められる場合

> 貸借対照表価額＝償却原価－貸倒引当金

　なお、償却原価法とは、債権金額と取得価額との差額（金利調整差額）を満期日までの間、毎期一定の方法によって債権の貸借対照表価額に加減する方法をいいます。

ここでは、「原則は利息法」ということだけおさえておきましょう。

　また、償却原価法には**利息法**と**定額法**の２つの方法があり、原則は利息法によって処理しますが、試験上は容認されている定額法によって処理することが多いです。

　償却原価法の処理について、詳しくは「第6章　有価証券」で説明します。

貸倒引当金

貸倒引当金を設定する際の債権の区分

これは回収可能性が高いから…。

A社受取手形

?　金銭債権の種類もわかったので、さっそく貸倒引当金を設定しよう！…と思ったのですが、「債権の回収可能性」によって、貸倒見積高の計算が異なるとのこと。ここでは、貸倒引当金を設定する際の債権の区分についてみてみましょう。

● 貸倒引当金を設定する際の債権の区分

　貸倒引当金は期末に残っている完成工事未収入金や受取手形が、次期以降にどれだけ回収不能になる可能性があるかを見積って設定するものです。

　そこで、貸倒引当金を設定する際には、債権を回収可能性に応じて、**一般債権**、**貸倒懸念債権**、**破産更生債権等**に区分して、それぞれの算定方法で貸倒見積高を計算します。

> 経営状態が良好な取引先に対する完成工事未収入金や受取手形は回収できる可能性が高いですが、経営状態が良くない取引先に対する完成工事未収入金や受取手形は回収できる可能性が低いといえます。

債権の区分

区　　分	内　　容	回収可能性
一　般　債　権	経営状態に重大な問題が生じていない債務者に対する債権	
貸倒懸念債権	経営破綻の状態には至っていないが、経営状態が悪化しており、回収が懸念される債権	
破産更生債権等	経営破綻または実質的に経営破綻に陥っている債務者に対する債権	

一般債権の貸倒見積高の算定方法

まずはこれ！

まずは、一般債権について貸倒引当金を設定してみましょう。

取引 完成工事未収入金の期末残高1,500円と受取手形の期末残高2,500円（いずれも一般債権）に対し、貸倒実績率法により、貸倒引当金を設定する（期末貸倒引当金残高40円）。なお、過去3年間における一般債権の期末残高と実際貸倒高は次のとおりであり、当期（第4期）の貸倒実績率は過去3年の平均とする。

	期末債権残高	実際貸倒高
第1期	2,000円	40円
第2期	3,000円	72円
第3期	1,800円	45円

一般債権の貸倒見積高の算定方法

　一般債権は回収可能性が高いので、債権金額に、過去の貸倒実績率等を掛けて貸倒見積高を計算します。

一般債権の貸倒見積高（貸倒実績率法）

> 貸倒見積高＝債権金額×貸倒実績率

なお、貸倒実績率は次の計算式によって算定します。

$$貸倒実績率＝\frac{ある期間の実際貸倒高}{ある期間の期末債権残高}$$

　また、CASE25のように数期間の平均貸倒実績率を用いて計算する場合は、各期間の貸倒実績率を計算したあと、平均貸倒実績率を求めます。

貸倒実績率

①第1期：$\dfrac{40円}{2,000円} = 0.02$

②第2期：$\dfrac{72円}{3,000円} = 0.024$

③第3期：$\dfrac{45円}{1,800円} = 0.025$

④平均貸倒実績率：$\dfrac{0.02 + 0.024 + 0.025}{3年} = 0.023$

貸倒引当金の設定に用いる貸倒実績率等の数値が与えられている問題もあります。

　以上より、CASE25の貸倒見積高と決算整理仕訳は次のようになります。

CASE25の貸倒見積高と仕訳

貸倒見積高：$(1,500円 + 2,500円) \times 0.023 = 92円$

（貸倒引当金繰入）　　52　（貸 倒 引 当 金）　　52

92円－40円＝52円

貸倒引当金

貸倒懸念債権の貸倒見積高の算定方法①

これ、回収できるのかなぁ…。

ハナコ株式会社

貸付金
10,000円

△

ゴエモン㈱はハナコ㈱に10,000円を貸し付けていますが、ハナコ㈱の経営状況は悪化しています。そこで、ハナコ㈱に対する貸付金は貸倒懸念債権に区分することにしました。

取引 次の資料にもとづき、財務内容評価法により貸倒引当金を設定しなさい。

［資　料］
1. ハナコ㈱に対する貸付金10,000円は、貸倒懸念債権として処理する。なお、ハナコ㈱から担保として土地（処分見込額8,000円）を受け入れている。
2. 貸倒設定率は40%とする。
3. 当該貸付金に対する貸倒引当金残高は200円である。

貸倒懸念債権の貸倒見積高の算定方法

　貸倒懸念債権は、対象となる債権ごとに回収可能性が異なるので、個々の債権ごとに貸倒見積高を計算します。
　貸倒懸念債権の貸倒見積高の算定方法には、(1)**財務内容評価法**と(2)**キャッシュ・フロー見積法**の2つがあります。

キャッシュ・フロー見積法についてはCASE27で学習します。

財務内容評価法

　CASE26のように、担保として土地等を受け入れている場合、債務者（ハナコ㈱）から貸付金を回収できなくても、担保を処

分すれば処分金額を回収することができます。

　したがって財務内容評価法では、債権金額から担保処分見込額を差し引いた残額に、債務者の財政状態に応じた貸倒設定率を掛けて貸倒見積高を計算します。

貸倒設定率は資料に与えられます。

貸倒懸念債権の貸倒見積高①（財務内容評価法）

> 貸倒見積高＝(債権金額－担保処分見込額)×貸倒設定率

とても
重要

　以上より、CASE26の貸倒見積高と決算整理仕訳は次のようになります。

CASE26の貸倒見積高と仕訳

貸倒見積高：(10,000円 − 8,000円) × 40% = 800円

（貸倒引当金繰入）　600　（貸倒引当金）　600

800円 − 200円 = 600円

⊖ 問題集 ⊖
問題22

貸倒懸念債権の貸倒見積高の算定方法②

2つ目の方法ね！

つづいて、キャッシュ・フロー見積法についてみてみましょう。

取引 次の資料にもとづき、キャッシュ・フロー見積法により貸倒引当金を設定しなさい（当期の決算日：×5年3月31日）。なお、計算の過程で生じる端数はそのつど四捨五入すること。

[資 料]
1．ハナコ㈱に対する貸付金10,000円（返済期日×7年3月31日、年利率3％、利払日は3月末日）は、貸倒懸念債権として処理する。
2．×5年3月31日の利払日後にハナコ㈱より条件緩和の申し出を受け、ゴエモン㈱は年利率1％に引き下げることに合意した。
3．当該貸付金に対する貸倒引当金残高は200円である。

● キャッシュ・フロー見積法

たとえば、いま、現金10,000円を年利率3％の定期預金（1年定期）に預け入れたとした場合、1年後には利息300円（10,000円×3％）が加算された10,300円を受け取ることができます。

つまり、現在の10,000円は1年後の10,300円と価値が等しいということになります。

ということは、年利率3％のもとで1年後に10,000円を受け取るためには、いま、9,709円（$\frac{10,000円}{1+0.03}$）を預け入れればよ

10,000円×（1＋0.03）＝10,300円ですね（源泉所得税は無視しています）。

いことになります。

　キャッシュ・フロー見積法は、このような時間の経過にともなう価値の変動を考慮し、債務者から将来受け取ることができる金額（キャッシュ・フロー）を現在の価値になおした金額（**割引現在価値**といいます）と債権金額との差額を回収不能額（貸倒見積高）とする方法です。

貸倒懸念債権の貸倒見積高②（キャッシュ・フロー見積法）

$$貸倒見積高＝債権金額－\frac{将来キャッシュ・フロー}{の\ 割\ 引\ 現\ 在\ 価\ 値}$$

難しい論点ですが、キャッシュ・フロー見積法の計算式だけでも覚えておきましょう。

　なお、割引現在価値を計算する際の利子率は、当初の約定利子率（条件緩和前の利子率）を用います。

　CASE27では、いまから2年後の×7年3月31日に、ハナコ㈱から貸付金10,000円を回収することができます。2年後に回収する10,000円の割引現在価値は、10,000円を（1 +当初の約定利子率）$^{2（年）}$ で割って求めます。

　元本返済額の割引現在価値：$\dfrac{10,000円}{(1+0.03)^2} \fallingdotseq 9,426円$

ちなみに、貸付金の回収期日が3年後だった場合の割引現在価値は、$\dfrac{10,000円}{(1+0.03)^3}$ で計算します。

ここで用いる利子率は
当初の（約定）利子率です。

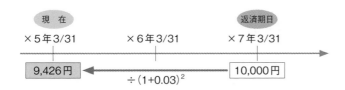

第5章　現金預金と金銭債権　73

また、×6年3月31日と×7年3月31日には1年分の利息100円（10,000円×1％）を受け取ることができます。

これらの利息額の割引現在価値を計算すると次のようになります。

ゴエモン㈱は利息引下げの条件を受けているので、今後は1％の利息を受け取ることになります。

ここで用いる利子率は当初の（約定）利子率です。

1年後に受け取る利息の割引現在価値：$\dfrac{100円}{1+0.03} \fallingdotseq 97円$

2年後に受け取る利息の割引現在価値：$\dfrac{100円}{(1+0.03)^2} \fallingdotseq 94円$

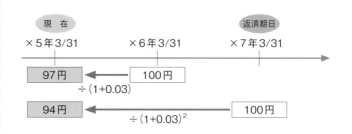

つまり、将来受け取るキャッシュ・フローの割引現在価値の合計は9,617円（9,426円＋97円＋94円）となります。

以上より、CASE27の貸倒見積高と決算整理仕訳は次のようになります。

なお、キャッシュ・フロー見積法で、「貸倒引当金戻入」となる場合は、原則として「受取利息」で処理します（「貸倒引当金戻入」で処理することも容認されています）。

CASE27の貸倒見積高と仕訳

貸倒見積高：10,000円 － 9,617円 ＝ 383円

（貸倒引当金繰入）　183　（貸倒引当金）　183

383円 － 200円 ＝ 183円

⇔ 問題集 ⇔
問題21、23

貸倒引当金

破産更生債権等の貸倒見積高の算定方法

これはもう、
回収できないかも…。

貸付金
2,000円

ゴエモン㈱は当期に経営破綻したブル蔵㈱に2,000円を貸し付けています。ブル蔵㈱から担保として土地を受け入れていますが、破産更生債権等の貸倒見積高はどのように算定するのでしょう？

取引 次の資料にもとづき、貸倒引当金を設定しなさい。

[資　料]
1．ブル蔵㈱に対する貸付金2,000円は、破産更生債権等として処理する。なお、ブル蔵㈱から担保として土地（処分見込額1,600円）を受け入れている。
2．当該貸付金に対する貸倒引当金は設定していない。

破産更生債権等の貸倒見積高の算定方法

　経営破綻した債務者に対する債権は、回収の見込みがほとんどないので、債権金額を**破産更生債権等（流動資産または固定資産）**に振り替えます。

一年基準によって流動資産と固定資産に分類されます。

（破産更生債権等）　2,000　（貸　付　金）　2,000

　そして、債権金額から担保処分見込額を差し引いた全額が貸倒見積高となります。

要するに貸倒設定率100％として計算するわけですね。

破産更生債権等の貸倒見積高（財務内容評価法）

貸倒見積高＝債権金額－担保処分見込額

以上より、CASE28の貸倒見積高と決算整理仕訳は次のようになります。

CASE28の貸倒見積高と仕訳

貸倒見積高：2,000円 − 1,600円 = 400円

| （破産更生債権等） | 2,000 | （貸 付 金） | 2,000 |
| （貸倒引当金繰入） | 400 | （貸 倒 引 当 金） | 400 |

⊜ 問題集 ⊜
問題24

資産・負債・純資産編

第6章

有価証券

・・・・・
・・・・

有価証券の保有目的や評価方法は、
2級でも学習したけれど、
ちゃんと覚えているかなあ……
はじめて学習する処理も
あるみたい……

ここでは、有価証券について学習します。
有価証券の評価はとても大切なので、
しっかり学習してください。

有価証券の分類と表示

売買目的有価証券

満期保有目的債券

子会社・関連会社株式

その他有価証券

2級で、有価証券は保有目的によって、いくつかの種類に分類されることを学習しました。ここでは、2級で学習した有価証券の分類についておさらいしましょう。

● 有価証券の分類

　有価証券は保有目的によって、(1)売買目的有価証券、(2)満期保有目的債券、(3)子会社株式・関連会社株式、(4)その他有価証券に分類されます。

(1)　売買目的有価証券

　売買目的有価証券とは、時価の変動を利用して、短期的に売買することによって利益を得るために保有する株式や社債のことをいいます。

(2)　満期保有目的債券

　満期まで保有するつもりの社債等を満期保有目的債券といいます。

> 子会社株式と関連会社株式をあわせて、関係会社株式といいます。

(3)　子会社株式・関連会社株式

　子会社や関連会社が発行した株式を、それぞれ子会社株式、関連会社株式といいます。

　たとえばゴエモン㈱が、サブロー㈱の発行する株式のうち、過半数（50%超）を所有しているとします。

　会社の基本的な経営方針は、株主総会で持ち株数に応じた多

数決によって決定しますので、過半数の株式を持っているゴエモン㈱が、ある議案について「賛成」といったら、たとえほかの人が反対でも「賛成」に決まります。

このように、ある企業（ゴエモン㈱）が他の企業（サブロー㈱）の意思決定機関を支配している場合の、ある企業（ゴエモン㈱）を**親会社**、支配されている企業（サブロー㈱）を**子会社**といいます。

意思決定機関とは、会社の経営方針等を決定する機関、つまり株主総会や取締役会のことをいいます。

また、意思決定機関を支配しているとまではいえないけれども、人事や取引などを通じて他の企業の意思決定に重要な影響を与えることができる場合の、他の企業を**関連会社**といいます。

子会社、関連会社については、第19章の連結会計でも学習します。

(4) その他有価証券

上記(1)から(3)のどの分類にもあてはまらない有価証券を**その他有価証券**といい、これには、業務提携のための相互持合株式などがあります。

相互持合株式とは、お互いの会社の株式を持ち合っている場合の、その株式をいいます。

● 有価証券の表示

有価証券の貸借対照表上の表示区分と表示科目は、次のとおりです。

(1) 売買目的有価証券

売買目的有価証券は短期的に保有するものなので、**流動資産**に「**有価証券**」として表示します。

(2) 満期保有目的債券

満期保有目的債券は長期的に保有するものなので、**固定資産（投資その他の資産）**に「**投資有価証券**」として表示します。

一年基準が適用されます。

ただし、満期日が決算日の翌日から1年以内に到来するものについては、**流動資産**に「**有価証券**」として表示します。

(3) 子会社株式・関連会社株式

子会社株式や関連会社株式は支配目的で長期的に保有するものなので、**固定資産（投資その他の資産）**に「**関係会社株式**」として表示します。

(4) その他有価証券

その他有価証券は、**固定資産（投資その他の資産）**に「**投資有価証券**」として表示します。

満期日が決算日の翌日から1年以内に到来する社債等については、流動資産に「有価証券」として表示します。

とても重要

有価証券の分類と表示		
分　　類	表示科目	表示区分
(1)売買目的有価証券	有価証券	流動資産　　　　1年超
(2)満期保有目的債券	投資有価証券	固定資産(投資その他の資産)
	有価証券	流動資産　1年以内
(3)子会社株式・関連会社株式	関係会社株式	固定資産(投資その他の資産)
(4)その他有価証券	投資有価証券	固定資産(投資その他の資産)

問題集
問題25

有価証券を購入したときの仕訳

売買目的有価証券の購入時の処理は、もう大丈夫ですよね?

A社株式

ゴエモン㈱は、売買目的でA社株式10株を@100円で購入しました（購入手数料10円）。このときの処理をみてみましょう。

取引 ゴエモン㈱は、売買目的でA社株式10株を@100円で購入し、購入手数料10円とともに小切手を振り出して支払った。

有価証券を購入したときの仕訳

有価証券を購入したときは、購入代価に購入手数料などの付随費用を加算した金額を取得原価として処理します。

なお、贈与によって有価証券を取得した場合は、受入有価証券の時価を取得原価とします。

取得原価＝購入代価＋付随費用

したがって、CASE30の仕訳は次のようになります。

CASE30の仕訳

（有 価 証 券）　1,010　（当 座 預 金）　1,010

@100円×10株＋10円＝1,010円

有価証券を売却したときの仕訳

あれ？
売却時の手数料の処理は？

⑫
手数料

ゴエモン㈱は売買目的で保有するA社株式30株のうち、15株を売却しました。このとき、売却手数料が12円かかったのですが、この売却手数料はどのように処理するのでしょう？

取引 ゴエモン㈱は売買目的で所有するA社株式30株のうち、15株を@110円で売却し、売却手数料12円を差し引かれた残額は現金で受け取った。なお、A社株式の取得状況（すべて当期に取得）は次のとおりであり、払出単価の計算は移動平均法による。

　1回目の取得：10株を@100円で購入（購入手数料10円）
　2回目の取得：20株を@106円で購入（購入手数料20円）

有価証券を売却したときの仕訳

払出単価の計算方法は2級でも学習しましたね。

　複数回に分けて購入した同一銘柄の有価証券を売却したときは、**平均原価法（移動平均法**または**総平均法）**によって払出単価を計算します。

　したがって、CASE31の払出単価は次のようになります。

CASE31の払出単価

$$\frac{(@100円 \times 10株 + 10円) + (@106円 \times 20株 + 20円)}{10株 + 20株} = @105円$$

また、有価証券の売却時にかかった売却手数料は、通常、**支払手数料（営業外費用）** で処理します。

以上より、CASE31の仕訳は次のようになります。

CASE31の仕訳　@110円×15株－12円＝1,638円　　@105円×15株＝1,575円

（現　　　　金）	1,638	（有　価　証　券）	1,575
（支 払 手 数 料）	12	（有価証券売却益）	75

（有価証券売却益 75 ←貸借差額）

売却手数料は「支払手数料」で処理しないで、有価証券売却益に含めて処理することもあります。この場合の仕訳は次のようになります。
（現　　　金）　1,638　（有　価　証　券）　1,575
　　　　　　　　　　　　（有価証券売却益）　　63 ←貸借差額

有価証券の売却損益の表示

有価証券を売却したときに生じる売却損益の損益計算書上の表示区分は、有価証券の分類に応じて次のように異なります。

有価証券売却損益の表示区分

分　　類	表示科目	表示区分
(1) 売 買 目 的 有 価 証 券	有価証券売却損（益）[*1]	営業外費用（収益）
(2) 満 期 保 有 目 的 債 券	投資有価証券売却損（益）[*1]	営業外費用（収益）[*3]
(3) 子会社株式・関連会社株式	関係会社株式売却損（益）[*2]	特別損失（利益）
(4) そ の 他 有 価 証 券	投資有価証券売却損（益）[*1]	営業外費用（収益）[*3]

[*1] 売却損と売却益を相殺した純額を計上します。

[*2] 売却損と売却益を相殺せずに、総額を計上します。

　　また、**子会社株式売却損（益）・関連会社株式売却損（益）** などで表示することもあります。

[*3] 合理的な理由によらないものや臨時的なものは**特別損失（利益）** に表示します。

問題集
問題26

CASE 32

売買目的有価証券の評価

こっちは評価益が生じているけど…、

こっちは評価損が生じている…。

A社株式

B社株式

今日は決算日。ゴエモン㈱はA社株式とB社株式を売買目的で保有しています。決算において売買目的有価証券はどのように処理するのでしょう？

取引 ゴエモン㈱はA社株式とB社株式を売買目的で保有している（いずれも当期に取得したものである）。次の資料にもとづき、決算における仕訳をしなさい。

	取得原価	時　価
A社株式	1,575円	1,600円
B社株式	1,210円	1,200円

売買目的有価証券の決算時の処理

これは2級で学習済みですね。
なお、時価とは公正な評価額をいい、市場価格にもとづく価額をいいます（市場価格がない場合には、合理的に算定された価額を公正な評価額とします）。

売買目的有価証券は決算において、時価に評価替えします。したがって、CASE32の仕訳は次のようになります。

CASE32の仕訳

① A社株式

あとで相殺するので、「有価証券評価損益」で処理しておきます。

（有　価　証　券）	25	（有価証券評価損益）	25

1,600円 － 1,575円 ＝ 25円
時　価　＞　原　価　→　評価益

② B社株式

$$1,200円 - 1,210円 = \triangle 10円$$
時価 ＜ 原価 → 評価損

| （有価証券評価損益） | 10 | （有 価 証 券） | 10 |

● 評価差額の表示

売買目的有価証券の評価替えによって生じた評価損益は、**相殺した純額**を損益計算書の**営業外費用（収益）**に「**有価証券評価損（益）**」として表示します。

したがって、CASE32 の損益計算書の表示は次のようになります。

売買目的有価証券については、売却損益と評価損益を一括して「有価証券運用損益」で処理することもあります。

有価証券評価損益

| B社株式 10円（評価損） | A社株式 25円（評価益） |

評価益15円

損　益　計　算　書
　　　　　：
Ⅳ　営 業 外 収 益
　　　　有価証券評価益　15

貸　借　対　照　表
資 産 の 部
Ⅰ　流 動 資 産
　　　有 価 証 券　2,800

$$1,600円 + 1,200円 = 2,800円$$

● 切放法と洗替法

決算において計上した評価損益（評価差額）の会計処理方法には、**切放法**と**洗替法**の２つの方法があります。

(1) 切放法

切放法とは、当期末において計上した評価損益を、翌期首において振り戻さない方法をいいます。したがって、切放法の場合、翌期末において時価と比べる帳簿価額は当期末の時価となります。

仕 訳 な し

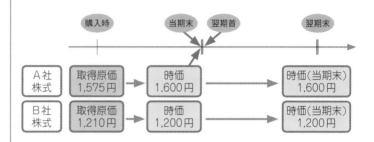

(2) 洗替法

> 「振り戻す」とは、当期末の仕訳の逆仕訳をすることをいいます。

洗替法とは、当期末において計上した評価損益を翌期首において振り戻す方法をいいます。したがって洗替法の場合、翌期末において時価と比べる帳簿価額は取得原価となります。

翌期首の仕訳（洗替法）

① A社株式

（有価証券評価損益）	25	（有　価　証　券）	25

② B社株式

（有　価　証　券）	10	（有価証券評価損益）	10

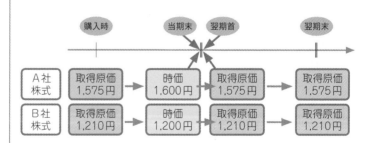

⊖ 問題集 ⊖
問題27、28

満期保有目的債券の評価

満期保有目的債券は
評価替えしないよね…？

C社社債

今日は決算日。ゴエモン㈱はC社社債を満期保有目的で保有しています。決算において満期保有目的債券はどのように処理するのでしょう？

取引 ゴエモン㈱はC社社債を満期保有目的で保有している。次の資料にもとづき、決算（×2年3月31日）における仕訳をしなさい。

[資 料]
1. C社社債は×1年4月1日に額面10,000円を額面100円につき95円で購入したものである。同社債の償還期日は×6年3月31日である。
2. 額面金額と取得価額の差額は金利調整差額と認められるため、償却原価法（定額法）によって処理する。

● 満期保有目的債券の決算時の処理

　満期保有目的債券は、原則として評価替えしません。ただし、債券を債券金額（額面金額）と異なる価額で取得した場合で、かつ、取得価額と債券金額との差額が金利調整差額と認められる場合には、**償却原価法**（金利調整差額を取得日から満期日までの間に取得価額に加減する方法）によって処理します。

> 償却原価法には定額法と利息法がありますが、このテキストでは定額法の処理を前提とします。

満期保有目的債券の期末評価

①債券金額＝取得価額

> **貸借対照表価額＝取得原価**

②債券金額≠取得価額　かつ
　差額が金利調整差額と認められる場合

> **貸借対照表価額＝償却原価***

＊償却原価法
　　原則：利息法　容認：定額法

> 債券金額≠取得価額で差額が金利調整差額と認められない場合は、取得原価で評価します。

償却原価法（定額法）

　定額法は、償還期間にわたって、毎期一定の金額（金利調整差額の償却額）を帳簿価額に加減する方法です。

　CASE33では、C社社債の取得日が×1年4月1日で償還期日が×6年3月31日なので、金利調整差額を5年間で償却します。

CASE33の金利調整差額と償却額

①取 得 価 額：$10,000円 \times \dfrac{95円}{100円} = 9,500円$

②金利調整差額：$10,000円 - 9,500円 = 500円$

③当 期 償 却 額：$500円 \div 5年 = 100円$

定額法

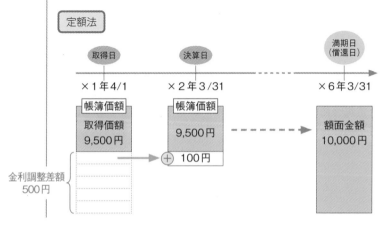

CASE33は取得価額（9,500円）が額面金額（10,000円）より
も低いので、当期償却額を帳簿価額に加算します。また、金利
調整差額は利息なので、相手科目は**有価証券利息（営業外収
益）**で処理します。

以上より、CASE33の仕訳は次のようになります。

なお、損益計算書と貸借対照表の表示は次のようになります。

```
            損 益 計 算 書
                 ：
 Ⅳ  営 業 外 収 益
     有価証券利息          100
```

```
            貸 借 対 照 表
       資 産 の 部
                 ：
 Ⅱ  固 定 資 産
    3．投資その他の資産
     投資有価証券  9,600  ◀── 9,500円＋100円＝9,600円
```

⇔ 問題集 ⇔
問題29

子会社株式・関連会社株式の評価

どっちも長期的に
保有するものだから…。

D社株式　E社株式

子会社株式　関連会社株式

今日は決算日。ゴエモン㈱はD社株式（子会社株式）とE社株式（関連会社株式）を保有しています。決算において、これらの株式はどのように処理するのでしょう？

取引　ゴエモン㈱はD社株式（子会社株式）とE社株式（関連会社株式）を保有している。次の資料にもとづき、決算における仕訳をしなさい。

	取得原価	時　価
D社株式	1,000円	1,600円
E社株式	750円	800円

● 子会社株式・関連会社株式の決算時の処理

ただし、強制評価減や実価法が適用される場合は評価の切下げをします（CASE38）。

　子会社株式や関連会社株式は長期的に保有するものなので、決算において評価替えはしません。

CASE34の仕訳

① D社株式（子会社株式）

仕　訳　な　し

② E社株式（関連会社株式）

仕　訳　な　し

CASE 35 有価証券の評価

その他有価証券の評価①
全部純資産直入法

その他有価証券は
時価評価…かなぁ？

F社株式　G社株式

今日は決算日。ゴエモン㈱で保有するF社株式とG社株式は、その他有価証券に区分されます。決算において、その他有価証券はどのように処理するのでしょう？

取引 ゴエモン㈱はF社株式とG社株式（いずれもその他有価証券）を保有している。次の資料にもとづき、決算における仕訳をしなさい。なお、全部純資産直入法を採用している。

	取得原価	時　価
F社株式	2,000円	1,800円
G社株式	1,000円	1,500円

● その他有価証券の決算時の処理

その他有価証券は「いつかは売却するもの」と考え、**時価**で評価します。しかし、売買目的有価証券とは異なり、すぐに売却するわけではないので、評価差額（帳簿価額と時価との差額）は原則として損益計算書には計上しません。

なお、評価差額の処理方法には、**全部純資産直入法**と**部分純資産直入法**という2つの方法があります。

部分純資産直入法はCASE36で学習します。

● 全部純資産直入法

全部純資産直入法は、評価差額の合計額を貸借対照表の**純資産の部**に「**その他有価証券評価差額金**」として計上する方法を

いいます。

CASE35の仕訳
① F社株式

1,800円－2,000円＝△200円
時　価　＜　原　価　→　評価差損

（その他有価証券評価差額金）　　200　　（投資有価証券）　　200

② G社株式

1,500円－1,000円＝500円
時　価　＞　原　価　→　評価差益

（投資有価証券）　　500　　（その他有価証券評価差額金）　　500

評価差額の表示

　全部純資産直入法では、その他有価証券の評価替えによって
生じた評価差額は、**相殺した純額**を貸借対照表の**純資産の部**に
「**その他有価証券評価差額金**」として表示します。

　したがって、CASE35の貸借対照表の表示は次のようになり
ます。

その他有価証券評価差額金

F社株式
200円

G社株式
500円

300円

貸　借　対　照　表	
資　産　の　部	：
：	純資産の部
Ⅱ　固　定　資　産	Ⅱ　評価・換算差額等
3．投資その他の資産	その他有価証券評価差額金　　300
投資有価証券　　3,300	

借方残（評価差損）の場合はマイナス表記します。（例：△300）

1,800円＋1,500円＝3,300円

翌期首の処理

その他有価証券は**洗替法**によって処理します。したがって、
翌期首において、当期末に計上した評価差額は振り戻します。

決算時の逆仕訳で
すね。

CASE 36

その他有価証券の評価②
部分純資産直入法

CASE35について、部分純資産直入法によって処理した場合をみてみましょう。

取引 ゴエモン㈱はF社株式とG社株式（いずれもその他有価証券）を保有している。次の資料にもとづき、決算における仕訳をしなさい。なお、部分純資産直入法を採用している。

	取得原価	時　価
F社株式	2,000円	1,800円
G社株式	1,000円	1,500円

部分純資産直入法

　部分純資産直入法は、評価差額のうち、**評価差益**については「その他有価証券評価差額金」として処理し、**評価差損**については「**投資有価証券評価損**」として処理する方法をいいます。

　したがって、CASE36の仕訳は次のようになります。

> 評価差益のみ純資産の部に計上するので、「部分純資産直入法」といいます。

CASE36の仕訳

① F社株式

$$1,800円 - 2,000円 = △200円$$
時 価 < 原 価 → 評価差損

（投資有価証券評価損）　　200　　（投資有価証券）　　200

CASE35とここが違います。

② G社株式

（投資有価証券）　　500　　（その他有価証券評価差額金）　　500

$$1,500円 - 1,000円 = 500円$$
時 価 > 原 価 → 評価差益

部分純資産直入法の場合も、翌期首には逆仕訳をして振り戻します（洗替法）。

● 評価差額の表示

　部分純資産直入法では、その他有価証券の評価替えによって生じた評価差額のうち、評価差益は貸借対照表の**純資産の部**に「**その他有価証券評価差額金**」として表示し、評価差損は損益計算書の営業外費用に「**投資有価証券評価損**」として表示します。

```
          損  益  計  算  書
                :
Ⅴ　営 業 外 費 用
      投資有価証券評価損      200
```

```
          貸  借  対  照  表
    資 産 の 部                          :
        :                          純資産の部
Ⅱ　固 定 資 産            Ⅱ　評価・換算差額等
  3．投資その他の資産          その他有価証券評価差額金    500
    投資有価証券    3,300
```

$$1,800円 + 1,500円 = 3,300円$$

その他有価証券の評価が出題されるときは、税効果会計とあわせて出題されることがあります。第17章の税効果会計もしっかり学習しておきましょう。

⊖ 問題集 ⊖
問題30、31

時価を把握することが極めて困難と認められる有価証券の評価

「時価が不明」ということは、時価に評価替えはできないよね…。

H社株式

今日は決算日。ゴエモン㈱で保有するH社株式は、その他有価証券ですが、その時価を把握するのは困難です。このような株式の評価はどうするのでしょう？

> **取引**　ゴエモン㈱はH社株式（取得原価1,000円、その他有価証券）を保有している。H社株式の時価を把握することは極めて困難である。決算における仕訳をしなさい。

● 時価を把握することが極めて困難と認められる有価証券

　時価を把握することが極めて困難と認められる有価証券については**取得原価**で評価します。

　ただし、社債その他の債券については、金銭債権に準じて**取得原価**または**償却原価**で評価します。

> **時価を把握することが極めて困難と認められる有価証券の評価**
> ①株式…取得原価
> ②社債その他の債券…取得原価または償却原価

　したがって、CASE37のH社株式については、決算において評価替えをしません。

CASE37の仕訳

仕　訳　な　し

強制評価減と実価法

こっちは時価がすごく下がっているし…。

こっちは会社の財政状態がすごく悪化している…。

I社株式
子会社株式

J社株式
関連会社株式

ゴエモン㈱で保有する I 社株式は子会社株式ですが、時価が著しく下落しています。また、J社株式は関連会社株式ですが、J社は財政状態が著しく悪化しています。このような場合でも、子会社株式や関連会社株式は評価替えをしないのでしょうか？

取引 ゴエモン㈱は I 社株式とJ社株式を保有している。次の資料にもとづき、決算における仕訳をしなさい。

[資　料]
1. I 社株式は子会社株式（取得原価2,000円、期末時価800円）である。なお、期末時価の下落は著しい下落であり、回復の見込みはない。
2. J社株式は関連会社株式（取得原価1,500円、時価は不明、保有株式数30株）である。なお、J社（発行済株式100株）の財政状態は次のとおり著しく悪化しているので、実価法を適用する。

（J社）	貸　借　対　照　表	（単位：円）
諸　資　産　10,000	諸　負　債	8,000

●有価証券の減損処理

　売買目的有価証券以外の有価証券の時価が著しく下落した場合や、時価を把握することが極めて困難と認められる株式の実質価額が著しく下落した場合には、評価替えが強制されます。

これを有価証券の**減損処理**といい、減損処理には**強制評価減**と**実価法**があります。

強制評価減

売買目的有価証券以外の有価証券について、時価が著しく下落した場合は、回復する見込みがあると認められる場合を除いて、時価を貸借対照表価額とし、評価差額を当期の損失（**特別損失**）として計上しなければなりません。これを**強制評価減**といいます。

なお、「著しい下落」とは、時価が取得原価の50％程度以上下落した場合などをいいます。

> **強制評価減**
> 時価が著しく下落し、かつ、回復の見込みがあると認められる場合を除いて、時価で評価

CASE38のI社株式は子会社株式なので、通常は決算において評価替えしませんが、時価が著しく下落し（800円）、かつ、回復の見込みがありません。したがって、強制評価減が適用されます。

CASE38の仕訳　I社株式

（子会社株式評価損）　1,200　（子 会 社 株 式）　1,200

特別損失

2,000円－800円＝1,200円

実価法

時価を把握することが極めて困難と認められる株式について、その株式を発行した会社の財政状態が著しく悪化したときは、**実質価額**まで帳簿価額を切り下げます。これを**実価法**といいます。

なお、実質価額は発行会社の1株あたりの純資産に、所有株式数を掛けて計算します。

（回復の見込みがない場合だけでなく、回復する見込みが不明な場合も時価で評価します。）

（空欄補充問題等で出題される可能性があります。しっかりおさえましょう。）

（800円＜2,000円×50％なので、著しい下落に該当します。なお、著しい下落かどうかは通常、問題文に与えられます。）

┌───┐
│   **実質価額の計算**   │
│   │
│ ① 発行会社の純資産＝資産－負債   │
│   │
│ ② 1株あたりの純資産（実質価額）＝ 純資産／発行済株式総数 │
│   │
│ ③ 所有株式の実質価額＝②×所有株式数   │
└───┘

CASE38　J社株式の実質価額

①発行会社の純資産：10,000円 － 8,000円 ＝ 2,000円

②1株あたりの純資産：$\dfrac{2,000円}{100株}$ ＝ @20円

③所有株式の実質価額：@20円 × 30株 ＝ 600円

以上よりCASE38のJ社株式の処理は次のようになります。

CASE38の仕訳　J社株式

（関連会社株式評価損）　　900　　（関連会社株式）　　900
　特別損失

1,500円 － 600円 ＝ 900円

強制評価減や実価法が適用された場合の表示

　強制評価減や実価法が適用された場合の評価損は、損益計算書上、**特別損失**に計上します。

┌─────────────────────────────────┐
│　　　　　損　益　計　算　書　　　　　│
│　　　　　　　　：　　　　　　　　　│
│　Ⅶ　特　別　損　失　　　　　　　　│
│　　　　　投資有価証券評価損　　××　│
│　　　　　子会社株式評価損　　1,200　│
│　　　　　関連会社株式評価損　　900　│
└─────────────────────────────────┘

各評価損の表示科目はこのようになります。

強制評価減や実価法が適用された場合の翌期首の処理

　強制評価減や実価法が適用されたときは、翌期首において振り戻す処理はしません（つねに**切放法**）。

　有価証券の期末評価についてまとめると次のとおりです。

とても
重要

分　類	貸借対照表価額		処理方法	評価差額等の処理
売買目的 有価証券	時　　価		切放法 または 洗替法	P/L営業外費用（収益） 「有価証券評価損（益）」
満期保有 目的債券	原則	取得原価	—	—
	金利調 整差額 あり	償却原価	—	償却額はP/L営業外収益 「有価証券利息」
子会社株式・ 関連会社株式	取得原価		—	—
その他 有価証券	時　　価		洗替法	全部純資 産直入法　B/S純資産の部 「その他有価証券評価差額金」
				部分純資 産直入法　評価差益…B/S純資産の部 「その他有価証券評価差額金」 評価差損…P/L営業外費用 「投資有価証券評価損」
時価を把握する ことが極めて困 難と認められる 有価証券	株　式	取得原価	—	—
	債　券	取得原価 または 償却原価	—	償却原価法を適用した場合の償却額は P/L営業外収益「有価証券利息」
強制評価減	時　　価		切放法	P/L特別損失 「投資有価証券評価損」 「子会社株式評価損」 「関連会社株式評価損」
実価法	実質価額		切放法	

⇔ 問題集 ⇔
問題32、33

第7章

デリバティブ取引

株式や債券自体を売買する取引については、
すでにみてきたけど、
これらの金融商品から派生した商品というものがあるらしい…。

ここでは、金融商品（株式や債券など）から派生した商品（デリバティブ）
に関する取引についてみていきます。

デリバティブ取引とは？

この価値が下がっても損しない方法ってないかニャ？

ゴエモン㈱では有価証券を所有していますが、今後、この有価証券の価値が下がる可能性があります。この有価証券はまだ持ち続けたいのですが、価値が下がるリスクにも備えたいと思っています。

そんな都合のよいことができるのでしょうか？

> たとえば、株式自体を売買するのではなく、株式を売買する「権利」を商品化し、この権利を売買する取引などがあります。

● デリバティブ取引とは？

デリバティブ取引とは、株式や債券など、従来から存在する金融商品から派生して生まれた金融商品（**デリバティブ**）を扱う取引をいい、**先物取引**、**オプション取引**、**スワップ取引**などがあります。

デリバティブ取引	
先物取引	将来の一定の時点において、特定の商品を一定の価格で一定の数量だけ売買することを約束する取引
オプション取引	将来の一定の時点に、一定の価格で特定の商品を売買する権利を売買する取引
スワップ取引	金利や通貨から生じるキャッシュ・フローを交換する取引

デリバティブ取引には非常にたくさんの種類がありますが、このテキストでは、**金利スワップ取引**と**オプション取引**について説明します。

🔵 デリバティブ取引の特徴

　デリバティブ取引は、現物取引（株式や債券自体を売買する取引）と組み合わせて行うことにより、現物取引から生じるリスク（不確実性）を低下させること（**リスクヘッジ**といいます）ができます。

　また、デリバティブ取引は、少ない元手で多額の利益を獲得することもできるため、投機目的で行われることもあります。

利益が多額になる可能性がある反面、損失も多額になる可能性もあります。

🔵 デリバティブ取引の会計処理

　デリバティブ取引により生じる正味の債権債務は時価をもって貸借対照表価額とし、評価差額は、原則として、当期の損益とします。

　デリバティブ取引をヘッジ目的で運用する場合には、ヘッジ会計という特殊な会計処理が必要となります。

詳しくはCASE41 ヘッジ会計で学習します。

CASE 40

金利スワップ取引

ゴエモン㈱はドラネコ銀行から変動金利で10,000円を借り入れていますが、変動金利だとこれから金利が高くなったときに不利になるので、マウス銀行と変動金利と固定金利を交換する契約を結びました。
このような場合、どんな処理をすればよいのでしょう?

取引 ゴエモン㈱はドラネコ銀行から変動金利で10,000円を借り入れている。次の一連の取引について仕訳をしなさい（利払日および決算日：3月31日）。

(1) ×1年4月1日　ゴエモン㈱は金利変動リスクを回避するため、想定元本10,000円とする、変動金利と固定金利（年3%）のスワップ契約をマウス銀行と締結した。

(2) ×2年3月31日（利払日）　同日の変動金利は年4%であり、決済は現金によって行う。

(3) ×2年3月31日（決算日）　決算日における金利スワップの時価（金利スワップ資産）は188円である。

用語 **想定元本**…利息を計算するための計算基礎
変動金利…そのときの経済情勢によって変わる金利のこと
固定金利…借入時の金利が最終返済時まで適用される金利のこと
スワップ…交換すること

金利スワップ取引とは？

金利スワップ取引とは、変動金利と固定金利を交換する取引をいいます。

金利スワップ契約を締結したときの仕訳…(1)

金利スワップ取引は、契約した時点ではなんの処理もしません。

CASE40の仕訳　(1)契約時

仕 訳 な し

利払時の仕訳…(2)

ゴエモン㈱は、ドラネコ銀行から変動金利で借り入れているので、ドラネコ銀行に対して変動金利による利息を支払います。

したがって、ドラネコ銀行に対する利息の支払いの仕訳は次のようになります。

これはフツウの利息の支払いの処理ですね。

| （支払利息） | 400 | （現　　金） | 400 |

$$10,000円 \times 4\% = 400円$$

　そして、ゴエモン㈱はマウス銀行と金利スワップ契約を締結しているため、マウス銀行から変動金利による利息を受け取り、マウス銀行に固定金利による利息を支払います。

　CASE40では、想定元本10,000円（ドラネコ銀行からの借入金と同額）、固定金利は年3％、変動金利は年4％なので、ゴエモン㈱がマウス銀行から受け取る金額のほうが多くなります。

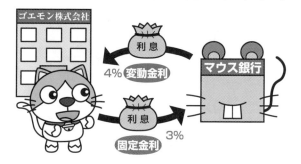

CASE40　ゴエモン㈱の受取利息と支払利息

①マウス銀行に支払う利息：$10,000円 \times 3\% = 300円$
②マウス銀行から受け取る利息：$10,000円 \times 4\% = 400円$

　金利スワップ取引の場合、金利の差額のみを決済するので、ゴエモン㈱はマウス㈱から現金100円（400円 − 300円）を受け取ります。

| （現　　金） | 100 | | |

　このときの相手科目（貸方）は、借入金の利息に加減するため**支払利息**で処理します（「金利スワップ差損益」で処理することもあります）。

| （現　　金） | 100 | （支払利息） | 100 |

　以上より、CASE40の利払時の仕訳は次のようになります。

CASE40の仕訳 (2)利払時

（支 払 利 息）	400	（現 　 金）	400
（現 　 金）	100	（支 払 利 息）	100

● 決算時の仕訳…(3)

　金利スワップ取引をした場合、決算時には金利スワップの価値を時価で評価し、**金利スワップ資産**または**金利スワップ負債**を計上します。

　CASE40(3)では、金利スワップの時価（金利スワップ資産）が188円なので、金利スワップ資産を計上します。

（金利スワップ資産）	188

　なお、相手科目（貸方）は**金利スワップ差損益**（**営業外費用**または**営業外収益**）で処理します。

　したがって、CASE40の決算時の仕訳は次のようになります。

CASE40の仕訳 (3)決算時

（金利スワップ資産）	188	（金利スワップ差損益）	188

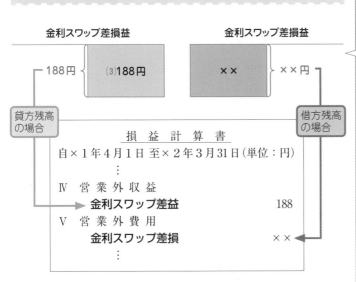

> 金利スワップ差損益が借方残高なら、金利スワップ差損（営業外費用）、貸方残高なら、金利スワップ差益（営業外収益）としてP/Lに表示します。

金利スワップ差損益　　　　　金利スワップ差損益

188円 ← (3)188円　　　××　→ ××円

貸方残高の場合　　　　　　　　　　　　借方残高の場合

損 益 計 算 書
自×1年4月1日 至×2年3月31日（単位：円）
:
IV　営 業 外 収 益
　　金利スワップ差益　　　　　　188
V　営 業 外 費 用
　　金利スワップ差損　　　　　××
:

⊜ 問題集 ⊜
問題34

オプション取引

　オプション取引とは、特定の金融商品（株式や債券、金利など）を、将来の一定の時点（まで）に、あらかじめ決めておいた価格で買う権利（**コール・オプション**といいます）または売る権利（**プット・オプション**といいます）を売買する取引をいいます。

　オプション取引には、コール・オプションの買い、コール・オプションの売り、プット・オプションの買い、プット・オプションの売りの4とおりがあります。

　ここでは、基本となる**コール・オプションの買い**の処理を、取引の流れにそってみておきましょう。

(1)　契約時の処理

　コール・オプションを買い建てたとき、買手はオプション料を支払います。

　このオプション料は**買建オプション**等で処理します。

> **例1**　×2年3月1日　株価上昇を見込んでA社株式のコール・オプション（権利行使価格は@2,000円）を1株分購入し、オプション料100円を現金で支払った。なお、権利行使期日は×2年5月31日である。

（買建オプション）　　100　　（現　　　金）　　100

> オプション資産や前渡金で処理することもあります。

(2)　決算時の処理

　決算時には、オプションの価値を時価評価し、評価差額は**オプション評価損益**（営業外収益または営業外費用）で処理します。

> **例2**　×2年3月31日　決算日におけるコール・オプションの時価は250円と計算された。

（買建オプション）　　150　　（オプション評価損益）　　150

> 250円－100円＝150円（益）

(3) 翌期首の処理

翌期首には、決算時に計上した評価差額を振り戻します。

（オプション評価損益）　　150　　（買建オプション）　　150

(4) 決済時の処理

オプション取引の決済方法には、**①反対売買によるオプションの転売**、**②権利行使によるオプション対象（A社株式）の売買**、**③権利の放棄**の3つがありますが、ここでは、**①反対売買によるオプションの転売**についてみておきましょう。

コール・オプションの時価が上昇し、買手がコール・オプションを転売したときは、計上しているオプション資産を減少させます。また、減少するオプション資産とコール・オプションの時価との差額は**オプション評価損益**で処理します。

> 例3　×2年4月10日　コール・オプションの時価が500円に
> 上昇したので、反対売買（転売）により現金で決済した。

（現　　　　金）　　500　　（買建オプション）　　100
　　　　　　　　　　　　　　（オプション評価損益）　400

〔貸借差額〕

なお、オプション対象（A社株式）の時価が権利行使価格よりも低い場合、買手は権利（買う権利）を放棄することになります。

買手が権利を放棄した場合でも、契約時に支払った（例1で支払った）オプション料は買手に戻ってきませんので、以前支払ったオプション料を当期の損失として処理します（オプション評価損益に振り替えます）。

権利を放棄することによって、損失がオプション料分（100円）に抑えられるのです。

ヘッジ会計

国債先物を売り建てておくか…。

ゴエモン㈱は国債を購入しようとしていますが、国債の購入後、価格が下がると損失が生じてしまいます。そこで、国債の価格が下がっても、損失を抑える方法がないものかと調べたところ、国債先物を売り建てておくとよいことがわかりました。

> **取引** 次の一連の取引について仕訳をしなさい（決算日：3月31日）。なお、国債（現物）は全部純資産直入法によって処理し、国債先物取引はヘッジ取引に該当するので、ヘッジ会計（繰延ヘッジ）を適用する。

(1) ×2年2月20日　ゴエモン㈱は国債10口（その他有価証券で処理する）を1口95円で購入し、現金で支払った。また、価格変動リスクを回避するため、国債先物10口を1口97円で売り建て、委託証拠金として30円を現金で支払った。

(2) ×2年3月31日　決算日において国債（現物）の相場は1口93円、国債先物の相場は1口93.5円であった。

(3) ×2年4月1日　期首につき、評価差額を振り戻す。

(4) ×2年4月25日　所有する国債（現物）10口を1口92円で売却し、現金を受け取った。また、国債先物10口について反対売買を行い、差金決済を現金で行った。決済時の国債先物の相場は1口93円であった。

> **用語** **委託証拠金**…先物取引の契約時に証券会社に保証金として支払う金額
> **反対売買**…買い建てたときは売る（転売する）こと。売り建てたときは買う（買い戻す）こと。

ヘッジ取引とは？

国債（現物）を購入するとき、同時に国債の先物取引を行うことによって、国債（現物）の価格変動リスクを回避（リスクヘッジ）することができます。

このように、ヘッジ対象（現物の国債など）の価格変動リスクを回避（ヘッジ）するため、デリバティブ（国債先物など）をヘッジ手段として用いる取引を**ヘッジ取引**といいます。

現物取引（買ってから売る）と逆の取引（売ってから買う）をしておけば、現物取引で損失が生じても、損失の額を一定額に抑えることができるのです。

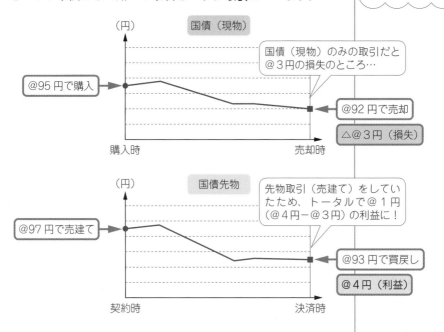

国債（現物）

@95円で購入

国債（現物）のみの取引だと
@3円の損失のところ…

@92円で売却

△@3円（損失）

購入時　　　　　　　　売却時

国債先物

@97円で売建て

先物取引（売建て）をしていたため、トータルで@1円（@4円−@3円）の利益に！

@93円で買戻し

@4円（利益）

契約時　　　　　　　　決済時

ヘッジ会計とは？

一定の要件を満たすヘッジ取引について、ヘッジ対象（現物の国債）から生じる損益と、ヘッジ手段（国債先物）から生じる損益を同一の会計期間に認識して、どれだけリスクを回避できたかというヘッジ効果を財務諸表に反映させる会計処理を**ヘッジ会計**といいます。

繰延ヘッジと時価ヘッジ

ヘッジ会計の処理方法には、**繰延ヘッジ（原則）**と**時価ヘッジ（例外）**があります。

繰延ヘッジは、時価評価されているヘッジ手段（国債先物）にかかる損益を、ヘッジ対象（現物の国債）にかかる損益が認識されるまで繰り延べる方法です。

一方、時価ヘッジは、ヘッジ手段（国債先物）にかかる損益を当期の損益として認識する方法です。

購入時＆契約時の仕訳…(1)

CASE41(1)では、国債（現物）10口を@95円で購入しているので、国債（現物）に関する仕訳は次のようになります。

ここでは、繰延ヘッジについてみていきます。時価ヘッジについては「参考」で確認してください。

契約時は繰延ヘッジ、時価ヘッジともに同じ処理になります。

CASE41 (1)国債（現物）の処理

（投資有価証券）	950	（現 金）	950

@95円×10口＝950円

また、国債先物について委託証拠金30円を支払っているので、国債先物に関する仕訳は次のようになります。

ほかのデリバティブ取引（スワップ取引など）をヘッジ手段とした場合も、同様に現物（ヘッジ対象）とヘッジ手段を分けて処理していきます。

CASE41 (1)国債先物の処理

（先物取引差入証拠金）	30	（現 金）	30

以上より、CASE41の購入時（契約時）の仕訳は次のようになります。

CASE41の仕訳 (1)購入時＆契約時

（投資有価証券）	950	（現 金）	950
（先物取引差入証拠金）	30	（現 金）	30

ヘッジ対象
（現物の国債）

ヘッジ手段
（国債先物）

決算時の仕訳…⑵

　CASE41の国債（現物）はその他有価証券なので、決算において時価（@93円）に評価替えをします。

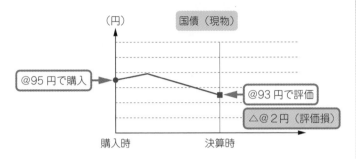

CASE41 ⑵国債（現物）の処理

| （その他有価証券評価差額金） | 20 | （投資有価証券） | 20 |

純資産

（@93円－@95円）×10口＝△20円

　またCASE41では、@97円で売り建てた国債先物の時価が@93.5円なので、@3.5円（@97円－@93.5円）の先物利益が生じています。したがって、通常ならば貸方「先物損益」として処理します。

> いま決済するなら、@93.5円で買って、@97円で売ることになりますね。

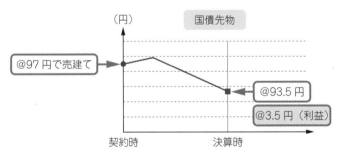

　しかし、繰延ヘッジによって処理する場合、時価評価されているヘッジ手段（国債先物）に損益（評価差額）が生じていたとしても、ヘッジ対象（現物の国債）に損益が認識されるまで、ヘッジ手段（国債先物）の損益は計上しません。

> 現物の国債を売却して「投資有価証券売却損益」が生じたとき（または部分純資産直入法によって「投資有価証券評価損」が計上されるとき）まで、ということです。

そこで、繰延ヘッジによって処理する場合、決算時に生じた先物損益は**繰延ヘッジ損益（純資産）**という勘定科目で処理します。

CASE41　⑵国債先物の処理

（先物取引差金）　　35　　（繰延ヘッジ損益）　　35

純資産

（@97円－@93.5円）×10口＝35円

　以上より、CASE41の決算時の仕訳は次のようになります。

CASE41の仕訳　⑵決算時

①現物で損益を計上していないので…

ヘッジ対象
（現物の国債）

（その他有価証券評価差額金）　　20　　（投資有価証券）　　20

ヘッジ手段
（国債先物）

（先物取引差金）　　35　　（繰延ヘッジ損益）　　35

②先物でも損益を計上しません。

貸　借　対　照　表		
	純資産の部	
Ⅱ　評価・換算差額等		
その他有価証券評価差額金		△20
繰延ヘッジ損益		35

翌期首の仕訳…⑶

　CASE41の国債（現物）はその他有価証券なので、決算時に計上した評価差額は翌期首において振り戻します。

　また、決算時に計上した国債先物の値洗差金（評価差額）についても、翌期首において振り戻します。

　したがって、CASE41の翌期首の仕訳は次のようになります。

CASE41の仕訳 ⑶翌期首

（投資有価証券）	20	（その他有価証券評価差額金）	20	◄ ヘッジ対象 （現物の国債）

（繰延ヘッジ損益）	35	（先物取引差金）	35	◄ ヘッジ手段 （国債先物）

● 売却時＆決済時の仕訳…⑷

> その他有価証券は翌期首に再振替仕訳をするので、取得原価と売却価額との差額が売却損益となります。

　CASE41⑷において、@95円で購入した国債（現物）を@92円で売却しているので、国債（現物）については@3円（@92円－@95円）の売却損が生じています。

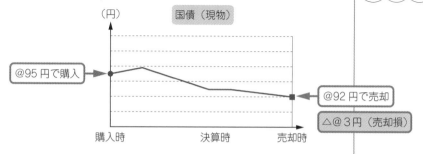

（円）　　　国債（現物）

@95円で購入 ►

@92円で売却 ◄

△@3円（売却損）

購入時　　　　決算時　　　　売却時

CASE41 ⑷国債（現物）の処理

@92円×10口＝920円

（現　　　　金）	920	（投資有価証券）	950
（投資有価証券売却損益）	30		

貸借差額

　一方、国債先物については、契約時に支払っていた委託証拠金が戻ってくるので、先物取引差入証拠金を取り消します。

　また、反対売買による決済をしている（国債先物を@97円で売り建て、@93円で買い戻している）ため、先物利益が@4円（@97円－@93円）生じています。

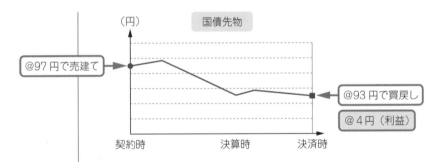

（円）　　　　　国債先物

@97円で売建て →

@93円で買戻し

@4円（利益）

契約時　　　　決算時　　　　決済時

　ここで、通常の先物取引の処理（ヘッジ会計を適用しない場合）ならば、仕訳の貸方に「先物損益」を計上しますが、ヘッジ会計を適用する場合は**ヘッジ対象（現物の国債）で生じた損益勘定と同じ勘定科目で処理**します。

　これは、ヘッジ取引はヘッジ対象（現物の国債）の価格変動リスクを回避するために行われるため、その効果（国債の売却損をヘッジしていること）を財務諸表に適切に表すためです。

　よって、国債先物の決済時の仕訳は次のようになります。

> ただし、「先物損益」で処理することもあるので、試験では問題文の指示にしたがってください。

CASE41　⑷国債先物の処理

（@97円－@93円）×10口＝40円（利益）

| （現　　　　金） | 30 | （先物取引差入証拠金） | 30 |
| （現　　　　金） | 40 | （投資有価証券売却損益） | 40 |

> 通常、ヘッジ対象（現物の国債）で生じた損益勘定と同じ勘定科目で処理します。
> （「先物損益」で処理することもあります。）

　以上より、CASE41の売却時（決済時）の仕訳は次のようになります。

⊖ 問題集 ⊖
問題35、36

CASE41の仕訳　⑷売却時&決済時

ヘッジ対象（現物の国債）	（現　　　　金）	920	（投資有価証券）	950
	（投資有価証券売却損益）	30		
ヘッジ手段（国債先物）	（現　　　　金）	30	（先物取引差入証拠金）	30
	（現　　　　金）	40	（投資有価証券売却損益）	40

時価ヘッジ

　時価ヘッジ（例外）の場合、ヘッジ対象（現物の国債）にかかる評価差額を損益に反映させて、その評価差額と、時価評価されているヘッジ手段（国債先物）にかかる損益を同一の会計期間（当期）に認識します。

　したがって、CASE41を時価ヘッジで処理した場合、決算時におけるその他有価証券の評価差額は、たとえ全部純資産直入法を採用していたとしても、「その他有価証券評価差額金」ではなく、「**投資有価証券評価損益**」で処理します。

> **例** 国債10口（その他有価証券）を1口95円で購入し、価格変動リスクを回避するため、国債先物10口を1口97円で売り建てている。決算日における国債（現物）の相場は1口93円、国債先物の相場は1口93.5円である。なお、国債（現物）は全部純資産直入法によって処理し、国債先物取引はヘッジ取引に該当するので、ヘッジ会計（時価ヘッジ）を適用する。

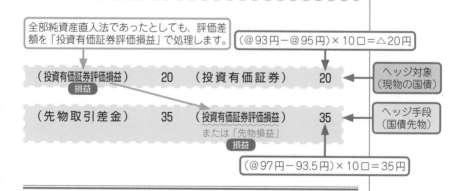

全部純資産直入法であったとしても、評価差額を「投資有価証券評価損益」で処理します。

（@93円－@95円）×10口＝△20円

| （投資有価証券評価損益） | 20 | （投資有価証券） | 20 |

損益

ヘッジ対象（現物の国債）

| （先物取引差金） | 35 | （投資有価証券評価損益） | 35 |

または「先物損益」

損益

ヘッジ手段（国債先物）

（@97円－93.5円）×10口＝35円

第8章

棚卸資産

決算において、期末材料棚卸高（原価）を計算する必要がある…。
消費した材料の原価をひとつひとつ調べるのはメンドウ…。
なにかいい方法はないかなぁ。

ここでは、期末棚卸資産の評価について学習します。
払出単価の計算、棚卸減耗費や
材料評価損の計算について学習します。

棚卸資産の数量計算

材料消費高の計算は期首材料棚卸高に当期材料仕入高を足し、期末材料棚卸高を差し引いて計算するため、期末材料棚卸高を求める必要があります。

期末材料棚卸高は、期末に残っている材料の数量に単価を掛けて計算しますが、このときの数量計算には2とおりの方法があるようです。

> 建設業における棚卸資産とは、未成工事支出金、材料貯蔵品などをいいます。

> 棚卸資産を製造したときは、原価計算基準にしたがって算定された価額が取得原価になります。

棚卸資産の取得原価

棚卸資産を購入したときは、棚卸資産自体の価額（**購入代価**）に、引取運賃など棚卸資産の購入にかかった**付随費用（副費といいます）**の一部または全部を合計した金額を、棚卸資産の**取得原価**として処理します。

> 取得原価＝購入代価＋付随費用（副費）

棚卸資産の数量計算

棚卸資産を期中にいくつ消費したか、期末にいくつ残っているかを計算する方法には、**継続記録法**と**棚卸計算法**の2つの方法があります。

継続記録法とは？

材料を仕入れたときや消費したときに、いくつ仕入れて、いくつ払い出したかを材料元帳に記録しておけば、当期に材料をいくつ払い出したかが明らかです。

このように、棚卸資産の受け入れまたは払い出しのつど帳簿

に記録を行うことによって、払出数量を直接求める方法を**継続記録法**といいます。

　この方法によると、受け入れまたは払い出しのつど記録するため、つねに棚卸資産の在庫数量が明らかになります。しかし、つねに帳簿に記録するため、手間がかかるというデメリットもあります。

　なお、この方法では期末棚卸数量は次のように計算します。

> 期末棚卸数量＝期首棚卸数量＋当期受入数量－当期払出数量

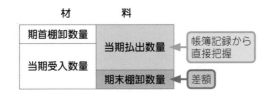

棚卸計算法とは？

　継続記録法では、棚卸資産の受け入れと払い出しのときに帳簿に記録しますが、受入時のみ記録しておけば、期末に実地棚卸をすることで受入数量と期末棚卸数量との差から当期の払出数量を計算することもできます。

　このように、棚卸資産の払い出しの記録はせず、受入数量と期末棚卸数量との差から当期の払出数量を間接的に計算する方法を**棚卸計算法**といいます。

　棚卸計算法によると、記録の手間が省けますが、日々の在庫数量を明らかにすることができないというデメリットがあります。

　なお、この方法では払出数量は次のように計算します。

> 払出数量＝期首棚卸数量＋当期受入数量－期末(実地)棚卸数量

棚卸計算法では、帳簿に払出数量を記録していないため、期末帳簿数量が明らかになりません。したがって、期末に実地棚卸をしても、棚卸減耗を把握することができないというデメリットもあります。

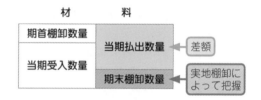

材　　料

| 期首棚卸数量 | 当期払出数量 | ← 差額 |
| 当期受入数量 | 期末棚卸数量 | ← 実地棚卸によって把握 |

継続記録法と棚卸計算法

	継続記録法	棚卸計算法
意　　味	棚卸資産の受け入れまたは払い出しのつど、帳簿に記録を行うことによって、払出数量を直接求める方法	棚卸資産の払い出しの記録はせず、受入数量と期末棚卸数量との差から、当期の払出数量を間接的に計算する方法
メリット	在庫数量がつねに明らか	記録の手間がかからない
デメリット	記録の手間がかかる	期中の在庫数量が不明なので、在庫管理ができない

通常は継続記録法＋棚卸計算法！

継続記録法によって記録すると、期中の在庫数量が明らかになります。また、期末に実地棚卸を行うことによって、帳簿棚卸数量と実地棚卸数量から棚卸減耗を把握することができます。

そこで、棚卸資産の在庫管理上、継続記録法と棚卸計算法を併用することが一般的です。

⇔ 問題集 ⇔
問題37

棚卸資産

払出単価の計算

ゴエモン㈱では材料の入庫、出庫について材料元帳に記録、管理しています。

当期に仕入単価の異なる材料を消費したのですが、この場合、消費した材料の仕入単価はどのように決定したらよいのでしょう？

いくらの材料を払い出したことになるんだろう？

| 例 | 次の資料にもとづき、(1)先入先出法、(2)総平均法による場合の材料消費高と期末材料棚卸高を計算しなさい。 |

[資 料] 期首棚卸高：@10円（原価）×12枚＝120円
　　　　　当期仕入高：@15円（原価）×18枚＝270円
　　　　　当期払出数量：22枚

●払出単価の決定

　材料（棚卸資産）の受入れと払出しについて材料元帳を用いて管理している場合、材料元帳への記入は仕入原価で行われますが、同じ種類の棚卸資産でも仕入れた時期や仕入先の違いによって、仕入単価が異なることがあります。

　この場合、材料を消費したときに、どの仕入単価の材料を払い出したか（**払出単価**）を決定しなければなりません。

　なお、払出単価の決定方法には、**先入先出法**、**平均原価法**、があります。

(1) **先入先出法**

　先入先出法とは、**先に受け入れたものから先に払い出したと**仮定して棚卸資産の払出単価を決定する方法をいいます。

　したがって、期末材料は後から受け入れたものということになります。

CASE43　(1)先入先出法

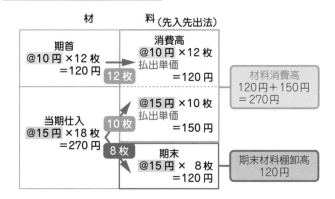

(2) **平均原価法**

　平均原価法とは、平均単価を計算し、この平均単価を払出単価とする方法をいいます。

　平均原価法には、棚卸資産の受け入れのつど平均単価を計算する方法（**移動平均法**）と、一定期間の総仕入高と総仕入数量から平均単価を計算する方法（**総平均法**）があります。

　総平均法によった場合の材料消費高と期末材料棚卸高は次のとおりです。

> 仕入のつどか一定期間かの違いはありますが、平均単価の計算の仕方は移動平均法の場合も同じです。

CASE43　(2)総平均法

$$平均単価：\frac{120円 + 270円}{12枚 + 18枚} = @13円$$

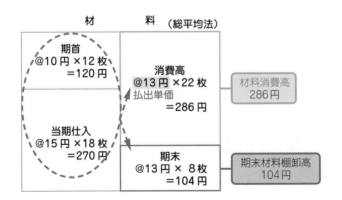

⊜ 問題集 ⊜
問題38

棚卸資産

棚卸資産の評価

材料
残り10枚

1.2.3・・・
あれ？8枚しかない。

ゴエモン株式会社

@10円

材料

しかも、品質が落ちてる
ものもある・・・。

今日は決算日。そこで材料の棚卸しをしましたが、帳簿数量と実際数量が一致していません。また、時価の下落の影響を受けた材料や、長期的に倉庫に保管していたために陳腐化してしまった材料もあります。
この場合、どのような処理をするのでしょう？

例 材料の期末棚卸高は次のとおりである。棚卸減耗費と材料評価損を計算しなさい。

帳簿棚卸高	10枚	単価 @10円
実地棚卸高	8枚	
良　　品	6枚	単価 @9円（正味売却価額）
品質低下品	2枚	単価 @6円（正味売却価額）

用語 **正味売却価額**…売却時価のこと。売価－（見積追加製造費用＋見積販売直接経費）
品質低下…保管や入出庫における損傷などによる物理的な棚卸資産の価値の低下

棚卸減耗費の計上

決算において、材料の実地棚卸をした結果、実地棚卸数量が帳簿に記入されている帳簿棚卸数量よりも少ないことがあります。

この棚卸数量の減少を**棚卸減耗**といい、棚卸減耗が生じたときは、減耗した材料の金額を**棚卸減耗費（費用）**として処理します。

$$\text{棚卸減耗費} = @\text{原価} \times \left(\underset{\text{棚卸減耗数量}}{\overline{\frac{\text{帳簿棚卸}}{\text{数量}} - \frac{\text{実地棚卸}}{\text{数量}}}} \right)$$

CASE44の棚卸減耗費

@10円×（ 10枚 － 8枚 ）=20円
　原価　　帳簿棚卸数量　実地棚卸数量

@10円の材料が2枚（10枚－8枚）減耗しています。

原価 @10円

| | 棚卸減耗費 @10円×(10枚－8枚) =20円 |

実地棚卸数量　帳簿棚卸数量
　　8枚　　　　　10枚

● 棚卸減耗費の表示

　棚卸減耗費のうち、毎期発生する程度の棚卸減耗費（**原価性のある棚卸減耗費**といいます）については、損益計算書上、**売上原価（完成工事原価）の内訳項目**または**販売費及び一般管理費**に表示します。

　一方、毎期発生する程度を超えた棚卸減耗費（**原価性のない棚卸減耗費**といいます）については、損益計算書上、**営業外費用**または**特別損失**に表示します。

● 材料評価損の計上

　時価の下落、品質の低下や陳腐化（流行おくれ）などによって、材料の原価よりも正味売却価額（通常は時価）が下落したときは、原価と正味売却価額との差額を**材料評価損（費用）**として処理します。

　CASE44では、実地棚卸数量8枚のうち、良品が6枚（正味売却価額は@9円）、品質低下品が2枚（正味売却価額は@6円）なので、材料評価損は次のように計算します。

これらをまとめて「収益性の低下」といいます。

CASE44の材料評価損

良 品 分：(@10円 − @ 9円)×6枚＝ 6円 (★1)
品質低下分：(@10円 − @ 6円)×2枚＝ 8円 (★2)
14円

原価 @10円
正味売却価額
（良品）@9円
（品質低下）@6円

（★1） 材料評価損
（★2）
棚卸減耗費

良品　実地棚卸数量　帳簿棚卸数量
6枚　　　8枚　　　　10枚
2枚

● 材料評価損の表示

材料評価損については、原則として**売上原価（完成工事原価）の内訳項目**として表示しますが、例外的に、材料評価損が臨時的で多額に生じたときは**特別損失**に表示します。

期末材料の評価についてまとめると次のとおりです。

とても
重要

期末材料の評価

(1) 処理

原　価
正味売却価額
（良品）
（品質低下）

期末材料棚卸高（帳簿価額）
材料評価損
棚卸減耗費
貸借対照表の材料貯蔵品

良品　実地棚卸数量　帳簿棚卸数量

(2) 表示方法

		売 上 原 価	販 売 費	営業外費用	特 別 損 失
棚卸減耗費	原価性あり	○	○		
	原価性なし			○	○
材料評価損		○（原則）			△（例外）

なお、「棚卸資産の評価に関する会計基準」では、「時価」の
概念を次のように定義しています。

時価の概念	
時　　価	「時価」とは、公正な評価額をいい市場価格にもとづく価額をいう。
正味売却価額 （売却時価）	「正味売却価額」とは、売価（購買市場と売却市場とが区別される場合における売却市場の時価）から見積追加製造原価および見積販売直接経費を控除したものをいう。
再調達原価 （購入時価）	「再調達原価」とは、購買市場と売却市場とが区別される場合における購買市場の時価に、購入に付随する費用を加算したものをいう。

⇔ 問題集 ⇔
問題39

資産・負債・純資産編

第9章

有形固定資産

．．．．．

2級では、有形固定資産の取得、売却、買換え、除却、
資本的支出と収益的支出などについて学習した…。
これらの処理は1級でも同じらしい。
そのほか、1級では級数法という減価償却方法や
減損会計とかいう項目も新たに学習するんだって！

ここでは、有形固定資産の処理について学習します。

CASE 45

有形固定資産を取得したときの仕訳

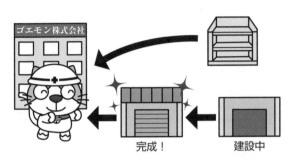

ゴエモン㈱では、備品1,000円を購入し、運送費20円とともに現金で支払いました。また、去年から他社に建設をお願いしていた建物が完成したので、引渡しを受けました。この場合、どんな処理をするのでしょう?

完成！　建設中

> **取引** 売価1,000円の備品を100円の値引を受けて購入し、代金は運賃20円とともに現金で支払った。また、建設中の建物が完成し、引渡しを受けた。この建物について建設仮勘定4,000円が計上されており、工事契約金額との差額2,000円を現金で支払った。

有形固定資産とは？

　土地や建物、備品など、企業が長期にわたって利用するために保有する資産で、形のあるものを**有形固定資産**といいます。

　また、建設中の建物等に対する支払額である**建設仮勘定**も有形固定資産に分類されます。

償却資産と非償却資産

　建物や備品等については決算において減価償却を行います。このように、有形固定資産のうち決算において減価償却を行うものを**償却資産**といいます。

　一方、土地や建設仮勘定のように減価償却を行わないものを**非償却資産**といいます。

> 土地は利用によって価値が減らないので、減価償却をしません。また、建設仮勘定は利用前の状態なので、減価償却をしません。

有形固定資産	償却資産	建物、構築物、備品、機械、車両など
	非償却資産	土地、建設仮勘定　など

有形固定資産の取得原価

　有形固定資産を購入したときは、購入代価に引取運賃や購入手数料、設置費用などの付随費用を加算した金額を取得原価として処理します。

　なお、購入に際して、値引や割戻しを受けたときは、これらの金額を購入代価から差し引きます。

取得原価＝（購入代価−値引・割戻額）＋付随費用

　したがって、CASE45の備品購入時の仕訳は次のようになります。

CASE45の仕訳（備品）

（備　　　　品）　920　（現　　　　金）　920

1,000円−100円＋20円＝920円

建設中の資産が完成したときの処理

　建設中の資産（建物）に対してすでに支払った金額については**建設仮勘定（資産）**で処理しています。したがって、建物が完成したときは建設仮勘定から建物に振り替えます。

　また、工事契約金額との差額（2,000円）は建物の取得原価として処理します。

CASE45の仕訳（建物）

（建　　　　物）	6,000	（建 設 仮 勘 定）	4,000
		（現　　　　金）	2,000

取得原価の決定

　固定資産を特殊な状態で取得した場合の取得原価は次のように
なります。

(1) 一括購入

　たとえば土地付建物を一括して購入し、代金6,000円を支払っ
た場合のように、複数の固定資産を一括して購入した場合は、取
得原価（6,000円）を各固定資産（土地と建物）の時価の比で按
分します。

> **例** 土地付建物を購入し、代金6,000円は小切手を振り出
> して支払った。なお、土地の時価は5,000円、建物の
> 時価は3,000円である。

$$6,000円 \times \frac{5,000円}{5,000円 + 3,000円} = 3,750円$$

（土　　　　地）	3,750	（当　座　預　金）	6,000
（建　　　　物）	2,250		

$$6,000円 \times \frac{3,000円}{5,000円 + 3,000円} = 2,250円$$

(2) 自家建設

　倉庫を自社で建設した場合など、自家建設は原則として、**適正
な原価計算基準にしたがって製造原価**（材料費、労務費、経費）
を計算し、この製造原価を取得原価とします。
　ただし、自家建設のための借入金にかかる利息（自家建設に要
する**借入資本利子**といいます）で固定資産の稼働前の期間に属す
るものは、取得原価に算入することができます。

> 通常、借入資本利
> 子（支払利息）は
> 取得原価に含めま
> せんが、自家建設
> の場合に限って、
> 固定資産の稼働前
> の期間のものは、
> 取得原価に算入す
> ることが容認され
> ています。

> **例** 倉庫を自家建設している。
> 自家建設にかかる当期の工事原価300,000円と、自家
> 建設のための借入金にかかる利息50,000円を当座預
> 金から支払った。なお、倉庫は決算時において未完
> 成である。

| （建設仮勘定）350,000 | （当 座 預 金）350,000 |

$$300,000円＋50,000円＝350,000円$$

　なお、倉庫が完成したときには、CASE45で行ったように、建設仮勘定から建物に振り替えます。

| （建　　　　物）350,000 | （建 設 仮 勘 定）350,000 |

⑶　現物出資

　株式を発行する際、通常は現金等による払込みを受けますが、土地や建物などの現物によって払込みが行われることがあります。このような現物による払込みを**現物出資**といい、現物出資によって固定資産を取得した場合、**時価等を基準とした公正な評価額**を取得原価とします。

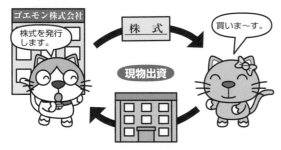

> **例**　建物の現物出資を受け、株式6,000円（時価）を交付した。なお、払込金額の全額を資本金として処理する。

| （建　　　　物）　6,000 | （資　　本　　金）　6,000 |

⑷　有形固定資産との交換

　保有している固定資産と交換で、同一種類かつ同一用途の固定資産を受け入れた場合には、**相手に渡した自己資産の適正な帳簿価額**を取得原価とします。

> つまり、旧資産の帳簿価額を新資産の帳簿価額に付け替えるのです。

> **例** 自己所有の建物（帳簿価額4,000円、時価3,500円）
> と先方所有の建物（帳簿価額3,000円、時価3,500円）
> を交換した。

（建　　　　物）　4,000　（建　　　　物）　4,000

(5) 有価証券との交換

建物を取得し、保有する有価証券を渡した場合など、固定資産と有価証券を交換した場合は、**交換時の有価証券の時価（または適正な帳簿価額）**を取得原価とします。

(6) 贈与

建物や土地の贈与を受けた場合は、**贈与時の時価等**を取得原価とします。なお、このときの相手科目は**固定資産受贈益（特別利益）**で処理します。

> **例** 土地（時価5,500円）の贈与を受けた。

時価

（土　　　　地）　5,500　（固定資産受贈益）　5,500
特別利益

⊜ 問題集 ⊜
問題40、41

有形固定資産の減価償却①

級数法がニューフェイス！

定額法
定率法
生産高比例法
"級数法"

今日は決算日。ゴエモン㈱では、建物、備品、車両、機械について減価償却を行うことにしました。

減価償却方法には、2級で学習した定額法、定率法、生産高比例法のほか、級数法という方法がありますが、級数法とはどんな方法なのでしょう？

取引　決算につき、次の有形固定資産について減価償却を行う（当期：×3年4月1日〜×4年3月31日）。なお、残存価額はすべて取得原価の10％、記帳方法は間接法による。

区　分	取得日（利用開始日）	取得原価	償却方法
建　物	×3年5月1日	6,000円	定額法（耐用年数30年）
備　品	×2年4月1日	1,200円	定率法（償却率0.25）
車　両	×3年4月1日	3,000円	生産高比例法 （可能走行距離1,000km、 当期の走行距離180km）
機　械	×2年4月1日	1,500円	級数法（耐用年数5年）

● 減価償却の意味

　企業は建物や備品などの有形固定資産を利用して活動し、収益（売上）を上げています。そこで、収益を獲得するのに貢献した金額を計算し、費用として計上することによって、収益と費用が適切に対応し、適正な期間損益計算を行うことが可能となります。

「損益計算を正しく行う」ということです。

有形固定資産の価値減少の原因には、利用等で生じる物質的減価と、陳腐化による機能的減価があります。

このように適正な期間損益計算のため、有形固定資産の取得原価を耐用期間における各事業年度に費用として配分する手続きを**減価償却**といいます。

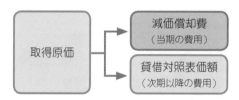

正規の減価償却

以上のように、減価償却の目的は適正な期間損益計算なので、減価償却は一定の方法によって毎期、規則的に行われなければなりません。このように一定の減価償却方法によって、毎期、規則的に行われる減価償却を**正規の減価償却**といいます。

減価償却の記帳方法

減価償却の記帳方法（仕訳の仕方）には、**直接法**（減価償却費を固定資産の取得原価から直接減額する方法）と**間接法**（減価償却費を固定資産の取得原価から直接減額しないで、**減価償却累計額**を用いて処理する方法）があります。

① **直接法の場合**

（減 価 償 却 費）　　XX　（建 物 な ど）　　XX

② **間接法の場合**

（減 価 償 却 費）　　XX　（減価償却累計額）　　XX

● 減価償却方法

正規の減価償却を行うための方法には、**定額法、定率法、生産高比例法、級数法**があります。

(1) 定額法

定額法は、有形固定資産の耐用期間中、毎期均等額の減価償却費を計上する方法で、次の式によって減価償却費を計算します。

$$
1年分の減価償却費＝\frac{取得原価－残存価額}{耐用年数}
$$

> 定額法償却率（1年÷耐用年数）を（取得原価－残存価額）に掛けて、1年分の減価償却費を計算する方法もあります。

CASE46の建物は定額法によって減価償却しますが、取得日が当期の5月1日です。したがって、当期分の減価償却費を月割り（×3年5月1日から×4年3月31日までの11カ月）で計算します。

なお、残存価額が取得原価の10%の場合は、取得原価のうち90%を耐用期間中に償却することになるので、取得原価×0.9÷耐用年数として計算することができます。

CASE46の仕訳（建物）

（減 価 償 却 費）　　165　　（建物減価償却累計額）　　165

$$
6,000円 \times 0.9 \div 30年 \times \frac{11カ月}{12カ月} ＝ 165円
$$

(2) 定率法

定率法は、有形固定資産の耐用期間中、期首帳簿価額（取得原価－減価償却累計額）に一定の償却率を掛けた金額を減価償却費として計上する方法で、次の式によって減価償却費を計算します。

> 定率法の場合も、期中に取得した固定資産の減価償却費については月割計算します。

> 1年分の減価償却費＝期首帳簿価額×償却率
> (取得原価－減価償却累計額)

　CASE46の備品は定率法によって減価償却します。また、取得日が前期なので、前期末の減価償却累計額を計算してから期首帳簿価額を求め、これに償却率を掛けます。

CASE46　備品の減価償却費
　①前期末の減価償却累計額：1,200円×0.25＝300円
　②期　首　帳　簿　価　額：1,200円－300円＝900円
　③当期の減価償却費：900円×0.25＝225円

CASE46の仕訳（備品）

（減 価 償 却 費）	225	（備品減価償却累計額）	225

　上記のように、定率法によると1年目（前期）に多額の減価償却費（300円）が計上され、それ以降はだんだんと減価償却費が減少していきます（2年目は225円）。
　したがって、定率法はすぐに価値が減少してしまう有形固定資産に対して適用されます。

(3)　生産高比例法
　生産高比例法は、有形固定資産の耐用期間中、毎期利用した分だけ減価償却費を計上する方法で、次の式によって減価償却費を計算します。

> 1年分の減価償却費＝(取得原価－残存価額)×$\dfrac{当期利用量}{総利用可能量}$

　したがって、CASE46の車両の減価償却費は次のようになります。

> 生産高比例法は期間ではなく、利用量に応じて減価償却費を計上する方法なので、期中に取得した場合でも月割計算をしないことに注意しましょう。

CASE46の仕訳（車両）

（減価償却費）	486	（車両減価償却累計額）	486

$$3,000円 \times 0.9 \times \frac{180km}{1,000km} = 486円$$

(4) 級数法

級数法は、有形固定資産の耐用期間中、毎期一定の額を算術級数的に逓減した減価償却費を計上する方法で、次の式によって減価償却費を計算します。

> 「逓減」とはだんだん減ることをいいます。各期の減価償却費が年々減っていく、という点では定率法に似ていますね。

$$1年分の減価償却費 = (取得原価 - 残存価額) \times \frac{期首残存耐用年数}{総項数}$$

なお、総項数とは各期の期首における残存耐用年数を合計した数をいいます。

たとえば、CASE46の機械の耐用年数は5年なので、1年目の期首における残存耐用年数は5年（5項）、2年目の期首における残存耐用年数は4年（4項）…として計算すると、総項数は15項（5項＋4項＋3項＋2項＋1項）となります。

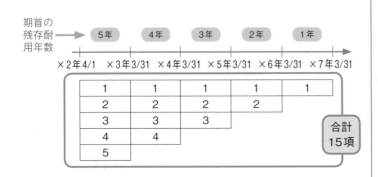

また、CASE46の機械は前期に取得しているので、当期の期首における残存耐用年数は４年（５年−１年）です。したがって、当期の減価償却費は次のようになります。

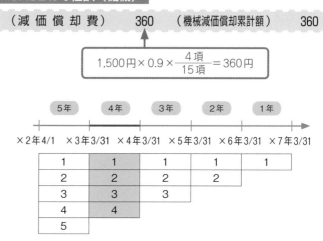

CASE46の仕訳（機械）

（減 価 償 却 費）　　360　　（機械減価償却累計額）　　360

$$1,500円 \times 0.9 \times \frac{4項}{15項} = 360円$$

⇔ 問題集 ⇔
問題42 〜 45

CASE 47

減価償却

有形固定資産の減価償却②

法人税法上、平成19年4月1日以後に取得した固定資産については、残存価額が0円となるまで減価償却できるとのこと。この場合の減価償却費の計算についてみてみましょう。

減価償却制度の改正

平成19年3月の法人税法の改正により、**平成19年4月1日以後に取得した固定資産**については、（法人税法上）**残存価額を0円**として減価償却することができるようになりました。

ただし、残存価額を0円として計算すると、耐用年数到来後の固定資産の帳簿価額が0円となってしまい、償却済みの固定資産を所有していても帳簿に何も残らないため、耐用年数到来時には1円だけ残すことになっています（この1円を**備忘価額**といいます）。

この場合の定額法と定率法の処理についてみていきましょう。

新定額法

新定額法の場合は、耐用年数が到来する前の会計期間では残存価額を0円として計算し、耐用年数が到来した会計期間は期首帳簿価額から1円を差し引いた金額を減価償却費として計上します。

具体例を使って、新定額法の計算をみてみましょう。

> このテキストでは、法人税法上、平成19年4月1日以後に取得した固定資産に適用される定額法を新定額法とよびます。

当期首において、備品（取得原価1,200円）を取得した。新定額法（耐用年数5年、間接法で記帳）による場合の各会計期間の減価償却費を計算しなさい。なお、耐用年数到来時の残存簿価（備忘価額）が1円になるまで償却するものとする。

(1) **1年目から4年目までの減価償却費**

1年目から4年目までの減価償却費は残存価額を0円として計算します。

1年目から4年目までの減価償却費

（減 価 償 却 費）　　240　　（備品減価償却累計額）　　240

1,200円÷5年＝240円

(2) **5年目の減価償却費**

耐用年数が到来する5年目の減価償却費は期首帳簿価額240円（1,200円－240円×4年）から備忘価額1円を差し引いた239円を減価償却費として計上します。

5年目の減価償却費

（減 価 償 却 費）　　239　　（備品減価償却累計額）　　239

①期首帳簿価額：1,200円－240円×4年＝240円
②減 価 償 却 費：240円－1円＝239円

● **定額法償却率を用いた場合の計算**

定額法による減価償却費は、取得原価から残存価額を差し引いた金額を耐用年数で割って計算しますが、試験では償却率が与えられることがあります。

定額法の償却率は（1年÷耐用年数）で計算した値なので、耐用年数が5年の場合、償却率は次のようになります。

定額法か新定額法かにかかわらず、（1年÷耐用年数）で計算した値が定額法（新定額法）の償却率となります。

定額法の償却率：1年÷5年＝0.2

したがって、取得原価が1,200円、残存価額が0円、定額法の償却率が0.2という場合、減価償却費は次のように計算します。

減価償却費

減価償却費：$(1,200円 - 0円) \times \underset{\underset{5年}{\overline{1年}}}{0.2} = 240円$

（取得原価－残存価額）÷耐用年数で計算した場合と一致します。

● 200%定率法

200%定率法とは、**定額法の償却率（1年÷耐用年数）を2倍（200%）した率を定率法の償却率として計算**する方法をいいます。

> ① 200%定率法の償却率＝1÷耐用年数×2
> ② 減価償却費＝期首帳簿価額×償却率

なお、定率法の場合、期首帳簿価額に償却率を掛けて計算するので、いつまでたっても帳簿価額が0円になりません。そこで、あるタイミングで期首帳簿価額を残存耐用年数で割るといった均等償却に切り替え、耐用年数到来時の帳簿価額が0円（備忘価額が1円）になるように減価償却費を計算します。

この場合の切替えのタイミングは、**通常の償却率（200%定率法の償却率）で計算した減価償却費が償却保証額（期首帳簿価額÷残存耐用年数）を下回ったとき**となります。

平成19年の法人税の改正により、平成19年4月1日以後に取得した固定資産については250%定率法が採用されていましたが、平成23年の法人税の改正により、平成24年4月1日以後に取得した固定資産については200%定率法が採用されることになりました。

> ① 通常の償却率で計算した減価償却費 ＝ 期首帳簿価額×償却率
> ② 償却保証額＝期首帳簿価額÷残存耐用年数
> ③ ① ≧ ②の場合 → 減価償却費＝①の金額
> 　 ① ＜ ②の場合 → 減価償却費＝②の金額

具体例を使って、200%定率法の場合の計算をみてみましょう。

> **例2** 当期首に備品（取得原価1,200円）を取得した。
> 200%定率法（耐用年数５年、間接法で記帳）に
> よる場合の１年目と４年目および５年目の減価償
> 却費を計算しなさい（円未満四捨五入）。

(1) **200%定率法の償却率**

　200%定率法の償却率を計算すると次のとおりです。

200%定率法の償却率

　200%定率法の償却率：$1 \div 5$ 年 $\times 2 = 0.4$

(2) **１年目から３年目の減価償却費**

　１年目から３年目までは、通常の償却率（0.4）で計算した
減価償却費が償却保証額を下回らないので、通常の償却率
（0.4）で計算した金額を減価償却費として計上します

１年目の減価償却費

（減 価 償 却 費）　　　　480　　（備品減価償却累計額）　　　　480

> ①通常の償却率で計算した減価償却費：$1,200$ 円 $\times 0.4 = 480$ 円
> ②償却保証額：$1,200$ 円 $\div 5$ 年 $= 240$ 円
> ③① $\geqq$ ② → ①480円

固定資産を取得した直後は、通常の償却率で計算した金額が償却保証額を上回るので、取得後１年目や２年目だったら償却保証額と比較しなくても大丈夫です。なお、２年目と３年目の減価償却費は１年目と同様に計算して、288円、173円となります。

(3) **４年目と５年目の減価償却費**

　４年目以降は、通常の償却率で計算した減価償却費が償却保
証額を下回るため、期首帳簿価額を残存耐用年数で割った金額
を減価償却費として計上します。

（ 減 価 償 却 費 ）	130	（備品減価償却累計額）	130

①通常の償却率で計算した減価償却費：259円×0.4≒104円
<small>期首帳簿価額</small>
②償却保証額：259円÷（5年－3年）≒130円
③① ＜ ② → ②130円

期首帳簿価額：
1,200円－（480円
<small>1年目</small>
＋288円＋173円）
<small>2年目　3年目</small>
＝259円

5年目の減価償却費

（ 減 価 償 却 費 ）	128	（備品減価償却累計額）	128

①期首帳簿価額：259円－130円＝129円
②減 価 償 却 費：129円－1円＝128円

耐用年数到来時の
減価償却費は、期
首帳簿価額から備
忘価額（1円）を
差し引いて計算し
ます。

● 償却率、保証率、改定償却率が与えられる場合

　200％定率法の償却率は、定額法の償却率（1年÷耐用年数）を2倍した率で計算しますが、試験では問題文に償却率が与えられる場合があります。また、問題文に保証率や改定償却率が与えられた場合、通常の償却率で計算した減価償却費が償却保証額（取得原価×保証率）を下回ったときには、残存耐用年数による均等償却に代えて、改定償却率を用いて計算します。

①通常の償却率で
　計算した減価償却費 ＝ 期首帳簿価額×償却率
②償却保証額＝取得原価×保証率
③① ≧ ②の場合 → 減価償却費＝①の金額
　① ＜ ②の場合 → 減価償却費＝期首帳簿価額＊×改定償却率
　＊最初に① ＜ ②となった会計期間の期首帳簿価額（改定取得原価）

この場合の計算を具体例を使ってみてみましょう。

問題文に償却率（0.4）が与えられた場合には、自分で償却率を計算する必要はありません。

例3 当期首に備品（取得原価1,200円）を取得した。200%定率法（耐用年数5年、償却率0.4、改定償却率0.500、保証率0.10800、間接法で記帳）による場合の1年目と2年目および4年目の減価償却費を計算しなさい（円未満四捨五入）。なお、3年目の減価償却後の帳簿価額は259円とする。

1年目の減価償却費

（減　価　償　却　費）　　480　　（備品減価償却累計額）　　480

①通常の償却率で計算した減価償却費：1,200円×0.4＝480円
②償却保証額：1,200円×0.10800≒130円
③① ≧ ② → ①480円

2年目の減価償却費

（減　価　償　却　費）　　288　　（備品減価償却累計額）　　288

①通常の償却率で計算した減価償却費：(1,200円－480円) ×0.4＝288円
　　　　　　　　　　　　　　　　　期首帳簿価額（720円）
②償却保証額：1,200円×0.10800≒130円
③① ≧ ② → ①288円

4年目の減価償却費

（減　価　償　却　費）　　130　　（備品減価償却累計額）　　130

①通常の償却率で計算した減価償却費：259円×0.4≒104円
　　　　　　　　　　　　　　　　期首帳簿価額
②償却保証額：1,200円×0.10800≒130円
③① ＜ ② → 259円×0.500≒130円

改定償却率を計算する際、端数処理がされているので、例2の金額と、多少異なることがあります。

⇔ 問題集 ⇔
問題46

● 148

総合償却

総合償却を行ったときの処理

まとめて償却して
いいのかな？

ゴエモン㈱では、複数の固定資産を保有しており、ゴエモン君はこれらの固定資産を一括して減価償却したいと考えました。この場合、当期の減価償却費はいくらになるのでしょう？

取引 次の資産を総合償却（定額法）によって減価償却を行う。なお、残存価額は取得原価の10%とする。

	取得原価	耐用年数
機械A	480円	3年
機械B	720円	4年
機械C	800円	5年

総合償却とは

　一定の基準によってひとまとめにした有形固定資産について、一括して減価償却を行う方法を**総合償却**といいます。

　総合償却では、一般的に定額法が用いられますが、耐用年数の異なる有形固定資産をまとめて償却するため、各有形固定資産の平均耐用年数を求めて、平均耐用年数を用いて計算します。

CASE46、47のように、有形固定資産ごとに減価償却する方法を、個別償却といいます。

$$減価償却費 = \frac{取得原価合計 - 残存価額合計}{平均耐用年数}$$

なお、平均耐用年数は①各資産の要償却額合計（取得原価 − 残存価額）と②各有形固定資産の定額法による1年分の減価償却費の合計を計算し、①を②で割って計算します。

$$平均耐用年数 = \frac{各資産の要償却額合計}{各資産の1年分の減価償却費の合計}$$

(1) 平均耐用年数の計算

	要償却額	1年分の減価償却費
機械A	480円×0.9＝ 432円	432円÷3年＝144円
機械B	720円×0.9＝ 648円	648円÷4年＝162円
機械C	800円×0.9＝ 720円	720円÷5年＝144円
合 計	1,800円	450円

$$平均耐用年数：\frac{1,800円}{450円} = 4年$$

(2) 総合償却による減価償却費の計算

$$減価償却費：\frac{1,800円}{4年} = 450円$$

CASE48の仕訳

（減 価 償 却 費）	450	（減価償却累計額）	450

総合償却資産の一部を平均耐用年数前に除却、売却した場合には、その資産を耐用年数到来時まで使用したあと、除却または売却したと仮定して処理します。

⊖ 問題集 ⊖
問題47

CASE 49 耐用年数の変更

耐用年数の変更

機能的にずいぶん古くなってしまったニャ。

備品について、前期末まで3年間、耐用年数6年と見積って減価償却をしてきましたが、機能的にずいぶん古くなってしまったため、あと2年しか利用できないことが判明しました。この場合、どんな処理をしたらよいのでしょう？

取引 次の資料にもとづき、決算整理仕訳をしなさい（当期：×4年4月1日～×5年3月31日）。

[資料1] 決算整理前残高試算表

決算整理前残高試算表

備　　　品	2,000	備品減価償却累計額	900

[資料2] 決算整理事項

　備品2,000円について、残存価額は取得原価の10%、耐用年数6年の定額法によって、前期末まで3年間減価償却をしてきたが、当期首から残存耐用年数を2年に変更することとした。

耐用年数の変更

　たとえば、1時間に100個の製品を作ることができる機械を使っているけれども、新技術の開発等により、1時間に500個の製品を作ることができる機械ができたという場合、もともと所有する機械は新しい機械に比べて機能的に著しく減価していることになります。

　このように、当初（固定資産を取得したとき）の耐用年数の

決定の際に予測できなかった事情により、固定資産が**機能的に著しく減価**したときは、耐用年数を短縮して減価償却を行います。

　このような場合（ここでは期首に変更した場合を前提とします）には、耐用年数の変更時以降、変更後の残存耐用年数にもとづいて減価償却を行います。

　定額法の場合には、耐用年数の変更時における**要償却額を変更後の残存耐用年数で割って、減価償却費を計算**します。なお、要償却額とは**取得原価から残存価額と期首減価償却累計額を控除した金額**をいいます。

耐用年数など、計算の基礎となる見積りを変更することを「会計上の見積りの変更」といいます。

要するに、これから償却しなければならない金額です。

$$\frac{減価償却費}{（定額法）}=\frac{取得原価－残存価額－期首減価償却累計額}{変更後の残存耐用年数}$$

　また、定率法の場合には、耐用年数の変更時における**期首帳簿価額（取得原価－期首減価償却累計額）に変更後の残存耐用年数に対する償却率を掛けて減価償却費を計算**します。

$$\frac{減価償却費}{（定率法）}=\left(取得原価－\frac{期首減価}{償却累計額}\right)\times\frac{変更後の残存耐用}{年数に対する償却率}$$

　以上より、CASE49（**定額法**）の仕訳は次のようになります。

（減 価 償 却 費）　　450　　（備品減価償却累計額）　　450

①残 存 価 額：2,000円×10％＝200円
②減価償却費：（2,000円－200円－900円）÷2年＝450円

⊖ 問題集 ⊖
問題48

減価償却方法の変更

　継続性の原則により、いったん採用した減価償却方法はみだりに変更することはできませんが、正当な理由があれば変更することができます。

　会計方針を変更した場合には、原則として新たな会計方針を、過去の期間にさかのぼって適用（遡及適用）しなければなりません。なお、会計方針の変更について、会計上の見積りの変更と区別することが困難な場合には、会計上の見積りの変更と同様の処理をすることが規定されており、減価償却方法の変更は、これに該当します。

　したがって、減価償却方法を変更したときは、会計上の見積りの変更（耐用年数の変更）と同様、**新しい減価償却方法を採用する会計期間の期首帳簿価額と、変更後の残存耐用年数にもとづいて減価償却費を計算します。**

会計上の見積りの変更には、CASE49で学習した耐用年数の変更などがあります。

(1)　定額法から定率法への変更
　定額法から定率法に変更した場合には、変更した会計期間の期首帳簿価額（取得原価－期首減価償却累計額）に変更後の残存耐用年数に対する償却率を掛けて減価償却費を計算します。

$$\begin{matrix}減価償却費\\（定率法）\end{matrix}＝\left(取得原価－\begin{matrix}期\ 首\ 減\ 価\\償却累計額\end{matrix}\right)×\begin{matrix}変更後の残存耐用\\年数に対する償却率\end{matrix}$$

このように、臨時償却を行わない方法をプロスペクティブ方式といいます。
臨時償却を行うキャッチ・アップ方式もありますが、こちらは会計基準に採用されていません。

(2)　定率法から定額法への変更
　定率法から定額法に変更した場合には、変更時における要償却額（取得原価－残存価額－期首減価償却累計額）を変更後の残存耐用年数で割って減価償却費を計算します。

$$\begin{matrix}減価償却費\\（定額法）\end{matrix}＝\frac{取得原価－残存価額－期首減価償却累計額}{変更後の残存耐用年数}$$

定額法から定率法に変更した場合について、具体例を使って処理を確認しておきましょう。

> **例** 前期首に取得し、前期まで定額法（耐用年数8年、残存価額は取得原価の10%）により減価償却していた備品（取得原価2,000円、当期首における減価償却累計額225円）の償却方法を、当期首より定率法（耐用年数7年の償却率は0.28）に変更した。

（減 価 償 却 費）　　497　　（備品減価償却累計額）　　497

(2,000円－225円)
×0.28＝497円

会計上の変更および誤謬の取扱い

(1)　会計上の変更の取扱い

会計上の変更とは、会計方針の変更や表示方法の変更、会計上の見積りの変更のことをいいます。

会計上の変更	①　会計方針の変更
	②　表示方法の変更
	③　会計上の見積りの変更

①　会計方針の変更

会計方針とは、財務諸表の作成にあたって採用した会計処理の原則および手続きをいいます。

会計方針を変更した場合、原則として、新たな会計方針を過去の期間に**遡及して適用**します。

「遡及して適用」とは、過年度にさかのぼって、あたかもそのときから適用していたかのように処理をすることをいいます。

②　表示方法の変更

表示方法とは、財務諸表の作成にあたって採用した表示の方法をいい、**表示方法の変更**とは、従来採用していた表示方法から新たな表示方法に変更することです。

表示方法を変更した場合には、原則として過年度に開示した財務諸表の表示について、新たな表示方法によって**財務諸表の組替え**を行います。

表示方法には、注記も含みます

③　会計上の見積りの変更

　会計上の見積りとは、財務諸表作成時に入手可能な情報にもとづいて、合理的な金額を算出することをいい、**会計上の見積りの変更**とは、新たに入手可能となった情報にもとづいて、過去に財務諸表を作成するさいに行った見積りを変更することをいいます。

　会計上の見積りを変更した場合、その変更が当該期間のみに影響するときは、変更期間中に会計処理を行い、その変更が将来の期間にも影響するときは、変更した会計期間から将来にわたって変更後の見積りによって会計処理をします。

　なお、①で説明したように、会計方針の変更は原則として遡及適用するのですが、**会計方針の変更と会計上の見積りの変更とを区別することが困難な場合**に限っては、会計方針の変更を**会計上の見積りの変更と同様に取り扱います**（遡及適用しません）。

(2)　誤謬の取扱い

　誤謬とは、意図的かどうかにかかわらず、財務諸表作成時に入手可能な情報を使用しなかったことによる（またはこの情報を誤って使用したことによる）誤りをいい、たとえば次のような誤りをいいます。

誤謬	①	財務諸表の基礎となるデータの収集または処理上の誤り
	②	事実の見落としや誤解から生じる会計上の見積りの誤り
	③	会計方針の適用の誤りまたは表示方法の誤り

　過去に作成した財務諸表に誤謬があった場合には、それを訂正し、財務諸表に反映させます。これを**修正再表示**といいます。

　以上より、会計上の変更および過去の誤謬の訂正についてまとめると、次のとおりです。

区　　分		処　　理
会計上の変更	会計方針の変更	遡及適用する
	表示方法の変更	財務諸表の組替え（遡及適用する）
	会計上の見積りの変更	当期首に変更した場合は当期から、当期末に変更した場合は次期から変更後の見積りによって処理する（遡及適用しない）
過去の誤謬の訂正		修正再表示（遡及適用する）

たとえば、備品の耐用年数を当初は6年（入手可能な情報にもとづく合理的な見積り）と見積ったものの、数年後に当初は予測できない状況が生じたことによって、耐用年数を6年から4年に変更する場合などです。

当期首に変更した場合には、当期から変更後の見積りを用いて処理し、当期末に変更した場合には、次期から変更後の見積りを用いて処理します。

CASE 50

期中に固定資産を売却したときの仕訳

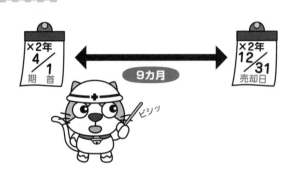

ゴエモン㈱は、期中（12月31日）に備品を売却しました。ゴエモン㈱の決算日は3月31日なので、当期に使った期間は9カ月です。

このような場合、9カ月分の減価償却費を計上しなければなりません。

取引　×2年12月31日　ゴエモン㈱（決算年1回、3月31日）は、備品（取得原価1,000円、期首減価償却累計額360円）を600円で売却し、代金は月末に受け取ることとした。なお、減価償却方法は定率法（償却率20%）により、間接法で記帳している。

● 期中に売却したときは減価償却費を計上！

　期中（または期末）に固定資産を売却したときは、当期首から売却日まで（×2年4月1日から×2年12月31日までの9カ月分）の減価償却費を計上します。

固定資産売却損（益）は特別損益に計上することだけおさえておきましょう。

　なお、固定資産の帳簿価額と売却価額との差額は、**固定資産売却損（特別損失）**または**固定資産売却益（特別利益）**として処理します。

CASE50の仕訳

（備品減価償却累計額）	360	（備 品）	1,000
（減 価 償 却 費）	96	（固定資産売却益）	56
（未 収 入 金）	600		

$$(1,000円 - 360円) \times 20\% \times \frac{9カ月}{12カ月} = 96円$$

貸借差額

CASE 51 固定資産の除却・廃棄

固定資産を除却したときの仕訳

ゴエモン㈱では、4年前に購入したパソコン（備品）が古くなったので、業務用として使うのをやめることにしました。しかし、まだ使えるかもしれないので、捨てずにしばらく倉庫に保管しておくことにしました。

古くなっちゃったから業務用からはずそう。

ゴエモン株式会社

取引 備品（取得原価1,000円、減価償却累計額800円、間接法で記帳）を除却した。なお、この備品の処分価値は100円と見積られた。

固定資産を除却したときの仕訳

固定資産を業務用として使うのをやめることを**除却**といいます。固定資産を除却したときは、スクラップとしての価値（処分価値）を見積り、この固定資産が売却されるまで、**貯蔵品（資産）** として処理します。

なお、処分価値と除却時の帳簿価額との差額は、**固定資産除却損（特別損失）** として処理します。

> 要するに仕訳の貸借差額です。

CASE51の仕訳

（備品減価償却累計額）	800	（備　　　　品）	1,000
（貯　蔵　品）	100 ← 処分価値		
（固定資産除却損）	100 ← 貸借差額		

●除却資産を売却したときの仕訳

除却した資産を売却したときは、売却価額と貯蔵品の価額との差額を、**貯蔵品売却損（特別損失）**または**貯蔵品売却益（特別利益）**として処理します。

仮に、CASE51の備品（処分価値100円）を90円で売却し、現金を受け取ったとした場合の仕訳は次のようになります。

（現　　　　金）	90	（貯　蔵　　品）	100
（貯蔵品売却損）	10	← 貸借差額	

特別損失

●固定資産を廃棄したときの仕訳

廃棄とは捨てることをいいます。

固定資産を廃棄（はいき）したときは、除却したときと異なり、処分価値はありません。したがって、固定資産の帳簿価額を**固定資産廃棄損（特別損失）**として処理します。

なお、廃棄にあたって廃棄費用が発生したときは、**固定資産廃棄損に含めて処理**します。

仮に、CASE51の備品を廃棄し、廃棄費用20円を現金で支払ったとした場合の仕訳は次のようになります。

（備品減価償却累計額）	800	（備　　　　品）	1,000
（固定資産廃棄損）	220	（現　　　　金）	20

特別損失

貸借差額

固定資産の買換え

固定資産を買い換えたときの仕訳

車を買い換えよう。

ゴエモン㈱は、いままで使っていた営業用車を下取り（下取価格900円）に出し、新しい車（3,000円）を買いました。
このときはどんな処理をするのでしょう？

取引 ゴエモン㈱は車両（取得原価2,000円、減価償却累計額1,200円、間接法で記帳）を下取りに出し、新車両3,000円を購入した。なお、旧車両の下取価格は900円であり、新車両の購入価額との差額は現金で支払った。

固定資産を買い換えたときの仕訳

いままで使っていた旧固定資産を下取りに出し、新しい固定資産を買うことを**固定資産の買換え**といいます。

固定資産の買換えでは、旧固定資産を売却して得た資金を新固定資産の購入に充てるので、(1)**旧固定資産の売却**と(2)**新固定資産の購入**の処理に分けて考えます。

(1) 旧固定資産の売却の仕訳

旧固定資産の売却価額は下取価格となります。したがって、CASE52では旧車両を売却し、下取価格900円を現金で受け取ったと考えて仕訳します。

（車両減価償却累計額）	1,200	（車 両）	2,000
（現 金）	900	（固定資産売却益）	100

下取価格で売却し、現金を受け取ったと考えて処理します。

貸借差額

（2） **新固定資産の購入の仕訳**

「新車両3,000円を購入した」という取引ですね。

次に新固定資産の購入の仕訳をします。

（車 両）	3,000	（現 金）	3,000

新車両を購入し、現金を支払ったと考えて処理します。

（3） **固定資産の買換えの仕訳**

　上記(1)旧固定資産の売却と(2)新固定資産の購入の仕訳をあわせた仕訳が、固定資産の買換えの仕訳となります。

　したがって、CASE52の仕訳は次のようになります。

3,000円 － 900円＝2,100円。
売却したお金（下取価格）900円は新車両の購入代金に充てられていますね。

CASE52の仕訳

旧

（車両減価償却累計額）	1,200	（車 両）	2,000
（車 両）	3,000	（固定資産売却益）	100
		（現 金）	2,100

新

下取資産に時価がある場合

　下取りに出した固定資産に時価がある場合で、下取価格が時価よりも高いときは、時価と帳簿価額との差額を固定資産売却損益として処理し、下取価格と時価との差額は新固定資産の値引と考え、取得原価から控除します。

> つまり、時価よりも高い価額で下取りしてもらえた（得した）ときの処理です。

下取価格　900円	→ 新固定資産に対する値引 （新固定資産の取得原価から控除）
時　　価　840円	→ 固定資産売却益
帳簿価額　800円	

例　ゴエモン㈱は車両（取得原価2,000円、減価償却累計額1,200円、時価840円、間接法で記帳）を下取りに出し、新車両3,000円を購入した。なお、旧車両の下取価格は900円であり、新車両の購入価額との差額は現金で支払った。

(1)　旧固定資産の売却の仕訳

| （車両減価償却累計額） | 1,200 | （車　　　　　両） | 2,000 |
| （現　　　　　金） | 840 | （固定資産売却益） | 40 |

時価　　　　　　　　　　　　　　　貸借差額

(2)　新固定資産の購入の仕訳

| （車　　　　　両） | 2,940 | （現　　　　　金） | 2,940 |

3,000円－（900円－840円）＝2,940円

(3)　固定資産の買換えの仕訳(1)＋(2)　　旧

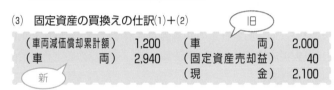

（車両減価償却累計額）	1,200	（車　　　　　両）	2,000
（車　　　　　両）	2,940	（固定資産売却益）	40
		（現　　　　　金）	2,100

新

⇔ 問題集 ⇔
問題49、50

固定資産の滅失

固定資産が火災で滅失したときの仕訳

ニャー！！

火事だ！火事だ！

昨夜、ゴエモン㈱で火災が発生し、建物（資材用倉庫）が燃えてしまいました。
この建物には幸い火災保険を掛けていたので、すぐに保険会社に連絡し、必要な書類を取り寄せました。

取引 ゴエモン㈱の建物（取得原価1,000円、減価償却累計額600円、間接法で処理）が火災により焼失した。なお、この建物には500円の火災保険が掛けられている。

これまでの知識で仕訳をうめると…

（減価償却累計額） 600 （建 物） 1,000

● 固定資産が火災で滅失したときの仕訳①

> 損害を受けて固定資産の価値が減ることを滅失（めっしつ）といいます。

　固定資産が火災や水害などで損害を受けたときは、その固定資産に保険を掛けているかどうかによって処理が異なります。

　CASE53では、火災保険を掛けているので、保険会社から保険金支払額の連絡があるまでは、火災による損失額は確定しません。

　したがって、固定資産の帳簿価額（取得原価－減価償却累計額）を**火災未決算**（または**未決算**）という資産の勘定科目で処理しておきます。

CASE53の仕訳

| （減価償却累計額） | 600 | （建　　　　物） | 1,000 |
| （火災未決算） | 400 | | |

保険を掛けているときは「火災未決算」で！

貸借差額

なお、保険会社から500円支払う旨の連絡があった場合、火災未決算400円より受け取る保険金500円のほうが多いので、仕訳の貸方に貸借差額が生じます。

したがって、**保険差益（収益）**として処理します。

| （未　収　入　金） | 500 | （火災未決算） | 400 |
| | | （保　険　差　益） | 100 |

貸借差額

仮に、受け取った保険金額が350円だった時には、火災未決算400円との差額の50円を火災損失として計上します。

● 固定資産が火災で滅失したときの仕訳②

一方、固定資産に保険を掛けていないときは、火災が発生した時点で損失額が確定します。

したがって、固定資産の帳簿価額（取得原価－減価償却累計額）を全額、**火災損失（費用）**で処理します。

たとえば、CASE53で焼失した建物に保険が掛けられていなかった場合の仕訳は、次のようになります。

| （減価償却累計額） | 600 | （建　　　　物） | 1,000 |
| （火　災　損　失） | 400 | | |

貸借差額

⇔ 問題集 ⇔
問題51

CASE 54 取替法

取替資産の会計処理

傷んだ電線やレールは
取り替えないと…。

ゴエモン㈱では、トロッコ用のレール1,000円を購入し、老朽化のつど一部を取り替えて使用しています。この場合、どんな処理をするのでしょう？

取引 構築物に関しては、取替法による費用配分を行っている。それぞれの時点における仕訳を示しなさい。

(1) トロッコ用のレール（構築物）5,000円を取得し、代金は現金で支払った。

(2) 決算を迎えた。

(3) トロッコ用のレール（構築物）の一部が老朽化したため、一部を取り替え、代金1,000円を支払った。老朽化した部分は売却し、代金500円を現金で受け取った。

● 取替法とは？

　取替法とは、**取替資産**に適用される費用配分の方法です。ここでいう取替資産とは、鉄道のレール、まくら木、送電線のように同種の物品が多数集まって一つの全体を構成し、老朽品の部分的取替えを繰り返すことにより、全体が維持される固定資産です。

● 取得時の会計処理

　取得時の会計処理は、今までに学習した有形固定資産と同じ処理です。

| （構　築　物） | 5,000 | （現　　　　金） | 5,000 |

決算時の会計処理

取替資産の簿価は当初の取得原価のまま据え置くため、減価償却は行いません。したがって、決算では**仕訳なし**となります。

仕　訳　な　し

取替時の会計処理

一部を取り替えるつど、その支出額を取替費としてその期の費用として計上します。

また、CASE54のように取り替えた部分については売却するという問題が多いので、売却額を**固定資産売却益**として計上します。

| （取　替　費） | 1,000 | （現　　　　金） | 1,000 |
| （現　　　　金） | 500 | （固定資産売却益） | 500 |

問題集
問題52

CASE 55

減損会計とは？

建物A

収益性が低下している…。

機械B

ゴエモン㈱で所有する固定資産のうち、A工場（建物A）と機械Bの収益性が低下しており、このまま使用しても当初に予想した収益の獲得が期待できないようです。この場合でも、建物や機械は取得原価ベースで評価するのでしょうか？

● 減損会計とは？

　企業は土地や建物、機械などの固定資産を使用することによって、売上（収益）を獲得しています。

　つまり、企業はその固定資産に投資した金額（取得原価）以上にその固定資産が収益を上げてくれるからこそ、固定資産を購入するのです。

がんばって稼いでね！

おまかせを！

　すでに学習したように、固定資産の貸借対照表価額は取得原価から減価償却累計額を控除した帳簿価額で評価します。

しかし、固定資産の収益性が低下して、投資額を回収する見込みが立たないにもかかわらず、取得原価ベースの金額を貸借対照表に計上してしまうと、財務諸表の利用者が誤った判断をしてしまう可能性があります。

　そこで、固定資産の利用によって得られる収益が、当初の予想よりも低下したときは、投資額（固定資産の帳簿価額）の回収が見込めなくなった分だけ、固定資産の帳簿価額を切り下げる処理をします。

　この固定資産の帳簿価額を切り下げる処理を**減損会計**といいます。

　なお、有価証券の強制評価減や棚卸資産の評価損など、ほかに減損処理の規定があるものは除外します。

● 減損会計の手順

　減損会計の手順は次のとおりです。

Step 1 対象となる資産のグルーピングを行う

　固定資産の帳簿価額を切り下げるかどうかの判断をするにあたって、まずは所有する固定資産をキャッシュ・フローを生み出す最少の単位でグルーピングします。

　たとえば、機械Aと機械Bを使って製品Pを作っているという場合は、機械Aと機械Bを1つのグループとして減損会計を適用します。

なお、試験で出題されるときは、「減損の兆候がある」などの指示がつきます。

Step 2 減損の兆候の把握

　次に、資産または資産グループごとに**減損の兆候を把握**します。

　減損の兆候の把握とは、ある資産またはある資産グループが減損を生じさせる状況にあるかどうかを把握することをいいます。たとえば、製品Qを作っているQ事業を廃止する場合は、Q事業部の固定資産の収益性は低下していると考えられるので、「減損の兆候がある」と判断されます。

減損損失の認識については、CASE 56で学習します。

Step 3 減損損失の認識

　減損の兆候があると判断された資産または資産グループについては、減損損失を認識するかどうか（固定資産の帳簿価額を切り下げるかどうか）を判定します。

　イメージ的には、「本当に固定資産の帳簿価額を切り下げるかどうか」をStep2よりも厳密にチェックするといったところです。

減損損失の測定については、CASE 57で学習します。

Step 4 減損損失の測定

　Step3で減損損失を認識すべきと判断された資産または資産グループについて、「いくらの減損損失を計上するのか」を決定します。

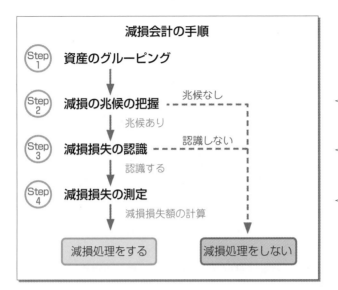

固定資産の減損会計

減損損失の認識

建物A

減損の兆候が
あるな。

機械B

減損の兆候を把握した
結果、A工場（建物A）
と機械Bに減損の兆候が生じ
ていることが判明しました。
そこで、これらの資産につい
て減損の認識を行うのですが、
減損の認識はどのように行う
のでしょうか？

例 次の資料にもとづき、建物Aと機械Bについて減損損失を認識す
べきかどうかを判定しなさい。なお、耐用年数経過後の処分価値
は残存価額と一致する。

[資　料]

	建物A	機械B
取　得　原　価	2,000円	1,000円
減価償却累計額	1,200円	600円
残　存　価　額	0円	100円
残 存 耐 用 年 数	5年	3年
毎年の将来CF★(割引前)	200円	90円

★CF…キャッシュ・フロー

減損損失の認識

減損会計は、時価
評価ではなく、取
得原価主義の枠内
での帳簿価額の切
下げです。

　Step2で減損の兆候があると判断された資産または資産グ
ループについては、減損損失の認識の判定をします。
　減損会計では、固定資産の利用により将来獲得する収益
（キャッシュ・フロー）が固定資産の投資額（帳簿価額）より
も低いと判断したときに固定資産の帳簿価額を切り下げます。

ですから、減損損失の認識の判定では、固定資産の帳簿価額と将来キャッシュ・フローを比べて、将来キャッシュ・フローのほうが低かったら、減損損失を認識すると判断します。

　なお、この段階では減損損失を正確に計算するものではなく、減損損失を認識するかどうかを判断するだけなので、**将来キャッシュ・フローは割引前のものを用います。**

　また、将来キャッシュ・フローには耐用年数経過後の処分価値（残存価額）も含めることに注意しましょう。

　以上より、CASE56の建物Aと機械Bの減損損失の認識は次のようになります。

CASE56　減損損失の認識

(1)　**建物A**

　①帳簿価額：2,000円 − 1,200円 = 800円

　②将 来 CF：200円 × 5年 = 1,000円

　③800円 ＜ 1,000円 → **減損損失を認識しない**
　　帳簿価額　　割引前将来CF

(2)　**機械B**

　①帳簿価額：1,000円 − 600円 = 400円

　②将 来 CF：90円 × 3年 + 100円 = 370円
　　　　　　　　　　　　　　残存価額

　③400円 ＞ 370円 → **減損損失を認識する**
　　帳簿価額　　割引前将来CF

割引後の金額は次の減損損失の測定で用います。
減損損失額を計算するときだけ、正確に計算する必要があるので割引後の金額を用いる、とおさえておきましょう。

帳簿価額よりも将来キャッシュ・フローのほうが高い（収益性が低下していない）ので、建物Aについては減損損失を認識しません。

帳簿価額よりも将来キャッシュ・フローのほうが低い（収益性が低下している）ので、機械Bについて減損損失を認識します。

減損会計

減損損失の測定

減損損失は
いくら?

CASE56で機械Bについて減損損失を認識すると判断したのですが、減損損失はいくらで計上すればよいのでしょう?

取引 次の資料にもとづき、機械Bについて減損損失を計上する仕訳をしなさい。なお、耐用年数経過後の処分価値は残存価額と一致する。

[資 料]

1. 機械Bの取得原価等は次のとおりである。

	機械B
取 得 原 価	1,000円
当期末における減価償却累計額	600円
残 存 価 額	100円
残 存 耐 用 年 数	3年
毎年の将来CF★（割引前）	90円

★CF…キャッシュ・フロー

2. その他の資料

(1) 機械Bの当期末における時価は300円である。なお、売却時に処分費用10円がかかる。

(2) 将来キャッシュ・フローの現在価値を計算する際には、割引率4%を用い、円未満の端数はそのつど四捨五入すること。

● 減損損失の測定 （Step 4）

Step3で減損損失を認識すると判断した資産または資産グループについては、帳簿価額を**回収可能価額**（**正味売却価額**または**使用価値**）まで切り下げます。

> ### 減損損失＝帳簿価額－回収可能価額
> 正味売却価額
> または
> 使用価値

　減損が生じている固定資産はこれ以上使用しても、収益獲得が期待できないので、いま売却してしまったほうが企業にとって得な場合もあります。

　そこで、いま売却したほうが得か、それとも耐用年数まで使用したほうが得かを計算します。

　CASE57では当期末の機械Bの時価が300円なので、いまなら300円で売却することができます。ただし、売却時に処分費用10円がかかるので、正味売却価額は290円（300円－10円）です。

　一方、機械Bを耐用年数まで使い続けると毎年90円ずつキャッシュ・フローがあり、そして耐用年数到来時に処分価値100円が残ります。

　これらの金額は将来の金額なので、減損損失の測定にあたっては、割引現在価値になおします。

> 割引現在価値の計算には、第5章で学習した現価係数表を用いることもあります。

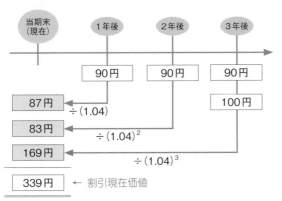

以上より、機械Bの割引後将来キャッシュ・フロー（使用価値）は339円なので、いま売却する（正味売却価額290円）よりも、耐用年数まで使用したほうが得ということになります。

　この場合、「企業は耐用年数まで使用する」と判断するので、機械Bの回収可能価額（企業にもたらす収益）は339円となります。

　したがって、帳簿価額400円（1,000円－600円）と回収可能価額339円との差額だけ機械Bの帳簿価額を切り下げ、その分だけ**減損損失（特別損失）**を計上します。

CASE57の仕訳

（減　損　損　失）　　61　　（機　　　　　械）　　61
特別損失

400円－339円＝61円

以上の計算をまとめると次のようになります。

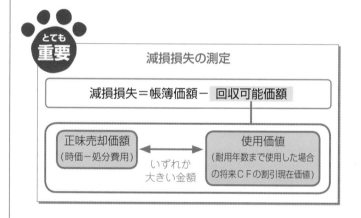

とても
重要

減損損失の測定

減損損失＝帳簿価額－ 回収可能価額

正味売却価額		使用価値
（時価－処分費用）	いずれか 大きい金額	（耐用年数まで使用した場合 の将来ＣＦの割引現在価値）

⇔ 問題集 ⇔
問題53 ～ 55

資産除去債務

たとえば、土地を借りるとき、「その土地に建物などを建てた場合には、土地を返すときに建物などを除去しなければならない」という義務が契約によって定められることがあります。

この場合、建物を除去するときにかかる費用（除去費用）は建物の取得時にあらかじめ**負債**として計上します。

このように、有形固定資産の取得、建設、開発、通常の使用によって発生し、有形固定資産の除去に関して法令または契約で要求される法律上の義務（またはこれに準ずるもの）を**資産除去債務（負債）**といいます。

企業が自発的に除去する場合の除去費用は資産除去債務に含めません。この場合は、除去時（廃棄時）に除去費用（廃棄費用）を固定資産廃棄損に含めて処理します（CASE51）。

資産除去債務について、具体例を使いながら、有形固定資産の取得時、決算時、除去時の処理をみてみましょう。

例 次の各日付の仕訳を示しなさい。なお、計算上、円未満の端数が生じる場合には、四捨五入すること。

(1) ×1年4月1日　機械（取得原価15,000円、使用期間3年）を取得し、代金は現金で支払った（同日より使用）。当社は当該機械を使用後に除去する法的義務があり、除去時の見積支出額は1,000円である。なお、資産除去債務は割引率5％で算定する。

(2) ×2年3月31日　決算日につき、上記機械を定額法（残存価額は0円、耐用年数は3年、記帳方法は間接法）により減価償却する。

(3) ×3年3月31日　決算日につき、上記機械を定額法（残存価額は0円、耐用年数は3年、記帳方法は間接法）により減価償却する。

(4) ×4年3月31日　上記機械を除去した。その際、除去費用1,200円を現金で支払った。

---

(1) ×1年4月1日（機械の取得時）

　有形固定資産を取得した場合には、除去費用（見積額）について割引現在価値を計算し、**資産除去債務（負債）**として計上します。

　この例では、機械の取得から除去までの期間が3年、割引率が5％なので、除去時にかかる見積支出額（1,000円）を（1＋0.05）$^{3\,(年)}$で割った金額を**資産除去債務（負債）**で処理します。

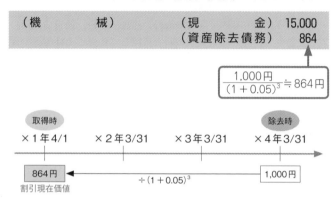

（機　　　　械）　　　　　（現　　　　金）　15,000
　　　　　　　　　　　　　　（資 産 除 去 債 務）　　864

$$\frac{1{,}000円}{(1+0.05)^3} \fallingdotseq 864円$$

| | 取得時 | | | | 除去時 |
| ×1年4/1 | ×2年3/31 | ×3年3/31 | ×4年3/31 |

864円　←　÷（1＋0.05）^{3}　1,000円
割引現在価値

　なお、資産除去債務に対応する除去費用は、有形固定資産の帳簿価額に加算します。

（機　　　械）　15,864　　（現　　　　金）　15,000
　　　　　　　　　　　　　　（資 産 除 去 債 務）　　864

15,000円＋864円＝15,864円

> 「資産計上された資産除去債務に対応する除去費用は減価償却を通じて各期に費用配分する」といいます。

(2) ×2年3月31日（決算時）
　ⓐ　減価償却費の計上

　決算時には、資産計上した除去費用分も含めて、減価償却を行います。

（減 価 償 却 費）　5,288　　（機械減価償却累計額）　　5,288

15,864円÷3年＝5,288円

ⓑ 時の経過による資産除去債務の調整

　期首に計上した資産除去債務（負債）は、割引計算によって求めた期首時点の現在価値なので、期末において、時の経過によって増加した分（1年分）を追加計上します。

　具体的には、期首の資産除去債務（864円）に割引率（5％）を掛けた金額を**資産除去債務（負債）**として追加計上することになります。

（資産除去債務）	43

$$864円 × 5 ％ ≒ 43円$$

　なお、この金額は期首の資産除去債務にかかる利息分（**利息費用**）ですが、損益計算書上は「減価償却費」と同じ区分に表示します。

（利　息　費　用）	43	（資産除去債務）	43

通常の支払利息（借入金にかかる利息）は営業外費用に表示しますが、資産除去債務の場合の利息費用は「減価償却費」と同じ区分に表示します。

　以上より、×2年3月31日における資産除去債務（負債）は907円（864円＋43円）となります。

　この資産除去債務（負債）は、除去時（×4年3月31日）に消滅するため、貸借対照表日後1年を超えて存在する負債です。

　したがって、貸借対照表上、**固定負債**に表示します。

(3)　×3年3月31日（決算時）
ⓐ 減価償却費の計上

　資産計上した除去費用分も含めて、減価償却を行います。

（減 価 償 却 費）	5,288	（機械減価償却累計額）	5,288

$$15,864円 ÷ 3 年 = 5,288円$$

ⓑ 時の経過による資産除去債務の調整

　期首（×2年4月1日）の資産除去債務907円（864円＋43円）に対して、時の経過によって増加した資産除去債務を追加計上します。

（利　息　費　用）	45	（資産除去債務）	45

$$（\underset{\times1年4/1}{864円}+\underset{\times2年3/31}{43円}）\times5\%≒45円$$

　以上より、×3年3月31日における資産除去債務（負債）は952円（864円＋43円＋45円）となります。
　この資産除去債務（負債）は、貸借対照表日後1年（×4年3月31日）以内に履行されて消滅するため、貸借対照表上、**流動負債**に表示します。

(4)　×4年3月31日（決算時、除去時）
　　ⓐ　減価償却費の計上
　　　資産計上した除去費用分も含めて、減価償却を行います。

（減 価 償 却 費）	5,288	（機械減価償却累計額）	5,288

$$15,864円÷3年＝5,288円$$

　　ⓑ　時の経過による資産除去債務の調整
　　　期首（×3年4月1日）の資産除去債務952円（864円＋43円＋45円）に対して、時の経過によって増加した資産除去債務を追加計上します。

（利　息　費　用）	48	（資産除去債務）	48

$$（\underset{\times1年4/1}{864円}+\underset{\times2年3/31}{43円}+\underset{\times3年3/31}{45円}）\times5\%≒48円$$

　　ⓒ　資産の除去
　　　機械を除去したときは、除去（廃棄）の処理を行います。

（機械減価償却累計額）	15,864	（機　　　　械）	15,864

$$5,288円＋5,288円＋5,288円＝15,864円$$

ⓓ 資産除去債務の履行

　機械を除去したときは、資産除去債務（負債）の残高を減額します。なお、資産除去債務の残高と実際支払額との差額（履行差額といいます）を費用として処理します。

資産の取得時に計上した除去費用はあくまでも見積額なので、実際の支払額と異なる場合があるのです。

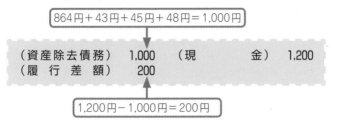

864円＋43円＋45円＋48円＝1,000円

| （資産除去債務） | 1,000 | （現　　　金） | 1,200 |
| （履 行 差 額） | 200 | | |

1,200円－1,000円＝200円

　なお、履行差額は損益計算書上、原則として「**資産除去債務に対応する除去費用に係る費用配分額**」、つまり「**減価償却費**」と同じ区分に表示します。

したがって、通常の有形固定資産の場合には、販売費及び一般管理費に表示することになります。

⊖ 問題集 ⊖
問題56

資産・負債・純資産編

第10章

リース取引

備品をリース会社からリースすることにした!
リースといっても、備品を購入したのとほとんど同じなら、
購入したときと同様に処理するんだって。

ここでは、リース取引について学習します。

リース取引とは?

ゴエモン㈱では新しいコピー機の購入を検討しています。
「でもなぁ、すぐに機能性の高い新しいコピー機が出てくるんだよなぁ…」と悩んでいたところ、クロジリース㈱の営業マンが来たのでリースについて話を聞いてみました。

● リース取引とは?

> 借手のことをレッシー、貸手のことをレッサーともいいます。

　コピー機やファックス、パソコンなど、事業を行うのに必要な固定資産(リース物件)を、あらかじめ決められた期間(リース期間)にわたって借りる契約を結び、借手(ゴエモン㈱)が貸手(クロジリース㈱)に使用料を支払う取引を**リース取引**といいます。

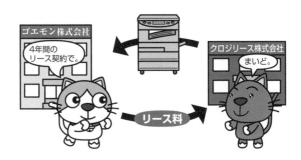

　固定資産を購入すると、通常、法定耐用年数によって減価償却をしますが、技術革新が著しい近年では、法定耐用年数どおりに固定資産を使っていたのでは、固定資産の陳腐化に対応できません。

しかし、リース取引ならば、リース期間は借手と貸手の合意によって決められるので、固定資産の陳腐化を見越したリース期間を設定すれば、いつでも最新の固定資産を使えるというメリットがあります。

リース取引の分類と会計処理

　リース取引は、**ファイナンス・リース取引**と**オペレーティング・リース取引**に分類されます。

　また、リース取引の会計処理については、**ファイナンス・リース取引**では通常の売買取引と同様に処理（**売買処理**）し、**オペレーティング・リース取引**では通常の賃貸借取引と同様に処理（**賃貸借処理**）します。

(1)　ファイナンス・リース取引

　ファイナンス・リース取引とは、リース取引のうち**①解約不能（ノンキャンセラブル）**、**②フルペイアウト**の2つの要件をともに満たす取引をいいます。

ファイナンス・リース取引の要件

①解約不能（ノンキャンセラブル）…解約することができないリース取引（または実質的に解約することができないリース取引）
②フルペイアウト…借手がリース物件から生じる経済的利益・費用をすべて享受・負担する取引

　ファイナンス・リース取引は、リース期間後、リース物件の所有権が借手に移転するかどうかによって、**所有権移転ファイナンス・リース取引**と**所有権移転外ファイナンス・リース取引**に分類されます。

⑵ オペレーティング・リース取引

オペレーティング・リース取引とは、ファイナンス・リース取引以外のリース取引をいいます。

| リース取引の分類と会計処理 |||
リース取引の分類		会計処理
ファイナンス・リース取引	所有権移転 ファイナンス・リース取引	売買処理
	所有権移転外 ファイナンス・リース取引	
オペレーティング・リース取引		賃貸借処理

● ファイナンス・リース取引の会計処理

以下、ファイナンス・リース取引の会計処理（借手側）について説明します。

⑴ リース取引開始時の処理

リース取引開始時には、リース物件とこれにかかる債務を**リース資産**および**リース債務**として計上します。

リース資産およびリース債務の計上価額は、原則として、リース料総額からこれに含まれている利息相当額の合理的見積額を控除した取得価額相当額とします。

⑵ リース料支払時

リース料支払時には、リース料のうち経過期間の利息に相当する額を**利息法**により算定し、**支払利息**として処理し、残額を**リース債務**の返済として処理します。なお、リース資産の総額に重要性が乏しいときは、利息法ではなく、**定額法**で利息相当額を算定できます。

CASE59では、出題可能性の高い定額法を学習します。

(3) **決算時**

① **リース資産の償却**

　リース資産については、次のように減価償却費を計上します。

リース物件の減価償却費の計算		
	残 存 価 額	耐 用 年 数
所有権移転 ファイナンス・ リース取引	自己資産と同じ	経済的耐用年数
所有権移転外 ファイナンス・ リース取引	ゼロ	リース期間

② **支払利息の見越計上**

　決算日とリース料の支払日が異なる場合には、経過期間の利息を見越計上します。

⇔ 問題集 ⇔
問題57、58

ファイナンス・リース取引の 問題の解き方

こういう感じで 出題されることも！

ファイナンス・リース取引では、リース料の 支払時や決算において、どのような処理を するのでしょうか。

取引 当社（決算日は3月31日）は×1年4月1日にリース会社からリース取引によって備品を取得した。次の資料にもとづき、当社（借手）の(1)×1年4月1日における仕訳と、(2)×1年度末におけるリース料の支払いおよび(3)決算の仕訳をしなさい。

［資　料］
1．このリース取引は所有権移転ファイナンス・リース取引である。
2．リース期間：5年
3．リース　料：年額12,000円、毎年3月31日払い（後払い）
4．リース料総額は60,000円（うち利息相当額10,000円）
5．経済的耐用年数：8年
6．耐用年数経過時の残存価額はゼロ、減価償却は定額法によって行う。
7．利息の配分は定額法による。

● リース取引開始時の処理（所有権移転）

　所有権移転ファイナンス・リース取引では、借手側でリース物件の購入価額が不明な場合、リース物件の取得原価相当額は見積現金購入額とリース料総額の割引現在価値のいずれか低い金額となります。

　なお、本試験では、CASE59のようにリース料総額から利息相当額を控除した額を取得原価相当額とする問題が出題されています。リース物件の取得原価相当額は、リース資産（資産）

リース資産は「備品」や「機械」などで処理することもあります。

で処理し、貸方科目はリース取引による代金の支払義務を表す
リース債務（負債）で処理します。

CASE59の仕訳 (1)リース取引開始時

（リ ー ス 資 産） 50,000 （リ ー ス 債 務） 50,000

> 60,000円－10,000円＝50,000円

● リース料支払時の処理

年間リース料12,000円は、リース債務の元本返済額と利息分
の合計額なので、年間リース料12,000円を元本返済分と利息分
に分ける必要があります。

リース期間である5年分の利息相当額10,000円の1年分であ
る2,000円を年間リース料12,000円から控除した額が元本返済
額です。

以上より、×2年3月31日のリース料支払時の仕訳は次の
ようになります。

CASE59の仕訳 (2)リース料支払時

（支 払 利 息） 2,000 （現 金 な ど） 12,000
（リ ー ス 債 務） 10,000

● 決算時の処理

この問題は所有権移転ファイナンス・リース取引なので、通
常の固定資産と同様に経済的耐用年数を用いて減価償却を行い
ます。

CASE59の仕訳 (3)決算時

（減 価 償 却 費） 6,250 （減価償却累計額） 6,250

> 50,000円÷8年＝6,250円

なお、貸借対照表上、リース債務は決算日の翌日から1年以内に決済するかどうかによって、**流動負債**と**固定負債**に分けて表示します。

　したがって、×1年度末（×2年3月31日）におけるリース債務を流動負債と固定負債に分けると次のようになります。

①リース債務（流動負債）：<u>10,000円</u>
　　　　　　　　　　　　　　×3年3月31日
　　　　　　　　　　　　　　の元本返済分

②リース債務（固定負債）：<u>40,000円－10,000円＝30,000円</u>
　　　　　　　　　　　　　　×3年4月1日以降の
　　　　　　　　　　　　　　元本返済分

問題集
問題59

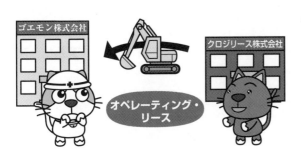

CASE 60 オペレーティング・リース取引

オペレーティング・リース取引の会計処理

ゴエモン㈱は、クロジリース㈱とオペレーティング・リース契約によって、作業用機械（機械）を取得しています。オペレーティング・リースの場合、期中や決算日においてどんな処理をするのでしょう？

取引 次の一連の取引について仕訳しなさい。

×1年8月1日：クロジリース㈱とリース契約（オペレーティング・リース取引に該当）を締結し、リース期間4年、年間リース料3,000円（支払日は毎年7月末日）で機械を取得した。
×2年3月31日：決算日を迎えた。
×2年4月1日：再振替仕訳を行う。
×2年7月31日：第1回目のリース料3,000円を現金で支払った。

オペレーティング・リース取引の処理

オペレーティング・リース取引は、通常の賃貸借取引に準じて処理します。

取引開始時の処理

取引を開始したときにはなんの処理もしません。

CASE60の仕訳 （×1年8月1日　取引開始時）

仕 訳 な し

決算時の処理

CASE60では、リース料は毎年7月末日に支払うため、当期のリース料（×1年8月1日から×2年3月31日までの8カ月分）はまだ支払われていません。しかし、当期分の費用（支払リース料）は発生しているので、決算において**支払リース料（費用）**の見越計上を行います。

> フツウに費用の見越しをします。

CASE60の仕訳 （×2年3月31日　決算時）

（支払リース料）　2,000　（未 払 費 用）　2,000

$$3,000円 \times \frac{8カ月}{12カ月} = 2,000円$$

翌期首の処理

翌期首には再振替仕訳をします。

CASE60の仕訳 （×2年4月1日　翌期首）

（未 払 費 用）　2,000　（支払リース料）　2,000

リース料の支払時の処理

リース料の支払時には**支払リース料（費用）**を計上します。

CASE60の仕訳 （×2年7月31日　リース料支払時）

（支払リース料）　3,000　（現　　　金）　3,000

資産・負債・純資産編

第11章

無形固定資産と繰延資産

・・・・・

特許権やのれんだけじゃなく
ソフトウェアも無形固定資産なんだって!
また、繰延資産にできるものって、
なにがあったかなあ…?

ここでは、無形固定資産と繰延資産について
みていきましょう。

無形固定資産を取得したときの仕訳

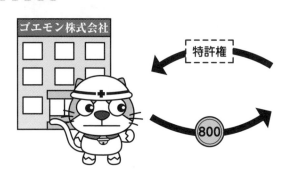

ゴエモン㈱では、特許権を取得しました。特許権は建物などと異なり、形のないものですが、このような形のないものを取得したときはどのような処理をするのでしょうか？

取引 特許権を800円で取得し、代金は現金で支払った。

無形固定資産を取得したときの仕訳

特許権や商標権など、モノとしての形はないけれども、長期にわたってプラスの効果をもたらす資産を**無形固定資産**といいます。

無形固定資産	
特許権	新規の発明を独占的に利用できる権利
商標権	文字や記号などの商標を独占的に利用できる権利
鉱業権	鉱山などで鉱物を採掘し、取得する権利
のれん	合併や買収で取得したブランド力やノウハウなどほかの会社に対して優位になるもの

　無形固定資産を取得したときは、取得にかかった支出額で無形固定資産の名称（**特許権**など）で処理します。

CASE61の仕訳

（特　　許　　権）　800　（現　　　　金）　800

無形固定資産の償却

無形固定資産も
償却しなきゃ！

今日は決算日。
ゴエモン㈱は、当期首
に特許権800円を取得してい
ます。この特許権（無形固定
資産）は、決算において償却
します。

取引 決算につき、当期首に取得した特許権800円を8年で償却する。

無形固定資産の償却

　決算において所有する無形固定資産は、原則として、**残存価額をゼロ**とした**定額法**で償却します。なお、記帳方法は**直接法**によって行います。

> 無形固定資産の償却期間は問題文に指示がつきます。なお、のれんの最長償却期間が20年（通常、月割償却）であることはおさえておきましょう。

無形固定資産の償却と減価償却の違い		
	無形固定資産の償却	減　価　償　却
残存価額	ゼロ	残存価額あり
償却方法	定額法★	定額法以外もあり
記帳方法	直接法	直接法または間接法

★鉱業権は生産高比例法で償却することもあります。

CASE62の仕訳

800円÷8年＝100円

（特 許 権 償 却）	100	（特　　許　　権）	100

⇔ 問題集 ⇔
問題60 〜 62

CASE 63 ソフトウェア

ソフトウェア制作費の処理

このソフトの制作費
の処理は？

「ネコ建設会計ソフト」
は量産し、販売するも
のです。
このソフトの完全な製品マス
ターを作成するのに12,000円
がかかったのですが、この制
作費はどのように処理するの
でしょうか？

取引 市場販売目的のソフトウェアの制作に必要な人件費（研究開発費
に該当するものを除く）として12,000円を現金で支払った。

用語 ソフトウェア…コンピュータを動かすプログラム

● ソフトウェアとは？

ソフトウェアとは、コンピュータを機能させるためのプログラムをいいます。

● ソフトウェア制作費の処理

ソフトウェアの制作費は、そのソフトウェアがどんな目的のために作られたものであるかによって処理が異なります。

(1) 市場販売目的のソフトウェア

CASE63のソフトウェアは市場販売を目的としています。このような市場販売目的のソフトウェアの制作費（研究開発費に該当する部分を除く）は、**ソフトウェア（無形固定資産）**で処理します。

> 見込販売数量にもとづく償却方法など、合理的な方法により償却しなければなりません。ただし、毎期の償却額は、残存有効期間にもとづく均等配分額を下回ってはいけません。

（ソフトウェア）　12,000　（現　　　金）　12,000

　ここで、ソフトウェア（無形固定資産）として計上するのは機能強化のために支出した金額で、いわゆるバグ取りなど、ソフトウェアの機能を維持するための費用は**発生時の費用**とします。

⑵　自社利用目的のソフトウェア

　自分の会社で利用するために制作したソフトウェアの制作費や、自分の会社で利用するために購入したソフトウェアの購入費は、それを利用することによって将来の収益獲得が確実な場合、または費用の削減が確実な場合には、**ソフトウェア（無形固定資産）** で処理します。

> 利用期間（一般的には5年）にわたり償却しなければなりません。

ソフトウェア制作費の処理	
分　類	制作費の処理
市場販売目的のソフトウェア	ソフトウェア（無形固定資産） ★機能維持にかかる費用は発生時の費用
自社利用目的のソフトウェア	ソフトウェア（無形固定資産）

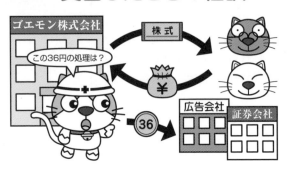

繰延資産

株式交付費（繰延資産）を支出したときの仕訳

ゴエモン㈱では、事業資金を集めるために、新たに株式を発行しました。このとき、株主募集の広告費や証券会社に対する発行手数料などの費用36円を支出しましたが、この費用はどのように処理するのでしょう？

| 取引 | ゴエモン㈱は新株を発行した。その際に生じた株式発行のための費用36円は現金で支払った。 |

● 株式交付費を支出したときの仕訳

　株式を発行するときには、株主募集の広告費や証券会社への手数料などの費用がかかります。

　このような株式の発行時（増資時）にかかった費用は、**株式交付費** として処理します。

CASE64の仕訳

（株 式 交 付 費）　　36　（現　　　　　金）　　36

　なお、会社設立時の株式の発行にかかった費用は、会社設立にかかったほかの費用とともに**創立費**として処理します。

会社設立

| 会社設立時の株式発行費用 ⇒ 創立費 | 会社設立後（増資時）の株式発行費用 ⇒ 株式交付費 |

費用なのに資産？

　株式交付費や創立費は費用ですが、その支出の効果は支出した期だけでなく、長期にわたって期待されます。

　したがって、このような費用については、資産として計上し、数年間にわたって決算時に費用化（償却）する処理が認められています。ただし、どんな費用でも資産として計上することが認められるわけではなく、次の３つの要件を満たしたものに限られます。

> 株式を発行している期間や、会社が存続している期間の費用と考えられるわけですね。

> **繰延資産の要件**
> ①すでに代価の支払いが完了し、または支払義務が確定していること
> ②①に対応する役務（サービス）の提供を受けていること
> ③その効果が将来にわたって発現するものと期待されること

　この３つの要件を満たした費用で、資産計上したものを**繰延資産**といいます。

　CASE64では、株式交付費を現金で支払っているので、①の要件を満たしています。

　また、広告会社に株主募集の広告を作ってもらったり、証券会社に株式発行事務をしてもらっています。つまり、広告会社や証券会社から代価に対応するサービスを受けているため、②の要件も満たしています。

　さらに株式発行の効果は当期だけでなく、株式を発行している間続くと期待されるので、③の要件も満たします。

　以上より、CASE64の株式交付費は繰延資産として処理することができ、繰延資産として処理した場合は、決算において償却します。

> 繰延資産として処理するかどうかは会社の任意です。３つの要件を満たした場合でも、原則は「発生時に費用処理」です。

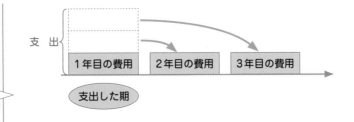

支出した期

繰延資産とした場合も支出時の処理は変わりません。変わるのは決算時の処理です。

たとえば、備品は売却すればいくらかのお金を受け取ることができます。ですから備品には換金価値があります。

⊜ 問題集 ⊜
問題63、64

● 繰延資産の項目は限定されている！

　繰延資産は「資産」といっても、ほかに売却できるわけではありません。つまり、繰延資産には換金価値がないのです。

　このような換金価値のない繰延資産を貸借対照表に資産として計上することは制限されており、次の項目に限って資産計上することが認められています。

繰延資産	
創　立　費	会社の設立に要した費用
開　業　費	会社の設立後、営業を開始するまでに要した費用
開　発　費	新技術の開発や市場の開拓などに要した費用
株式交付費	会社の設立後、株式の発行に要した費用
社債発行費等	社債の発行（または新株予約権の発行）に要した費用

これ以外にも、天災などによって生じた損失を資産として繰り延べることができる場合があります（臨時巨額の損失）。

繰延資産

繰延資産の償却

これを償却！

36
株式交付費

今日は決算日。
ゴエモン㈱では、当期の6月1日に支出した株式交付費を繰延資産として処理しているため、決算でこれを償却しなければなりません。

取引 ×2年3月31日　決算につき、×1年6月1日に支出した株式交付費36円を定額法（3年間）で月割償却する。

● 繰延資産の償却

　株式交付費や創立費などを繰延資産として処理したときは、決算において償却しなければなりません。

　各繰延資産の償却期間は次のように決まっています。

繰延資産の償却期間と処理	
創　立　費	5年以内に定額法により償却
開　業　費	
開　発　費	
株式交付費	3年以内に定額法により償却
社債発行費等	社債の償還期間内に原則として利息法により償却。ただし、定額法による償却も可（新株予約権の発行費用は3年以内に定額法により償却）

社債発行費の償却は、詳しくは第14章で学習します。

なお、繰延資産の償却は基本的に月割りで行います。

　CASE65の株式交付費は×1年6月1日に支出しているので、×1年6月1日から×2年3月31日までの10カ月分の償却を行います。

（株式交付費償却）　　　10　（株式交付費）　　　10

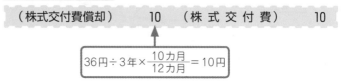

$$36円 \div 3年 \times \frac{10カ月}{12カ月} = 10円$$

償却費の表示区分

　各繰延資産の償却費は、開発費を除いて損益計算書上、**営業外費用**に表示します（ただし、開業費は販売費及び一般管理費に表示することもあります）。**開発費**については、**販売費及び一般管理費**（または完成工事原価）に表示します。

償却費の表示区分	
創 立 費 償 却	営業外費用
開 業 費 償 却	営業外費用 （または販売費及び一般管理費）
開 発 費 償 却	販売費及び一般管理費 （または完成工事原価）
株式交付費償却	営業外費用
社債発行費償却	営業外費用

⊖ 問題集 ⊖
問題65、66

第12章

引当金

貸倒引当金や修繕引当金は2級でも学習したけれど、
「引当金」っていったいなんだろう?
ほかに「引当金」ってどんなのがあるんだろう?

ここでは、引当金について学習します。

引当金

引当金とは？

ところで、
引当金って何?

フーン…

ネコでもわかる
財務諸表

いくつかの引当金をす
でに学習してきました
が、そもそも引当金とはなん
なのでしょう?

引当金とは？

　将来の費用または損失のうち、当期に発生した分を当期の費
用または損失として見越計上した際の貸方科目を**引当金**といい
ます。

引当金の要件

　引当金は、次の要件を**すべて**満たしたときに計上します。

とても
重要

引当金の要件
①将来の特定の費用または損失であること
②発生が当期以前の事象に起因していること
③発生の可能性が高いこと
④金額を合理的に見積ることができること

引当金の表示上の分類

引当金には、資産の部に表示する引当金（**評価性引当金**）と負債の部に表示する引当金（**負債性引当金**）があります。

引当金の表示上の分類	
表示上の分類	引　当　金
評価性引当金 （資産の部の引当金）	貸倒引当金
負債性引当金 （負債の部の引当金）	修繕引当金、退職給付引当金 など

引当金の債務性による分類

負債の部に表示する引当金は、法律上の債務としての性質の有無により、債務たる引当金と債務でない引当金とにさらに分類されます。

引当金の債務性による分類	
債務性による分類	引　当　金
債務たる引当金 （条件付債務）	完成工事補償引当金、製品保証引当金、退職給付引当金など
債務でない引当金	修繕引当金、債務保証損失引当金、損害補償損失引当金など

なお、**貸倒引当金**は、設定の対象となった**債権の区分ごと**に**流動資産**または**固定資産**に表示します。

また、**負債の部の引当金**は、**一年基準**によって**流動負債**と固定負債に分類し、表示します。

主な負債性引当金の内容

主な負債性引当金の内容は次ページのとおりです。

工事損失引当金については、CASE67、CASE68で詳しく学習します。

名　　称	内　　容
工 事 損 失 引 当 金	工事原価総額等が工事収益総額を超過すると見込まれる額のうち、次期以降に対応する損失額に備えて設定する引当金をいう。
完 成 工 事 補　　償 引 当 金	工事の完成引渡後に、一定の条件のもとで当該工事の補修を無償で行う場合、その補修に備えて設定する引当金をいう。 補償に要する支出額は、支出のあった時点で費用処理すべきではなく、原因となる工事収益を計上した各会計期間に割り当てるべきものである。
修　　繕 引 当 金	毎年行う修繕について、当期に行うはずの修繕を当期に行わなかった場合に、次期に行う修繕に備えて設定する引当金をいう。
退 職 給 付 引 当 金	退職給与規定等にもとづいて従業員の退職時または退職後に退職給付を支払う場合に、それに備えて設定する引当金をいう。
債 務 保 証 損　　失 引 当 金	企業が他人の債務保証を行っている場合で、債務者の債務不履行の可能性が高くなったときに、それに備えて設定する引当金をいう。 損失の危険性の早期計上を促す保守主義の原則の要請である。
損 害 補 償 損　　失 引 当 金	損害賠償訴訟が起訴され、企業が損害賠償責任を負わなければならない可能性が高くなったときに、それに備えて設定する引当金をいう。 損失の危険性の早期計上を促す保守主義の原則の要請である。

退職給付引当金については、第13章で詳しくは学習します。

⊜ 問題集 ⊜
問題67

工事損失引当金の設定

今日は決算日。ゴエモン㈱では請負工事を行っていますが、工事原価総額の増加により一部の工事において赤字になると見込まれました。
この場合、どんな処理をするのでしょうか？

> **取引** ゴエモン㈱では、工事進行基準によって工事損益を計算している。第2期の決算仕訳をしなさい。なお、請負工事の状況は以下のとおりである。
>
> (1) 工事収益総額50,000円、請負時の工事原価総額47,500円
>
> (2) 第2期において見込まれる工事原価総額を50,500円に変更している。また、工事は第3期に完成し、引渡しをする予定である。
>
> (3) 実際に発生した原価
>
> | 第1期 | 第2期 | 第3期 |
> |---|---|---|
> | 9,500円 | 25,850円 | 15,150円 |
>
> (4) 決算日における工事進捗度は、原価比例法により決定する。

●工事損失引当金

　工事契約期間中に、資材価格の高騰や工事遅延による経費の増加などによって、当初の見積りより工事原価がかかることがあります。このとき、工事原価総額が工事収益総額を上回り、完成・引渡時に工事損失が発生してしまうことがあります。

　このような場合（工事損失の発生の可能性が高く、かつ、そ

つまり、これから計上される工事損失の額です。将来の工事損失だけど発生の可能性が高く、損失額を見積ることができるなら、工事損失が見込まれたときに将来の損失も計上してしまおう、ということです。

の金額を合理的に見積ることができる場合に限り）には、工事契約の全体から見込まれる工事損失から、当期までに計上した工事損益（工事利益と工事損失）を控除した金額を、**工事損失引当金**として計上します。

(1) 第1期の処理

第1期は完成工事高10,000円、未成工事支出金9,500円、工事損益500円（利益）となります。工事損失は見込まれないので、工事損失引当金は計上しません。

第1期の工事損益

10,000円 － 9,500円 ＝ 500円（利益）

$$50,000円 \times \frac{9,500円}{47,500円} = 10,000円$$

(2) 第2期の処理①

第2期では見込まれる工事原価総額が増加したため、完成・引渡しの際に工事損失が発生することが見込まれます。

まずは、今までと同じように仕訳します。

$$50,000円 \times \frac{9,500円 + 25,850円}{50,500円} - 10,000円 = 25,000円$$

完成工事高を計上する仕訳

（完成工事未収入金） 25,000 （完成工事高） 25,000

当期の原価を完成工事原価に振り替える仕訳

（完成工事原価） 25,850 （未成工事支出金） 25,850

ここまでの第2期の工事損益

25,000円 － 25,850円 ＝ △850円（損失）

(3) 第2期の処理②

工事契約の全体で見込まれる工事損失から、これまでに計上した工事損益を控除した金額を工事損失引当金として計上します。

> 工事損失引当金 = 工事契約全体 − これまでに計上
> の　損　失　した工事損益

工事損失引当金の計上額

工事契約全体の損失：$\underset{\text{工事収益総額}}{50{,}000\text{円}} - \underset{\text{工事原価総額}}{50{,}500\text{円}} = \triangle 500\text{円}$

これまでに計上した工事損益：$\underset{\text{第1期}}{500\text{円}} + \underset{\text{第2期}}{\triangle 850\text{円}} = \triangle 350\text{円}$

工事損失引当金：$\triangle 500\text{円} - \triangle 350\text{円} = \triangle 150\text{円}$

CASE67の仕訳

（完成工事原価）　　　150　　　（工事損失引当金）　　　　150

> 工事損失引当金の相手科目は工事損失引当金繰入ですが、工事にかかる費用は工事原価として処理するため、完成工事原価で処理します。

なお、第2期の工事損益は次のようになります。

第2期の工事損益

$25{,}000\text{円} - (25{,}850\text{円} + 150\text{円}) = \triangle 1{,}000\text{円}$（損失）

工事損失引当金の取崩し

赤字はすべて前期に計上済みだけど…。

まぁ、こんなトコかしら…。

翌期になり工事が完成し、引渡しも完了しました。前期に設定した工事損失引当金は150円。
このとき、どんな処理をするのでしょうか？

取引 ゴエモン㈱では、工事進行基準によって工事損益を計算している。
第3期の決算仕訳をしなさい。なお、請負工事の状況はCASE67と同様である。

● 工事損失引当金の取崩し

工事が完成し、引渡しをしたときには計上していた工事損失引当金を取り崩します。

(1) 第3期の処理

第3期は工事が完成し、引き渡しているので、第2期に計上した工事損失引当金を取り崩します。

工事損失引当金を計上したときと逆の仕訳をして、取り崩します。

CASE68の仕訳	50,000円−10,000円−25,000円＝15,000円

（完成工事未収入金） 15,000 （完成工事高） 15,000

（完成工事原価） 15,150 （未成工事支出金） 15,150

工事損失引当金を取り崩すときの相手科目は完成工事原価で処理します。

（工事損失引当金） 150 （完成工事原価） 150

なお、第3期の工事損益は次のようになります。

第3期の工事損益

15,000円 − (15,150円 − 150円) = 0円

以上より、第1期から第3期までの工事損益合計は△500円
(500円 + △1,000円 + 0円) となります。

これは工事契約の全体から生じる損失△500円 (50,000円 −
50,500円) と一致します。

⇔ 問題集 ⇔
問題68

資産・負債・純資産編

第13章

退職給付引当金

退職金は、将来支払うもの。
だけど、将来支払うべき金額のうち、当期の労働に対する部分は
当期の費用として計上するんだって。

ここでは、退職給付引当金
について学習します。

CASE 69 退職給付引当金

退職給付債務の計算

吹き出し等（画像内）

ゴエモン㈱では退職給付引当金を設定しています。従業員のブンジ君の入社から退職までの勤務期間は10年で、当期末までの勤務年数は6年です。この場合、当期末の退職給付引当金はどのように計算するのでしょうか？

例 次の資料にもとづき、当期末の退職給付債務（退職給付引当金）を計算しなさい。

[資 料]
1．ブンジ君は入社から当期末まで6年勤務している。
2．ブンジ君の入社から退職までの全勤務期間は10年であり、退職予定時の退職給付見込額は10,000円である。
3．割引率は5％であり、端数が生じる場合には円未満を四捨五入すること。なお、年金資産等はないものとする。

用語 退職給付債務…退職給付のうち、認識時点までに発生していると認められる部分を割り引いたもの

2カ月ごとに20万円ずつ10年間にわたって支給されるものなどは年金ですね。

● 退職給付とは？

退職給付とは、退職時または退職後に従業員に支給される**退職一時金**（退職時に一時的に支給されるもの）または**年金**（退職後に一定期間ごとに一定額が支給されるもの）をいいます。

● 退職給付会計の基本的な会計処理

CASE69では、ブンジ君の退職給付見込額は10,000円ですが、

この金額は入社時から退職時までの10年間の金額です。このうち、入社から当期末までの6年分についてはすでに発生しているため、企業に支払義務が生じます。

ここで、当期末までに生じている退職給付見込額を計算すると6,000円（10,000円×$\frac{6年}{10年}$）となりますが、この6,000円は将来の退職時の価値です。

したがって、この6,000円を当期末から退職時までの期間（4年）で割り引いた金額（割引現在価値）が、当期末までに発生した退職給付債務となります。

なお、退職給付引当金は退職給付債務から年金資産を差し引いて計算するので、CASE69のように年金資産がない場合は、期末の退職給付債務の金額が退職給付引当金の金額となります。

以上より、CASE69の退職給付債務（退職給付引当金）は次のようになります。

退職給付見込額のうち、認識時点（期末）までに発生していると認められる金額の求め方には、「期間定額基準」と「給付算定式基準」の2つがありますが、このテキストでは「期間定額基準」を前提として説明していきます。

年金資産は、企業が退職給付に充てるために外部の年金基金などに積み立てている資産をいいます。詳しくはCASE71で説明します。

CASE69　退職給付債務（退職給付引当金）

①当期末までに発生した退職給付見込額：

$$10,000円 \times \frac{6年}{10年} = 6,000円$$

②当期末の退職給付債務：$\frac{6,000円}{(1+0.05)^4} \risingdotseq 4,936円$

年金資産がないので、退職給付債務＝退職給付引当金となります。

勤務費用と利息費用

増えた分は何？

退職給付
債務

→ 1年後

退職給付
債務

CASE69から1年後、ブンジ君に対する退職給付債務は1年分増えますが、この増えた1年分の内容はなんなのでしょうか？

例 次の資料にもとづき、当期末の退職給付債務（退職給付引当金）を計算し、必要な仕訳を示しなさい。

［資 料］
1. ブンジ君は入社から当期末まで7年勤務している。
2. ブンジ君の入社から退職までの全勤務期間は10年であり、退職予定時の退職給付見込額は10,000円である。
3. 割引率は5％であり、端数が生じる場合には円未満を四捨五入すること。なお、年金資産等はないものとする。
4. 当期首における退職給付債務（割引計算後）は4,936円である。

退職給付引当金の処理

　CASE69から1年が経過して、当期末までの勤務期間が7年となったので、当期末までに生じた退職給付見込額は7,000円（10,000円×$\frac{7年}{10年}$）となります。

　したがって、7,000円の現在価値を計算し、当期末の退職給付債務を計算します。

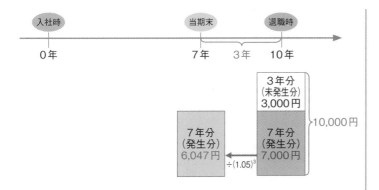

CASE70 退職給付債務（退職給付引当金）

①当期末までに発生した退職給付見込額：

$$10,000\,円 \times \frac{7年}{10年} = 7,000\,円$$

②当期末の退職給付債務：$\dfrac{7,000\,円}{(1+0.05)^3} \fallingdotseq 6,047\,円$

当期首の退職給付債務が4,936円で、当期末の退職給付債務が6,047円なので、退職給付引当金の当期繰入額は1,111円（6,047円 − 4,936円）となります。

したがって、当期末における仕訳は次のようになります。

> 退職給付引当金の当期繰入額は退職給付費用（販売費及び一般管理費）で処理します。

CASE70の仕訳

（退 職 給 付 費 用） 1,111 　（退職給付引当金） 1,111

● 勤務費用と利息費用

CASE70では、1年間で退職給付債務が1,111円増加しましたが、この増加分は当期に1年間、ブンジ君が勤務したことによるもの（**勤務費用**）と、当期首の退職給付債務にかかる1年間の利息分（**利息費用**）に分けることができます。

(1) 勤務費用

ブンジ君が10年間勤務した場合、10,000円が支給されるので、1年分の勤務に対する金額は1,000円（10,000円÷10年）となります。

この1,000円は退職時の価値なので、当期末から退職時までの3年で割り引き、勤務費用を計算します。

CASE70　勤務費用

①退職給付見積額のうち当期に発生した金額：

10,000円÷10年＝1,000円

②勤務費用：$\dfrac{1{,}000円}{(1+0.05)^3} \fallingdotseq 864円$

(2) 利息費用

現金を1年間借りていると1年分の利息が生じるように、期首の退職給付債務について生じた1年分の利息が利息費用です。

CASE70では当期首の退職給付債務が4,936円なので、この4,936円に利率（5％）を掛けて利息費用を計算します。

利息費用は自分で計算しなければならないので、計算の仕方をおさえておきましょう。

> 利息費用＝期首退職給付債務×割引率

CASE70　利息費用

4,936円×5％ ≒ 247円

以上の勤務費用と利息費用を合計すると1,111円（864円＋247円）となり、退職給付債務の増加分である退職給付費用（1,111円）と一致します。

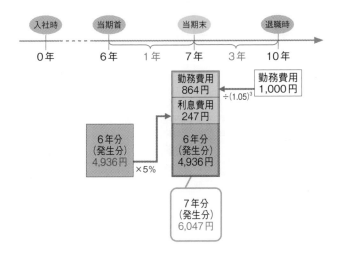

⇔ 問題集 ⇔

問題69

掛金の拠出と年金資産

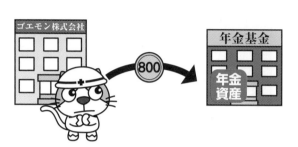

ゴエモン㈱では、企業年金制度を採用し、退職給付に充てるため、外部の年金基金に積立てを行うことにしました。

今日、年金基金に掛金800円を拠出したのですが、このとき、どのような処理をするのでしょうか？

取引　ゴエモン㈱は年金基金に掛金800円を現金で拠出した。

年金基金に拠出したときの仕訳

退職給付の支給に備えて、企業外部の年金基金に積立てを行うことがあります。

この年金基金に積み立てた資産を**年金資産**といいます。

ところで、先のCASE70で学習したように、勤務費用や利息費用は退職給付債務を増加させ、結果として**退職給付引当金（負債）を増加**させますが、年金資産の増加は**退職給付引当金（負債）の減少**につながります。

したがって、掛金の拠出によって年金資産が増加したときは、**退職給付引当金（負債）の減少**として処理します。

以上より、CASE71の仕訳は次のようになります。

> 退職給付会計では、退職給付債務から年金資産を差し引いた正味の債務額を「退職給付引当金」として計上します。

> いったん、年金資産の増加で仕訳をして、勘定科目を退職給付引当金に変えましょう。

CASE71の仕訳

（退職給付引当金）	800	（現　　　　金）	800
年金資産			

退職給付引当金

期待運用収益と年金資産

これを運用しま～す。

年金基金

年金
資産

年金基金に拠出した金額は、年金基金が運用するので、時の経過によって年金資産が増加します。

CASE71から１年後、年金資産はいくらになっているでしょうか?

例 次の資料にもとづき、当期末の年金資産の金額を計算しなさい。

[資 料]
1. 期首における年金資産の公正な評価額は800円である。
2. 当期の長期期待運用収益率は３％である。

期待運用収益とは?

年金資産は年金基金等によって運用されるため、期首の年金資産は、期末において運用収益分だけ増加するはずです。

この年金資産の運用から生じると期待される収益を**期待運用収益**といいます。期待運用収益は、期首の年金資産に予想される収益率（長期期待運用収益率）を掛けて計算します。

現金を銀行に１年間預けておくと、利息分だけ預金が増えるのと同じイメージですね。

> 期待運用収益＝期首年金資産×長期期待運用収益率

以上より、CASE72の期待運用収益と当期末の年金資産を計算すると次のようになります。

①期 待 運 用 収 益：800円×3％＝24円

②当期末の年金資産：800円＋24円＝824円

期待運用収益が生じた場合の仕訳

期待運用収益が生じたことにより、年金資産が増加します。したがって、**退職給付引当金の減少**として処理します。

また、期待運用収益は受取利息などの収益の勘定科目で処理せず、**退職給付費用の減少**として処理します。

以上より、CASE72の仕訳は次のようになります。

（退職給付引当金）　　　24　　（退職給付費用）　　　　24
　　　年金資産　　　　　　　　　　　　　期待運用収益

退職給付会計における勘定科目

退職給付会計では、「**退職給付費用**」と「**退職給付引当金**」の2つの勘定科目を用いて処理します。

したがって、増減する項目が費用（勤務費用、利息費用）または収益（期待運用収益）の場合は、「**退職給付費用**」で処理し、増減する項目が資産（年金資産）または負債（退職給付債務）の場合は、「**退職給付引当金**」で処理します。

退職給付会計における勘定科目
- 勤務費用、利息費用、期待運用収益 → 退職給付費用
- 年金資産、退職給付債務 → 退職給付引当金

退職給付会計における表示区分
- 退職給付費用 → 販売費及び一般管理費
　　　　　　　　（製造業に係るものは製造原価）
- 退職給付引当金 → 固定負債

CASE 73　退職給付引当金

退職一時金を支給したときの仕訳

ブンジ君の退職にともない、退職一時金8,000円を現金で支給しました。この場合、どのような処理をするのでしょうか？

取引　ゴエモン㈱は退職一時金8,000円を現金で支給した。

退職一時金を支給したときの処理

退職一時金を支給したときは、企業が負っていた退職給付債務が減少するので、**退職給付引当金（負債）の減少**として処理します。

したがって、CASE73の仕訳は次のようになります。

CASE73の仕訳

（退職給付引当金）　8,000　（現　　　　金）　8,000
　　退職給付債務

退職年金が年金基金から支給されたときの仕訳

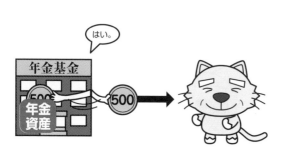

年金基金から退職年金がブンジ君に支給されました。
この場合、ゴエモン㈱ではどのような処理をするのでしょうか?

はい。

取引 退職者に対し、年金基金から退職年金500円が現金で支給された。

退職年金が年金基金から支給されたときの仕訳

　CASE74では現金が支給されていますが、この現金は年金基金から支給されたものなので、ゴエモン㈱の現金は減りません。しかし、年金基金からゴエモン㈱の年金資産を原資として支給されるため、ゴエモン㈱の**年金資産が減少**します。

		（ 年 金 資 産 ）	500

　また、退職年金の支給により、企業が負っていた**退職給付債務が減少**します。

（ 退 職 給 付 債 務 ）	500	（ 年 金 資 産 ）	500

　年金資産も退職給付債務も、「退職給付引当金」で処理するため、結局、「仕訳なし」となります。

⊖ 問題集 ⊖
問題70

CASE74の仕訳

仕 訳 な し

<table>
</table>

CASE 75 退職給付引当金

数理計算上の差異

あらら…。

実際の運用収益率は2%で…。

年金基金

年金資産

期首において長期期待運用収益率を3%と見積って計算をしていたのですが、実際の運用収益率は2%でした。このように退職給付引当金を計算する際の見積数値と実際数値が異なる場合は、どんな処理をするのでしょう？

取引 次の資料にもとづき、決算時の仕訳をしなさい。

[資　料]
1．期首における年金資産の公正な評価額は800円である。
2．当期の長期期待運用収益率は3％である。
3．当期の年金資産の実際運用収益率は2％であった。なお、数理計算上の差異は発生年度から4年で毎期均等額を償却する。

用語 **数理計算上の差異**…期待運用収益と実際運用収益との差異や、退職給付債務の割引計算で用いた当初の割引率と実際の割引率との差異から生じる、計算上の差異

数理計算上の差異とは？

　勤務費用、利息費用、期待運用収益から退職給付引当金を計算し、設定することはすでに学習しましたが、これらの計算は期首において見積額を用いて行われます。したがって、実際の数値とは異なることがあります。

　たとえばCASE75では、期首において長期期待運用収益率3％で期待運用収益を計算していますが、実際運用収益は2％に低下しています。また、退職給付債務にかかる利息費用を計

算する際、当初の割引率を5％で計算していたにもかかわらず、実際の割引率は4％であったという場合もあります。このような見積数値と実際数値との差異等を**数理計算上の差異**といいます。

数理計算上の差異が生じたときの処理

数理計算上の差異が生じたときは、発生額を把握しておきます（仕訳はしません）。

CASE75では長期期待運用収益率が3％なので、期首において期待運用収益24円（800円×3％）を見積計上しています。

（退職給付引当金）	24	（退職給付費用）	24
年金資産		期待運用収益	

しかし、実際運用収益率は2％なので、実際運用収益は16円（800円×2％）です。したがって、期待運用収益と実際運用収益との差額8円（24円－16円）が数理計算上の差異となります。

予想よりも実際の収益が少ない（年金資産が少ない）ので不利差異（借方差異）です。

数理計算上の差異

①期 待 運 用 収 益：800円×3％＝24円
②実 際 運 用 収 益：800円×2％＝16円
③数理計算上の差異：16円－24円＝△8円

なお、数理計算上の差異が発生したときには処理（仕訳）はしませんが、あとの計算のために頭の中で、行うべき仕訳をしておきましょう。

CASE75では実際運用収益が期待運用収益よりも低いので、当初見積った年金資産よりも実際年金資産は減少しています。したがって、数理計算上の差異の分だけ年金資産を減らします。

また、相手科目は**未認識数理計算上の差異**という科目で処理しておきます。

未認識数理計算上の差異とは、数理計算上の差異のうち、費用化（償却）されていない金額をいいます。

（未認識数理計算上の差異）	8	（年　金　資　産）	8

数理計算上の差異が生じたときの決算時の処理

数理計算上の差異は、原則として平均残存勤務期間内の一定の年数で按分する方法（定額法）によって償却し、償却分は**退職給付費用**で処理します（発生時に一括して費用処理することもできます）。

CASE75では数理計算上の差異が8円なので、これを4年で割った金額（2円）を当期償却分として計上します。

なお、数理計算上の差異が生じたとき、頭の中の仕訳では借方に「未認識数理計算上の差異8円」を計上しています。したがって、このうち当期償却分（2円）を取り崩します（貸方に計上します）。

数理計算上の差異は原則として発生年度から償却しますが、発生年度の翌年から償却することも認められています。
また、定額法のほか、定率法によって償却することもできます。

		（未認識数理計算上の差異）	2

また、相手科目は**退職給付費用**で処理します。

（退職給付費用）	2	（未認識数理計算上の差異）	2

そして、上記の頭の中の仕訳を実際の仕訳になおします。このとき、「未認識数理計算上の差異」は「退職給付引当金」で処理します。

退職給付引当金の設定は、「退職給付引当金」と「退職給付費用」を用いて処理します。

以上より、CASE75の決算時の仕訳は次のようになります。

CASE75の仕訳

（退職給付費用）　　　　2　　（退職給付引当金）　　　　2
　　　　　　　　　　　　　　　未認識数理計算上の差異

8円÷4年＝2円

過去勤務費用

　退職給付会計で生じる差異には、数理計算上の差異のほか、**過去勤務費用**があります。

　過去勤務費用とは、退職給付に関する規定が改定されて、退職給付の金額が変更されたときの退職給付債務の増加額または減少額をいいます。

　過去勤務費用は、発生年度から、数理計算上の差異と同様、定額法等により償却します（発生時に一括して費用処理することもできます）。

第14章

社　債

・・・・・・

社債は、発行した側からみると社債（負債）だけど、
取得した側からみると有価証券（資産）。
だから、社債の処理と満期保有目的債券の処理は似ているんだ！

ここでは、社債について学習します。

社　債

社債を発行したときの仕訳

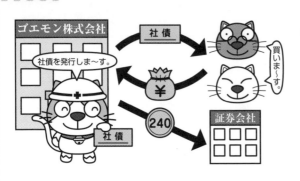

ゴエモン㈱は事業拡大のため、多額の資金が必要になりました。資金調達の方法には、株式を発行したり、銀行などから借り入れるほか、社債を発行するという方法もあります。そこで、今回は社債を発行して資金を調達することにしました。

取引　×1年4月1日　ゴエモン㈱は額面総額10,000円の社債を額面100円につき、97円（償還期間3年、年利率2.4％、利払日は3月末と9月末）で発行し、払込金額は当座預金とした。なお、社債発行のための費用240円は現金で支払った。

● 社債を発行したときの仕訳

　株式会社が一般の人から資金を調達する方法には、株式の発行のほか、**社債の発行**があります。

　社債は、一般の人（社債の購入者）からの借入れを意味し、社債を発行したら一定期間後にお金を返さなければなりません。したがって、社債を発行したときは、**社債（負債）の増加**として会社に払い込まれた金額（**払込金額**）で処理します。

> これは2級で学習済みですね。

| （当 座 預 金） | 9,700 | （社　　　　債） | 9,700 |

$$10,000円 \times \frac{97円}{100円} = 9,700円$$

また、社債の発行には広告費や手数料などがかかります。この社債の発行にともなって生じる費用は、**社債発行費** として処理します。

社債発行費は費用ですが、繰延資産として処理することもできます。

以上より、CASE76 の仕訳は次のようになります。

CASE76の仕訳

（当 座 預 金）	9,700	（社 債）	9,700
（社 債 発 行 費）	240	（現 金）	240

社債の発行形態

社債は額面金額で発行すること（**平価発行**といいます）もありますが、CASE76 のように額面金額よりも低い金額で発行すること（**割引発行**といいます）も、また逆に額面金額よりも高い金額で発行すること（**打歩発行**といいます）もあります。

社債の発行形態	
平価発行	額面金額で発行すること
割引発行	額面金額よりも低い金額で発行すること
打歩発行	額面金額よりも高い金額で発行すること

試験では割引発行がよく出題されるので、このテキストでは割引発行を前提として説明していきます。

社 債

77

社債の利払時の仕訳

社債は借入金の一種なので、社債の購入者に対して利息を支払わなければなりません。
今日（9月30日）は4月1日に発行した社債の利払日なので、6カ月分の利息を当座預金口座から支払いました。

取引 ×1年9月30日 当期の4月1日に発行した社債（額面総額10,000円、年利率2.4%、利払日は9月末日と3月末日）の利払日のため、利息を当座預金口座から支払った。

社債の利息を支払ったときの仕訳

社債は借入れの一種ですから、利息を支払う必要があります。そして、社債の利息を支払ったときは、**社債利息（費用）**として処理します。

なお、CASE77では、社債の発行日（4月1日）から利払日（9月30日）までの6カ月分の社債利息を計上します。

CASE77の社債利息

$$10,000円 \times 2.4\% \times \frac{6カ月}{12カ月} = \boxed{120円}$$

CASE77の仕訳

（社 債 利 息） 120 （当 座 預 金） 120

● 230

社債の決算時の仕訳

決算日にやることは…。
社債発行費の償却と、
社債利息の見越計上と…。

今日は決算日（×2年
3月31日）。ここでは社
債について、決算時に行う処
理をみておきましょう。

取引 次の条件で発行した社債について、決算日（×2年3月31日）に
おける必要な仕訳をしなさい。なお、社債の額面金額と払込金額
との差額（金利調整差額）は償却原価法（定額法）によって処理
する。また、社債発行費240円は定額法により月割償却する（利
息の支払いの処理は適正に行われている）。

[条　件]
1．発 行 日：×1年4月1日　　2．満 期 日：×4年3月31日
3．額面金額：10,000円　　　　4．払込金額：9,700円
5．利 払 日：毎年9月末日と3月末日
6．クーポン利子率：年2.4%

決算時の処理①（社債発行費の償却）

　社債発行費を繰延資産として処理した場合には、償還期間に
わたって償却します。なお、償却方法は**利息法（原則）**または
定額法（容認）によりますが、利息法は出題可能性が低いた
め、このテキストでは定額法のみ説明します。

定額法は２級で学習した方法で、繰延資産として処理した社債発行費を社債の償還期間にわたって月割りで償却します。

CASE78の社債の償還期間は３年なので、社債発行費償却の仕訳は次のようになります。

| （社債発行費償却） | 80 | （社 債 発 行 費） | 80 |

240円÷3年＝80円

● 決算時の処理②（社債利息の見越計上）

CASE78では、社債の利払日と決算日が一致している（＆利息の支払いの処理は適正に行われている）ので不要ですが、社債の利払日と決算日が異なる場合は、当期分の社債利息のうち、当期にまだ支払っていない金額（利払日が次期に到来するもの）について見越計上します。

| （社 債 利 息） | ×× | （未払社債利息） | ×× |

● 決算時の処理③（社債の帳簿価額の調整）

定額法による償却原価法を採用している場合には、決算において、社債の額面金額と払込金額との差額（金利調整差額）を償還期間にわたって月割りで償却します。

CASE78では、金利調整差額が300円（10,000円 − 9,700円）、償還期間が３年なので、社債の帳簿価額を調整する仕訳は次のようになります。

| （社 債 利 息） | 100 | （社　　　　債） | 100 |

300円÷3年＝100円

以上より、CASE78の仕訳は次のようになります。

CASE78の仕訳

社債発行費の償却 →

社債の帳簿価額の調整 →

| （社債発行費償却） | 80 | （社 債 発 行 費） | 80 |
| （社 債 利 息） | 100 | （社　　　　債） | 100 |

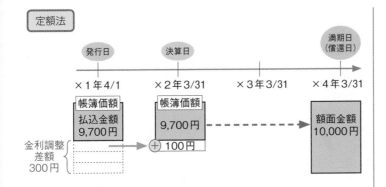

⇔ 問題集 ⇔
問題71

CASE 79 社 債

社債を償還したときの仕訳①
満期償還

ゴエモン株式会社

3年間、お金を貸して
くれてありがとう！

×4年3月31日。今日
は社債の満期日なので、
社債を償還しました。社債を
償還したときにはどんな処理
をするのでしょうか？

取引 ×4年3月31日 満期日につき、次の条件で発行した社債（前期末の帳簿価額は9,900円）を償還し、額面金額と最終回の利息を当座預金口座から支払った。なお、決算日は3月31日で、社債の額面金額と払込金額との差額（金利調整差額）は償却原価法（定額法）によって処理しており、過年度における社債の処理は適正に行われている。

[条 件]
1. 発 行 日：×1年4月1日　　2. 満 期 日：×4年3月31日
3. 額面金額：10,000円　　　　4. 払込金額：9,700円
5. 利 払 日：毎年9月末日と3月末日
6. クーポン利子率：年2.4%

社債の償還とは？

社債は借入金の一種なので、一定期間後に社債の購入者にお金を返さなければなりません。これを**社債の償還**といいます。

社債の償還方法には、**満期償還**、**買入償還**がありますが、CASE79は満期償還なので、まずは満期償還の処理についてみてみましょう。

満期償還の処理

　社債を満期日に償還するときは、**額面金額で償還**します。そこで、まずはまだ償却していない金利調整差額を社債の帳簿価額に加減して、社債の帳簿価額を額面金額に一致させます。

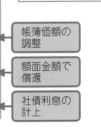額面金額を社債の購入者に支払います。

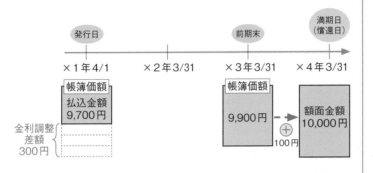

| （社 債 利 息） | 100 | （社　　　　　　債） | 100 | ◀ 300円÷3年＝100円 |

　そして、額面金額で社債を償還します。

| （社　　　　　　債） | 10,000 | （当 座 預 金） | 10,000 |

　さらに、社債利息を計上します。

| （社 債 利 息） | 120 | （当 座 預 金） | 120 |

$$10,000円 \times 2.4\% \times \frac{6カ月}{12カ月} = 120$$

　なお、社債の償還時に社債発行費を償却することもあります。

　以上より、CASE79の仕訳は次のようになります。

⬤ 問題集 ⬤
問題72

CASE79の仕訳

（社 債 利 息）	100	（社　　　　　　債）	100	◀ 帳簿価額の調整
（社　　　　　　債）	10,000	（当 座 預 金）	10,000	◀ 額面金額で償還
（社 債 利 息）	120	（当 座 預 金）	120	◀ 社債利息の計上

社債を償還したときの仕訳②
買入償還

資金的に余裕ができたから、社債を償還してしまおうかな？

社債は、発行していると利息を支払わなければならないので、早めに償還してしまうほうが会社にとって得な場合もあります。
資金的に余裕ができたので、満期日前ですが、今日、社債を償還することにしました。

取引 ×2年6月30日（決算日は3月31日）　×1年4月1日に発行した社債（額面総額10,000円、払込金額9,700円、発行期間3年、前期末の帳簿価額9,800円）を額面100円につき98.6円で買入償還し、代金は当座預金口座から支払った。なお額面金額と払込金額との差額（金利調整差額）は償却原価法（定額法）によって償却している。

- -

用語 **買入償還**…社債を満期日前に時価で買い入れること

社債の買入償還とは？

　社債を発行している間は、会社は利息を支払わなければなりません。そこで、資金的に余裕ができたら、社債を満期日前に償還してしまうほうが、会社にとって有利な場合があります。
　社債を満期日前に償還するときは、時価で市場から買い入れるため、これを**社債の買入償還**といいます。

買入償還時の仕訳①（社債の帳簿価額の調整）

当期分は4月1日（当期首）から6月30日（買入償還日）の3カ月分ですね。

　社債を買入償還したときは、当期分の金利調整差額を社債の帳簿価額に加減し、買入時の社債の帳簿価額を計算します。

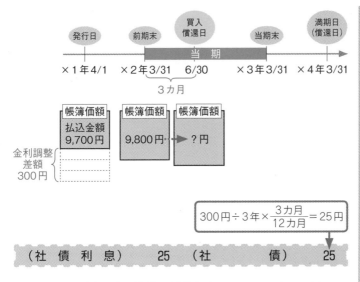

$$300円 ÷ 3年 × \frac{3カ月}{12カ月} = 25円$$

（社 債 利 息）	25	（社 　　 債）	25

以上より、買入時の社債の帳簿価額は9,825円（9,800円 + 25円）となります。

買入償還時の仕訳②（社債の買入償還の処理）

次に、買入償還の仕訳をします。

社債の買入償還は、買入時の**社債（負債）の帳簿価額**（9,825円）**を減らし**、買入金額と帳簿価額との差額は**社債償還損（特別損失）**または**社債償還益（特別利益）**で処理します。

以上より、CASE80の仕訳は次のようになります。

CASE80の仕訳

（社 債 利 息）	25	（社 　　 債）	25	◀ 帳簿価額の調整

（社 　　 債）	9,825	（当 座 預 金）	9,860	◀ 社債の償還
（社 債 償 還 損） 特別損失	35			

貸借差額

$$10,000円 × \frac{98.6円}{100円} = 9,860円$$

⊖ 問題集 ⊖
問題73

第15章

純資産（資本）

株式を発行したり、剰余金を配当・処分したときの処理は
2級でも学習したけど、配当できる金額には制限があるらしい…。
また、自社が発行した株式を取得したり、
株式を買う権利（新株予約権）を与えたりできるんだって！
こんなとき、どんな処理をするのかなぁ…。

ここでは、株式の発行、剰余金の配当・処分、株主資本の計数変動、
自己株式、新株予約権について学習します。

株式会社とは？

ゴエモン㈱には、株主総会、取締役会、監査役という機関がありますが、これらの機関は何をするための機関なのでしょう？
株式会社については2級でも学習しましたが、ここで再度確認しておきましょう。

株式会社とは？

株式会社とは、**株式**を発行することによって、多額の資金を集めて営む企業形態をいいます。

事業規模が大きくなると、多くの元手が必要となります。そこで、必要な資金を集めるため、株式を発行して多数の人から少しずつ出資してもらうのです。

> 株主の権利は平等とされていますが、例外として、配当条件等が有利な優先株など、普通株式とは権利内容の異なった株式を発行することもできます。

株主と取締役

株式会社では、出資してくれた人を**株主**といいます。株主からの出資があって会社が成り立つので、株主は会社の所有者（オーナー）ともいわれます。

したがって、株主は会社の方向性についても口を出せますし、究極的には会社を解散させることもできます。

　しかし、株主は何万といるわけですから、株主が直接、日々の会社の経営を行うことはできません。

　そこで、株主は出資した資金を経営のプロである**取締役**に任せ、日々の会社の経営は取締役が行います。

これを所有（株主）と経営（取締役）の分離といいます。

　また、株主からの出資があって会社が成り立ち、利益を得ることができるので、会社が得た利益は株主に分配（**配当**といいます）されます。

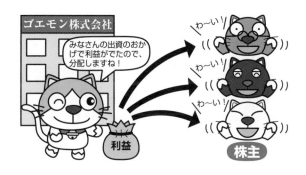

取締役会、株主総会、監査役

　会社には何人かの取締役がいます。そして、取締役は**取締役会**を構成し、取締役会で会社の経営方針を決めていきます。

　なお、会社の基本的な経営方針や利益の使い道（株主への配当など）は、株主が集まる**株主総会**で決定されます。

　また、取締役が株主の意図に背いた経営を行わないように監視する機関を**監査役**といいます。

CASE 82

純資産の部

これから貸借対照表の純資産の部について学習していきますが、純資産の部にはどんな項目があるのかを先にみておきましょう。

純資産の部

貸借対照表上、純資産の部はさらに**株主資本、評価・換算差額等、新株予約権**に分かれます。このうち、株主資本と評価・換算差額等をあわせたものを株主持分といいます。

株主持分に対して、負債の部を債権者持分といいます。

貸 借 対 照 表

資 産 の 部	負 債 の 部	
	純資産の部	
	Ⅰ　株 主 資 本	A
	Ⅱ　評価・換算差額等	B
	Ⅲ　新 株 予 約 権	C

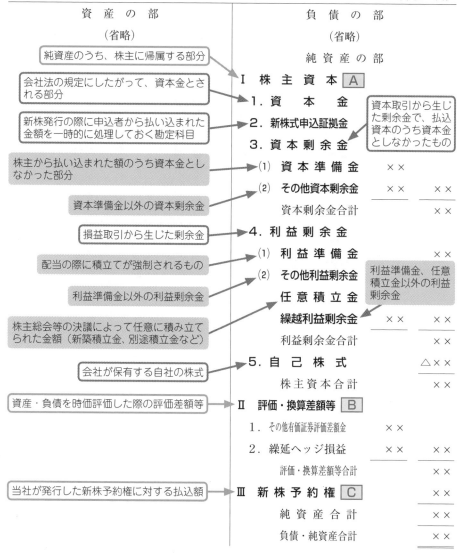

貸 借 対 照 表

ゴエモン㈱　　　　×2年3月31日　　　　　（単位：円）

資 産 の 部	負 債 の 部
（省略）	（省略）

純 資 産 の 部

純資産のうち、株主に帰属する部分

Ⅰ　株 主 資 本　A

会社法の規定にしたがって、資本金とされる部分

1．資 本 金

新株発行の際に申込者から払い込まれた金額を一時的に処理しておく勘定科目

2．新株式申込証拠金

3．資 本 剰 余 金

資本取引から生じた剰余金で、払込資本のうち資本金としなかったもの

株主から払い込まれた額のうち資本金としなかった部分

(1)　資 本 準 備 金　　××

資本準備金以外の資本剰余金

(2)　その他資本剰余金　　×× 　　××

資本剰余金合計　　××

損益取引から生じた剰余金

4．利 益 剰 余 金

配当の際に積立てが強制されるもの

(1)　利 益 準 備 金　　　　××

利益準備金以外の利益剰余金

(2)　その他利益剰余金

利益準備金、任意積立金以外の利益剰余金

任 意 積 立 金

株主総会等の決議によって任意に積み立てられた金額（新築積立金、別途積立金など）

繰越利益剰余金　　×× 　　××

利益剰余金合計　　××

会社が保有する自社の株式

5．自 己 株 式　　△××

株主資本合計　　××

資産・負債を時価評価した際の評価差額等

Ⅱ　評価・換算差額等　B

1．その他有価証券評価差額金　　××

2．繰延ヘッジ損益　　×× 　　××

評価・換算差額等合計　　××

当社が発行した新株予約権に対する払込額

Ⅲ　新 株 予 約 権　C　　××

純 資 産 合 計　　××

負債・純資産合計　　××

CASE 83

申込証拠金を受け取ったときの仕訳

募集開始 　　　 申込日

これって、まだ資本金じゃないの？

ゴエモン株式会社

申込み

取締役会で新たに20株の株式を発行することが決まり、株主を募集したところ、全株式について申込みがありました。申込みと同時に払込みを受けていますが、この払込金額はどのように処理するのでしょうか？

> **取引** 増資のため、株式20株を1株あたり10円で発行することとし、株主を募集したところ、申込期日までに全株式が申し込まれ、払込金額の全額を申込証拠金として受け入れ、別段預金とした。

● 増資の流れ

　増資（会社の設立後に新株を発行して資本金を増やすこと）をするときには、まず一定期間（**申込期間**）を設けて株主を募集します。

　そして、会社は申込者の中からだれを株主とするかを決め、株主には株式を割り当てます。

> 20株の募集に対して、30株の申込みがあったときは、10株分の申込者は株主になれません。

ゴエモン株 あなたとあなたに株式を割り当てます。

株式

株式

あなたは残念ですが・・・ 申込証拠金

●申込証拠金を受け取ったときの仕訳

　株式の申込者から払込金額を受け取っても、株式を割り当てなかった申込者に対しては、その払込金額を返さなければなりません。

　そこで、株式を割り当てる前に申込者から受け取った払込金額（**申込証拠金**）は、まだ資本金としないで、**新株式申込証拠金**で処理しておきます。

　また、申込者から申込証拠金として払い込まれた現金や預金は、会社の資産である当座預金などとは区別して、**別段預金（資産）**として処理しておきます。

CASE83の仕訳

（別　段　預　金）　200　　（新株式申込証拠金）　　　200

あとで返すかもしれないお金なので、この時点ではまだ資本金や当座預金では処理できません。

@10円×20株＝200円

CASE 84

払込期日の仕訳

これをど〜する?

払込金額

今回の増資では、申込者全員に株式を割り当てることにしました。

そして、今日は募集した株式の払込期日。

このときはどんな処理をするのでしょう?

取引 払込期日となり、申込証拠金200円を増資の払込金額に充当し、同時に別段預金を当座預金とした。なお、払込金額のうち「会社法」で認められている最低額を資本金とすることとした。

払込期日の仕訳

会社は申込者の中からだれを株主にするのかを決めて、株式を割り当てます。そして、払込期日において、**新株式申込証拠金を資本金に振り替える**とともに、**別段預金を当座預金などに預け替えます**。

なお、原則として払込金額の全額を資本金として処理しなければなりませんが、払込金額のうち最高2分の1までは資本金にしないことが認められています。

> 要するに払込金額のうち最低2分の1は資本金にしなければならないということです。

払込金額のうち資本金としなかった金額については、**資本準備金**(株式払込剰余金)で処理します。

株式を発行したときの処理

●原則…払込金額の全額を資本金で処理
●容認…払込金額のうち最低2分の1を資本金とし、残額は資本準備金（株式払込剰余金）で処理

CASE84の仕訳

$$200円 \times \frac{1}{2} = 100円$$

| （新株式申込証拠金） | 200 | （資　本　金） | 100 |
| | | （資本準備金） | 100 |

$$200円 \times \frac{1}{2} = 100円$$

| （当　座　預　金） | 200 | （別　段　預　金） | 200 |

貸　借　対　照　表

資　産　の　部	負　債　の　部
	純資産の部
	I　株　主　資　本
	1.　資　本　金
	2.　資　本　剰　余　金
	(1)　資　本　準　備　金

⇔ 問題集 ⇔
問題74、75

剰余金を配当・処分したときの仕訳

株式会社では、利益は出資してくれた株主のものだから、その使い道については、株主の承認が必要とのこと。

そこで、ゴエモン㈱も株主総会を開き、利益の使い道について株主から承認を得ることにしました。

| 取引 | ×2年6月20日　ゴエモン㈱の第1期株主総会において、繰越利益剰余金1,000円を次のように配当・処分することが承認された。 |

株主配当金 500円　利益準備金50円　別途積立金 200円

剰余金の配当と処分

剰余金の配当や処分は、経営者が勝手に決めることはできず、株主総会の承認が必要です。

　株式会社では、会社の利益（剰余金）は出資者である株主のものです。ですから、会社の利益は株主に配当として分配する必要があります。

　しかし、すべての利益を配当として分配してしまうと、会社に利益が残らず、会社が成長することができません。そこで、剰余金のうち一部を社内に残しておくことができます。また、会社法の規定により、積立てが強制されるもの（利益準備金など）もあります。

会社に残った利益を留保利益といいます。

剰余金の配当・処分をしたときの仕訳

　株主総会で剰余金の配当や処分の額が決まったときには、剰余金の勘定からそれぞれの勘定科目に振り替えます。

CASE85では、繰越利益剰余金からの配当・処分が決まったので、繰越利益剰余金からそれぞれの勘定科目に振り替えます。

ただし、株主配当金は、株主総会の場では金額が決定しただけで支払いは後日となるので、**未払配当金（負債）** で処理します。

CASE85の仕訳

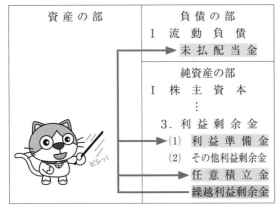

（繰越利益剰余金）　750　（未　払　配　当　金）　500
　　　　　　　　　　　　　（利　益　準　備　金）　　50
　　　　　　　　貸方合計　（別　途　積　立　金）　200
　　　　　　　　　　　　　　　　任意積立金

貸　借　対　照　表

資産の部	負債の部
	I　流　動　負　債
	未　払　配　当　金
	純資産の部
	I　株　主　資　本
	⋮
	3. 利　益　剰　余　金
	(1) 利　益　準　備　金
	(2) その他利益剰余金
	任　意　積　立　金
	繰越利益剰余金

⇔ 問題集 ⇔
問題76

利益準備金の積立額の計算

利益準備金を積み立ててね。

って・・・。いくらを？

先のCASE85で、「利益準備金などは会社法によって積立てが強制されている」と学習しましたが、「会社法」ではいくらを積み立てるように規定されているのでしょう？

取引 ×3年6月21日 ゴエモン㈱の第2期株主総会において、繰越利益剰余金2,000円を次のように配当・処分することが承認された。
　　株主配当金 1,000円　利益準備金 ?円　別途積立金 200円
なお、×3年3月31日（決算日）現在の資本金は4,000円、資本準備金は250円、利益準備金は50円であり、株主総会の日までに純資産の変動はない。

● 会社法で規定する利益準備金の積立額はいくら？

　会社の利益（剰余金）は株主のものですが、配当を多くしすぎると現金などが会社から多く出ていってしまい、会社の財務基盤が弱くなってしまいます。

　そこで、「会社法」では「**資本準備金と利益準備金の合計額が資本金の4分の1に達するまで、配当金の10分の1を準備金（利益準備金、資本準備金）として積み立てなければならない**」という規定を設けて、利益準備金または資本準備金を強制的に積み立てるようにしています。

　なお、この規定を簡単な式で表すと、次のようになります。

配当財源がその他利益剰余金（繰越利益剰余金）の場合は利益準備金を、配当財源がその他資本剰余金の場合は資本準備金を積み立てます。

準備金積立額

① $資本金 \times \dfrac{1}{4} - (資本準備金 + 利益準備金)$

② $株主配当金 \times \dfrac{1}{10}$

いずれか
小さい金額

CASE86では、配当財源が繰越利益剰余金（その他利益剰余金）なので、利益準備金を積み立てます。

利益準備金積立額

① $\underset{資本金}{4,000円} \times \dfrac{1}{4} - (\underset{資本準備金}{250円} + \underset{利益準備金}{50円}) = \boxed{700円}$

② $\underset{株主配当金}{1,000円} \times \dfrac{1}{10} = \boxed{100円}$ 　いずれか小さい金額
→100円

CASE86の仕訳

（繰越利益剰余金）	1,300	（未 払 配 当 金）	1,000
		（利 益 準 備 金）	100
		（別 途 積 立 金）	200

貸方合計

⇔ 問題集 ⇔
問題77

CASE 87

株主資本の計数変動

貸 借 対 照 表

資 産 の 部	負 債 の 部
	純資産の部
	I　株 主 資 本
	1.資　　本　　金
	2.資 本 剰 余 金
	(1)資 本 準 備 金
	(2)その他資本剰余金
	3.利 益 剰 余 金
	(1)利 益 準 備 金
	(2)その他利益剰余金

増資や配当以外にも株主資本の金額が増減する取引があります。ここではCASE86までに学習した株主資本の変動以外のものをみていきましょう。

取引 (1)　資本準備金200円を資本金に振り替えた。

(2)　繰越利益剰余金△100円をてん補するために資本金100円を取り崩した。

株主資本の計数変動

　資本準備金を資本金に振り替えるなど、株主資本内の金額の移動を**株主資本の計数変動**といいます。

　株主資本の計数変動には、次のものがあります。

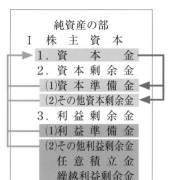

準備金（資本準備金、利益準備金）、剰余金（その他資本剰余金、その他利益剰余金）から資本金への振替え

資本金から資本準備金、その他資本剰余金への振替え

純資産の部
I　株 主 資 本
　1.資　　本　　金
　2.資 本 剰 余 金
　(1)資 本 準 備 金
　(2)その他資本剰余金
　3.利 益 剰 余 金
　(1)利 益 準 備 金
　(2)その他利益剰余金
　　任 意 積 立 金
　　繰越利益剰余金

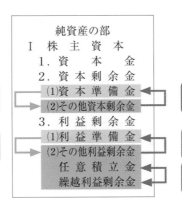

純資産の部
I 株主資本
　1. 資　本　金
　2. 資本剰余金
　　(1)資本準備金
　　(2)その他資本剰余金
　3. 利益剰余金
　　(1)利益準備金
　　(2)その他利益剰余金
　　　任意積立金
　　　繰越利益剰余金

資本準備金からその他資本剰余金への振替え

利益準備金からその他利益剰余金への振替え

その他資本剰余金から資本準備金への振替え

その他利益剰余金から利益準備金への振替え

剰余金の内訳科目間の振替え

● 欠損とは？

　欠損とは、株主資本の金額が資本金と準備金（資本準備金＋利益準備金）の合計額を下回ることをいい、その他利益剰余金（繰越利益剰余金）がマイナスである状態をいいます。

　欠損が生じている場合には、資本金や資本剰余金を取り崩して、欠損をてん補することができます。

純資産の部
I 株主資本
　1. 資　本　金
　2. 資本剰余金
　(1)資本準備金
　(2)その他資本剰余金
　3. 利益剰余金
　(1)利益準備金
　(2)その他利益剰余金
　　任意積立金
　　繰越利益剰余金

欠損てん補の場合には、資本金や資本剰余金を取り崩すことができます。

CASE87の仕訳

(1)

（資本準備金）　200　（資　本　金）　200

(2)

（資　本　金）　100　（繰越利益剰余金）　100

⇔ 問題集 ⇔
問題78

自己株式を取得したときの仕訳

ゴエモン㈱は、市場に
流通する自社発行の株
式を取得しました。
この場合は、どのような処理
をするのでしょうか？

取引 ゴエモン㈱は自己株式10株を1株@100円で取得し、手数料20円
とともに小切手を振り出して支払った。

用語 **自己株式**…自社が発行した株式を取得したときの、その株式のこと

自己株式とは？

　会社は資金調達のため、株式を発行しますが、市場に多くの
株式があると他社に買収される可能性があります。

　また、会社は取引の円滑化等の理由で取引先とお互いの株式
を持ち合うこと（**株式持合い**といいます）がありますが、株式
持合いが解消され、株式が売却されると株価が下がる恐れがあ
ります。

　このように、買収を防衛したり、株価を安定させるためなど
の目的で、会社は自社が発行した株式を買い入れることがあり
ます。

　このとき買い入れた自社発行の株式を**自己株式**といいます。

自己株式を取得したときの仕訳

自己株式を取得したときは、**取得原価**で「**自己株式**」として処理します。また、自己株式を取得する際にかかった手数料は**支払手数料（営業外費用）**で処理します。

他社の株式を取得する際にかかった手数料は、有価証券の取得原価に含めましたよね。違いに注意！

以上より、CASE88の仕訳は次のようになります。

CASE88の仕訳　$@100円×10株＝1,000円$

（自 己 株 式）	1,000	（当 座 預 金）	1,020
（支 払 手 数 料）	20		

自己株式の貸借対照表上の表示

株式を発行したときは、株主資本が増加します。反対に、自己株式を取得したときは、株主資本の減少となるので、期末において自己株式を所有するときは、貸借対照表上、純資産の部の「株主資本」に**控除形式**で表示します。

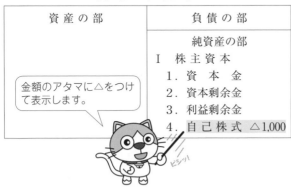

貸 借 対 照 表

資 産 の 部	負 債 の 部
	純資産の部
	I 株主資本
	1. 資 本 金
	2. 資本剰余金
	3. 利益剰余金
	4. 自己株式 △1,000

金額のアタマに△をつけて表示します。

なお、期末に保有する**自己株式**については、**決算において評価替えをしない**ことに注意しましょう。

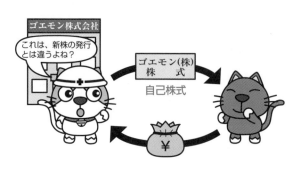

自己株式を処分したときの仕訳

これは、新株の発行とは違うよね？

ゴエモン㈱は、所有する自己株式（1株あたりの帳簿価額は@100円）を@120円で売却しました。
この場合は、どんな処理をするのでしょうか？

取引　ゴエモン㈱は所有する自己株式（取得原価@100円、10株）を、1株120円で募集株式の発行手続を準用して処分し、払込金を当座預金に預け入れた。

●自己株式を処分したときの仕訳

　会社は所有する自己株式を処分（売却）することができます。

　自己株式を処分したときは、所有する自己株式の帳簿価額（取得原価）を減らします。

　また、処分対価と自己株式の帳簿価額との差額（**自己株式処分差益**または**自己株式処分差損**）は、**その他資本剰余金**で処理します。

CASE89の仕訳

@100円×10株＝1,000円

（当 座 預 金）　1,200　（自 己 株 式）　1,000
　　　　　　　　　　　　（その他資本剰余金）　200
　　　　　　　　　　　　　　自己株式処分差益

@120円×10株＝1,200円

貸借差額

⇔ 問題集 ⇔
問題79

自己株式

自己株式を消却したときの仕訳

取締役会で、所有する自己株式の消却が決定し、今日、すべての消却手続が完了しました。そこで、自己株式の消却の処理をすることにしました。

> **取引** 本日、所有する自己株式（帳簿価額200円）の消却手続がすべて完了した。なお、その他資本剰余金の残高は1,000円である。

● 自己株式を消却したときの仕訳

　自己株式を消滅させることを**自己株式の消却**といいます。

　自己株式を消却したときは、自己株式の帳簿価額を**その他資本剰余金から減額**します。

CASE90の仕訳

（その他資本剰余金）	200	（自　己　株　式）	200

　なお、自己株式の消却は取締役会で決定し、すべての消却手続が完了したときに処理します。

⊖ **問題集** ⊖
問題80

CASE 91

分配可能額の計算

配当額に
規制があるのか…。

その他資本剰余金　その他利益剰余金

会社法

ゴエモン㈱では、×2年度の株主総会で提案する株主配当金を計算しています。株主のためには、剰余金のすべてを配当するのがよいのかと思って調べてみたところ、どうやら配当できる金額には規制があるようです。

例 次の資料にもとづき、ゴエモン㈱の×3年6月21日の株主総会における分配可能額を計算しなさい。

[資　料]

1．×2年度の貸借対照表

貸　借　対　照　表

ゴエモン㈱　　　　×3年3月31日　　　（単位：万円）

資　　産	11,040	負　　　　債	2,500
		資　本　金	4,800
		資　本　準　備　金	600
		その他資本剰余金	1,290
		利　益　準　備　金	350
		任　意　積　立　金	800
		繰越利益剰余金	1,200
		自　己　株　式	△600
		その他有価証券評価差額金	100
	11,040		11,040

2．期中取引

①×3年4月28日に自己株式200万円を210万円で処分し、代金は当座預金口座に預け入れた。

②×3年5月1日に繰越利益剰余金40万円を利益準備金に振り替えた。

分配可能額の計算

会社法では、債権者を保護するため、配当できる金額に上限を設けています。この配当できる金額の上限を**分配可能額**といいます。

分配時の剰余金の計算

分配可能額を計算するには、まず分配時の剰余金を計算する必要があります。

なお、分配可能額を算定する際の剰余金とは、その他資本剰余金とその他利益剰余金（任意積立金、繰越利益剰余金）の合計額をいいます。

(1) 前期末の剰余金

CASE91の貸借対照表より、×2年度末における剰余金を計算すると次のようになります。

前期末の剰余金

$$1,290万円 + 800万円 + 1,200万円 = 3,290万円$$

その他資本　　任意積立金　　繰越利益
剰余金　　　　　　　　　　剰余金

(2) 分配時の剰余金

前期末の剰余金に［資料］2の期中取引の金額を加減して、分配時の剰余金を計算してみましょう。

①

（当座預金）	210	（自己株式）	200
		（その他資本剰余金）	10

貸借差額

②

（繰越利益剰余金）	40	（利益準備金）	40

会社法の規定どおりのことばや計算式を用いると非常に難しいので、ここではわかりやすいことば、計算式で説明します。

前期末の剰余金は「資産＋自己株式－（負債＋資本金＋準備金＋株主資本以外の純資産項目）」によって計算した金額ですが、この金額は「その他資本剰余金＋その他利益剰余金」と一致します。

$$3,290 万円 + \underset{\substack{①その他資本\\剰余金}}{10 万円} - \underset{\substack{②繰越利益\\剰余金}}{40 万円} = 3,260 万円$$

● 分配可能額の計算

　分配可能額は、分配時の剰余金から**ⓐ分配時の自己株式の帳簿価額**、**ⓑ前期末から分配時までの自己株式の処分対価**、**ⓒのれん等調整額（一部）**、**ⓓその他有価証券評価差額金（マイナスの場合）** を控除した金額となります。

　　　　　　　　　　　　→分配時の剰余金

ⓐ分配時の自己株式の帳簿価額
ⓑ前期末から分配時までの自己株式の処分対価
ⓒ剰余金から控除するのれん等調整額
ⓓその他有価証券評価差額金（マイナスの場合）
分配可能額

　なお、のれん等調整額とは、のれんの2分の1と繰延資産を合計した金額をいいます。

$$のれん等調整額 = のれん \times \frac{1}{2} + 繰延資産$$

　CASE91では、**ⓐ**分配時の自己株式の帳簿価額は400万円（600万円－200万円）、**ⓑ**前期末から分配時までの自己株式の処分対価は210万円、**ⓒ**のれん等調整額は0万円です。なお、前期末の貸借対照表に**ⓓ**その他有価証券評価差額金がありますが、金額がプラスなので控除しません。

　以上より、CASE91の分配可能額は次のようになります。

$$3,260 万円 - 400 万円 - 210 万円 = 2,650 万円$$

```
        ┌─► 分配時の剰余金3,260万円
┌──────────────────────────────────────┐
│ ⓐ分配時の自己株式の帳簿価額              │
│   600万円 − 200万円 = 400万円           │
│ ┄┄┄┄┄┄┄┄┄┄┄┄┄┄┄┄┄┄┄┄┄┄┄┄┄┄┄┄┄┄┄┄┄┄┄┄ │
│ ⓑ前期末から分配時までの自己株式の処分対価  │
│   210万円                             │
│ ┄┄┄┄┄┄┄┄┄┄┄┄┄┄┄┄┄┄┄┄┄┄┄┄┄┄┄┄┄┄┄┄┄┄┄┄ │
│ ⓒ剰余金から控除するのれん等調整額         │
│   0万円                               │
│ ┄┄┄┄┄┄┄┄┄┄┄┄┄┄┄┄┄┄┄┄┄┄┄┄┄┄┄┄┄┄┄┄┄┄┄┄ │
│ ⓓその他有価証券評価差額金（マイナスの場合）  │
│   0万円                               │
├──────────────────────────────────────┤
│              分配可能額                 │
│              2,650万円                 │
└──────────────────────────────────────┘
```

純資産額300万円未満の分配規制

　会社の純資産（資産 − 負債）が**300万円未満の場合**は、**配当をすることができません**。また、純資産が300万円未満となってしまうような配当は行うことができません。

株主資本等変動計算書

株主資本等変動計算書は、株主資本等（純資産）の変動を表す財務諸表で、貸借対照表の純資産の部について項目ごとに、当期首残高、当期変動額、当期末残高を記載します。

なお、株主資本の変動額は、変動原因ごとに記載します。

株主資本等変動計算書の形式（一部）を示すと次のとおりです。

> 株主資本以外の当期変動額は純額で記載します。

株主資本等変動計算書
自×1年4月1日　至×2年3月31日
（単位：円）

	株主資本							評価・換算差額等		新株予約権	純資産合計
		資本剰余金		利益剰余金			自己株式	その他有価証券評価差額金	繰延ヘッジ損益		
	資本金	資本準備金	その他資本剰余金	利益準備金	その他利益剰余金						
					積立金	繰越利益剰余金					
当期首残高	50,000	5,000	2,000	5,000	2,000	10,000	△2,000	1,000	500	300	73,800
当期変動額											
新株の発行	2,500	2,500									5,000
剰余金の配当		100	△1,100	100		△1,100					△2,000
当期純利益						2,500					2,500
自己株式の取得							△180				△180
自己株式の処分			△10				220				210
株主資本以外の項目の当期変動額（純額）								600	300	500	1,400
当期変動額合計	2,500	2,600	△1,110	100	0	1,400	40	600	300	500	6,930
当期末残高	52,500	7,600	890	5,100	2,000	11,400	△1,960	1,600	800	800	80,730

新株予約権を発行したときの仕訳

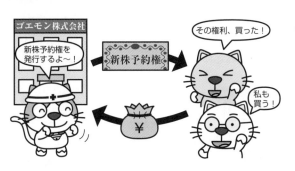

ゴエモン㈱は、一定の期間に一定の価額でゴエモン㈱の株式を買うことができる権利（新株予約権）を発行しました。
この場合、どんな処理をするのでしょう？

取引 ×1年4月1日、ゴエモン㈱は次の条件で新株予約権を発行した。なお、払込金額はただちに当座預金口座に預け入れた。

[条　件]
1. 新株予約権の発行数：10個（新株予約権1個につき20株）
2. 新株予約権の払込金額：1個につき500円
3. 行使価額：1株につき150円
4. 行使期間：×2年6月1日から×2年8月31日

用語 **新株予約権**…一定の期間にあらかじめ決められた価額で株式を買うことができる権利

新株予約権とは？

新株予約権とは、一定の期間（CASE92では×2年6月1日から×2年8月31日）にあらかじめ決められた価額（CASE92では@150円）で株式を買うことができる権利をいいます。権利取得者がこの権利を行使したときは、発行会社（ゴエモン㈱）は株式を発行しなければなりません。

> 自己株式を渡すこともあります。

● 新株予約権の流れとメリット

CASE92では、新株予約権の払込金額（権利取得者がゴエモン㈱に払う金額）が新株予約権1個につき、@500円です。したがって、新株予約権を1個買った権利取得者は、500円をゴエモン㈱に支払うことになります。

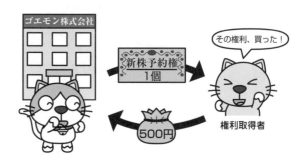

ここでは、新株予約権1個につき20株が付与されるという条件なので、この権利取得者が権利を行使したとき、20株（1個×20株）をゴエモン㈱から受け取ることができます。

また、権利取得者は権利行使にあたって、行使価額を支払わなければなりません。CASE92では行使価額が1株につき150円なので、この権利取得者が権利行使時に支払う金額は3,000円（@150円×20株）となります。

つまり、この権利取得者は3,500円（500円＋3,000円）でゴエモン㈱の株式20株を取得することになります。

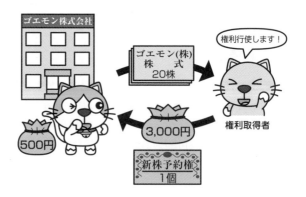

通常、株式は購入時の価格（時価）で売買されますが、新株予約権を行使すると、株式の時価にかかわらず一定金額で発行会社（ゴエモン㈱）の株式を取得できるのです。

したがって、発行会社（ゴエモン㈱）の株価が上昇した場合、権利取得者は権利を行使して時価よりも安い価額で株式を取得し、そして市場で売却すればもうけを得ることができるのです。

ここからは、新株予約権の発行者側（ゴエモン㈱）の処理を中心にみていきます。

新株予約権の発行時の処理

新株予約権を発行したときは、新株予約権の払込金額をもって**新株予約権**として処理します。

CASE92では新株予約権10個（払込金額は@500円）を発行しているので、次のような仕訳になります。

新株予約権の取得者側では、取得時に所有目的に応じて、その他有価証券または売買目的有価証券で処理します。

CASE92の仕訳

@500円×10個＝5,000円

（当 座 預 金） 5,000 （新 株 予 約 権） 5,000

なお、新株予約権は貸借対照表上、**純資産の部に表示**します。

権利行使されて、はじめて資本金等の増加となるので、まだ株主資本に含めることはできません。

貸 借 対 照 表

資産の部	負債の部
	純資産の部
	Ⅰ 株 主 資 本
	Ⅱ 評価・換算差額等
	Ⅲ 新 株 予 約 権

新株予約権の権利行使があったときの仕訳①

今日（×2年6月10日）、×1年4月1日に発行した新株予約権のうち6個について権利行使があったので、新株を発行することにしました。

この場合、どんな処理をするのでしょう？

取引　×2年6月10日　×1年4月1日に次の条件で発行した新株予約権のうち、6個（対応する新株予約権の帳簿価額：3,000円）について権利行使を受けたため、新株を発行した。なお、払込金額はただちに当座預金口座に預け入れ、会社法規定の最低限度額を資本金とした。

[条　件]
1．新株予約権の発行数：10個（新株予約権1個につき20株）
2．新株予約権の払込金額：1個につき500円
3．行使価額：1株につき150円
4．行使期間：×2年6月1日から×2年8月31日

新株予約権の行使時の仕訳①（新株の発行）

新株予約権が行使されたときは、行使された新株予約権の払込金額（CASE92で払い込まれた金額）と権利行使にともなう払込金額（CASE93で払い込まれた金額）の合計額を発行した株式の払込金額とします。

CASE93では、新株予約権6個について権利行使があったので、発行する株式は120株（6個×20株）です。そして、行使

> 権利行使分の新株予約権が減少します。

価額が@150円なので、権利行使にともなう払込金額は18,000円（@150円×120株）となり、払込金額の合計は21,000円（3,000円+18,000円）となります。

またCASE93では、払込金額のうち「会社法規定の最低限度額」を資本金とするため、払込金額のうち半分を資本金、残りを資本準備金として処理します。

> 権利行使分の新株予約権の帳簿価額は@500円×6個＝3,000円ですね。

CASE93の仕訳

$$(3,000円 + 18,000円) \times \frac{1}{2} = 10,500円$$

（新株予約権）	3,000	（資　本　　金）	10,500
（当座預金）	18,000	（資本準備金）	10,500

@150円×120株*＝18,000円
＊6個×20株＝120株

CASE 94

新株予約権の権利行使があったときの仕訳②

新株予約権が行使されたとき、新株を発行するのではなく、所有する自己株式を移転することもできます。

この場合の処理についてみてみましょう。

取引 ×2年6月10日 ×1年4月1日に次の条件で発行した新株予約権のうち、6個（対応する新株予約権の帳簿価額：3,000円）について権利行使を受けたため、自己株式（帳簿価額：@140円）を移転した。なお、払込金額はただちに当座預金口座に預け入れ、会社法規定の最低限度額を資本金とした。

[条　件]
1. 新株予約権の発行数：10個（新株予約権1個につき20株）
2. 新株予約権の払込金額：1個につき500円
3. 行使価額：1株につき150円
4. 行使期間：×2年6月1日から×2年8月31日

新株予約権の行使時の仕訳②（自己株式の移転）

新株予約権が行使されたとき、新株を発行するのではなく、自己株式を移転（処分）することもあります。

この場合、払込金額の合計額（新株予約権の払込金額＋権利行使にともなう払込金額）と自己株式の帳簿価額との差額は、**その他資本剰余金**（**自己株式処分差益**または**自己株式処分差損**）で処理します。

@140円×120株＝16,800円

（新株予約権）	3,000	（自　己　株　式）	16,800
（当　座　預　金）	18,000	（その他資本剰余金）	4,200

自己株式処分差益

@150円×120株＊＝18,000円
＊6個×20株＝120株

貸借差額

新株予約権

新株予約権の権利行使期間が
満了したときの仕訳

権利行使が、
なかった分の処理は？

未行使分
4個

×2年
9/1

×1年4月1日に発行
した新株予約権のうち
4個については権利行使がない
まま、権利行使期間が終了
しました。
この場合、どんな処理をした
らよいのでしょう？

取引　×1年4月1日に次の条件で発行した新株予約権のうち、4個（対
応する新株予約権の帳簿価額：2,000円）について権利行使がない
まま、権利行使期間が満了した。

[条　件]
1．新株予約権の発行数：10個（新株予約権1個につき20株）
2．新株予約権の払込金額：1個につき500円
3．行使価額：1株につき150円
4．行使期間：×2年6月1日から×2年8月31日

●権利行使期間が満了したときの仕訳

権利行使がない場
合でも、新株予約
権の発行時に受け
取った払込金額は
取得者に返しませ
ん。

　新株予約権の取得者から権利行使がないまま、権利行使期間
が満了した場合には、権利行使がなかった新株予約権の帳簿価
額を**新株予約権戻入益（特別利益）**に振り替えます。

CASE95の仕訳

⇔ 問題集 ⇔
問題81

（新株予約権）　2,000　（新株予約権戻入益）　2,000
特別利益

新株予約権付社債とは?

これと…

これをくっつける?

社　債

新株予約権

ゴエモン㈱では資金調達のため、社債を発行しようとしています。よりスムーズな資金調達ができるようにしたいと思い、調べてみたら、新株予約権を社債につけて発行するという手もあるようです。

新株予約権付社債とは?

新株予約権がついた社債を**新株予約権付社債**といいます。

新株予約権付社債は、はじめは社債として機能するので、新株予約権付社債の取得者は、発行会社(ゴエモン㈱)から利息を受け取ることができます。

さらに、一定期間(権利行使期間)中に新株予約権を行使して、株式を受け取ることができます。

また、取得者は新株予約権を行使しないで社債としてずっと持ちつづけることもできます。

このように新株予約権付社債は、社債と株式の両方の側面をもち、取得者の選択の幅が広がるので、会社にとって資金調達がしやすいというメリットがあります。

> 選択の幅が広いほうが、投資者(取得者)にとってより魅力的なので、会社にとっては資金調達がしやすくなるわけです。

新株予約権付社債の種類

新株予約権付社債には、(1)**転換社債型新株予約権付社債**と、(2)**転換社債型以外の新株予約権付社債(その他の新株予約権付社債)**があります。

(1) 転換社債型新株予約権付社債

新株予約権の行使時に、現金等による払込みに代えて、社債による払込み（**代用払込**）とすることがあらかじめ決められている新株予約権付社債を、**転換社債型新株予約権付社債**といいます。

社債による代用払込があらかじめ決められているかどうかによって「転換社債型」か「その他」かに分かれます。

(2) その他の新株予約権付社債

新株予約権付社債には、新株予約権の行使時に、社債による払込みとすることがあらかじめ決められていないものがあります。

このような新株予約権付社債（**その他の新株予約権付社債**）は、新株予約権の行使時に現金等による払込みか、社債による代用払込が行われます。

新株予約権付社債

新株予約権付社債を発行したときの仕訳（区分法）

ゴエモン㈱は新株予約権付社債を発行しました。この新株予約権付社債は、新株予約権の権利行使時に現金等による払込みも、社債による代用払込もできるものです。
この場合の処理はどのようになるのでしょう？

取引 ×1年4月1日　ゴエモン㈱は次の条件により、新株予約権付社債（転換社債型以外）を発行した。なお、払込金額はただちに当座預金口座に預け入れた。

［条　件］
1. 社債額面金額：10,000円（100口）
2. 払込金額：社債の払込金額は額面100円につき90円
　　　　　　　新株予約権の払込金額は1個につき10円
3. 付与割合：社債1口につき1個の新株予約権を発行
　　　　　　　（新株予約権1個につき2株）
4. 行使価額：1株につき50円

新株予約権付社債の処理方法

　新株予約権付社債の処理方法には、新株予約権と社債を分けて処理する方法（区分法）と新株予約権と社債を分けずに処理する方法（一括法）があります。

　転換社債型新株予約権付社債は**区分法**または**一括法**で処理しますが、その他の新株予約権付社債は**区分法**で処理します。

いずれも発行者側（ゴエモン㈱）の処理です。

新株予約権付社債の処理方法（発行者側）
①転換社債型　→　区分法または一括法
②そ　の　他　→　区分法

● 新株予約権付社債を発行したときの仕訳（区分法）

CASE97の新株予約権付社債は、その他の新株予約権付社債です。

その他の新株予約権付社債は区分法で処理するため、払込金額を社債分と新株予約権分に分けて処理します。

CASE97の仕訳（区分法）

$$10,000円 \times \frac{90円}{100円} = 9,000円$$

（当 座 預 金） 10,000 （社　　　　　債） 9,000
　　　　　　　　　　　　（新 株 予 約 権） 1,000

貸方合計

社債1口につき新株予約権1個（@10円）なので、新株予約権の発行数は100個（1個×100口）。
@10円×100個＝1,000円

社債部分について通常の社債の処理をするということです。
ここでは社債の処理については省略します。

なお、社債の利払日には利息の支払いの処理をします。また、社債を額面金額と異なる金額で発行した場合は、額面金額と払込金額との差額（金利調整差額）を決算日または利払日に調整します。

参考

取得者側の処理方法

新株予約権付社債を取得したときは、次のように処理します。

新株予約権付社債の処理方法（取得者側）
①転換社債型　→　一括法
②そ　の　他　→　区分法

新株予約権付社債の権利行使があったときの仕訳（区分法）

×1年4月1日に発行した新株予約権付社債（転換社債型以外）のうち、60%について権利行使があったので、新株を発行することにしました。
この場合の処理はどのようになるのでしょう？

取引 ×1年4月1日に次の条件で発行した新株予約権付社債（転換社債型以外）のうち、60%について権利行使を受けたため、新株を発行した。なお、払込金額はただちに当座預金口座に預け入れ、その全額を資本金とした。また、権利行使時の新株予約権の帳簿価額は1,000円、社債の帳簿価額は9,400円とする。

[条 件]
1. 社債額面金額：10,000円（100口）
2. 払 込 金 額：社債の払込金額は額面100円につき90円
　　　　　　　　　新株予約権の払込金額は1個につき10円
3. 付 与 割 合：社債1口につき1個の新株予約権を発行
　　　　　　　　　（新株予約権1個につき2株）
4. 行 使 価 額：1株につき50円

● 権利行使があったときの仕訳（区分法）

CASE98では、新株予約権付社債のうち60%について権利行使がされています。したがって、権利行使がされた分（60%分）の新株予約権を減らします。

（新 株 予 約 権）	600

$$1,000円 × 60\% = 600円$$

またCASE98では、新株予約権1個につき2株が付与されているので、発行する株式数は120株（100個×60%×2株）となります。

そして、行使価額が@50円なので、権利行使にともなう払込金額は6,000円（@50円×120株）となります。この払込金額はただちに当座預金口座に預け入れているので、当座預金の増加として処理します。

社債による代用払込ではないので、社債は減少しません。

「払込金額は～全額を資本金とした」より、全額（借方合計）を資本金として処理します。

CASE98の仕訳（区分法）

（新 株 予 約 権）	600	（資　　本　　金）	6,600
（当 座 預 金）	6,000		

$$@50円 × 120株^* = 6,000円$$
$$*\ 100個 × 60\% × 2株 = 120株$$

なお、権利行使時の払込みが社債によって行われた場合（社債による代用払込の場合）、株式を発行するかわりに社債（負債）がなくなったとして、社債の帳簿価額を減らします。

したがって、仮にCASE98が社債による代用払込であったとした場合、次のような仕訳になります。

通常の社債の償還と同様に考えるので、金利調整差額がある場合は、当期分の金利調整差額を償却したあとの社債の帳簿価額を減らします。

社債による代用払込の場合の仕訳

（新 株 予 約 権）	600	（資　　本　　金）	6,240
（社　　　　　債）	5,640		

$$9,400円 × 60\% = 5,640円$$

借方合計

⇔ 問題集 ⇔
　問題82

新株予約権付社債

新株予約権付社債の権利行使期間が満了したときの仕訳（区分法）

権利行使期間が過ぎた場合の処理をみてみよう！

×1年4月1日に発行した新株予約権付社債（転換社債型以外）のうち10％について権利行使がないまま、権利行使期間が終了しました。

この場合、どんな処理をしたらよいのでしょう？

取引 ×1年4月1日に発行した新株予約権付社債のうち10％（対応する新株予約権の帳簿価額は100円）について権利行使がないまま、権利行使期間が満了した（社債の償還期限は到来していない）。

権利行使期間が満了したときの仕訳

新株予約権付社債の取得者から権利行使がないまま、権利行使期間が満了した場合には、権利行使がなかった新株予約権の帳簿価額を**新株予約権戻入益（特別利益）**に振り替えます。

CASE99の仕訳

（新株予約権）	100	（新株予約権戻入益）	100

なお、新株予約権の権利行使期間が満了しても、社債の償還日までは、社債は償還されないので、社債についてはなんの処理もしません。

一括法の処理

(1) 区分法と一括法

CASE98で学習したように、転換社債型以外の新株予約権付社債（その他の新株予約権付社債）は、新株予約権の行使時に必ずしも社債によって代用払込がされるわけではありません。

社債による代用払込の場合は、新株予約権の行使によって社債がなくなりますが、現金等による払込みの場合は、新株予約権の行使後も社債は存在します。

現金等による 払込みの場合	（新　株　予　約　権）　600	（資　　本　　金）　6,600
	（当　座　預　金）6,000	社債は減少しません。

社債による 代用払込の場合	（新　株　予　約　権）　600	（資　　本　　金）　6,240
	（社　　　　　債）5,640	社債が減少します。

したがって、その他の新株予約権付社債の場合には、払込金額を社債部分と新株予約権部分に分けておく必要があるため、**区分法**によって処理します。

一方、転換社債型新株予約権付社債の場合は、新株予約権が行使されると、必ず社債によって代用払込がなされるので、その分の社債が減少します。

したがって、払込金額を社債分と新株予約権分に分ける必要性が乏しいので、転換社債型新株予約権付社債については一括法（払込金額を社債分と新株予約権分に分けない方法）によって処理することもできるのです。

(2) 一括法の処理

一括法による場合、転換社債型新株予約権付社債を発行したときに、払込金額を社債分と新株予約権分に分けず、すべて**社債（負債）**で処理します。

また、新株予約権の権利行使時には、権利行使があった分の社債の帳簿価額を減額します。

① 発行時の処理

（当 座 預 金） 10,000 　　（社　　　　　債） 10,000

$$10,000円 \times \frac{100円}{100円} = 10,000円$$

② 権利行使時の処理　　$10,000円 \times 60\% = 6,000円$

（社　　　　　債） 6,000 　　（資　本　金） 6,000

③ 権利行使期間満了時の処理

仕　訳　な　し

社債と新株予約権を分けていないので、権利行使期間が満了してもなんの処理もしません。

第16章

決 算

今日は決算日。
決算では、1年間の成果を知るための
手続きをするんだって!
どんな手続きをするんだろう…。

ここでは決算についてみてみましょう。
建設業経理士1級ならではの処理もあるので、
しっかり学習してください。

100 決算

決算における処理① 引当金

積極的なのはいいんだけど…。
代金回収できるのかなぁ…。

あのリフォーム案件も、
私が取ってきたんですよっ！

＜完了＞

決算では、決算整理仕訳を経て、財務諸表や精算表が作成されます。具体的にどのような処理を行うのでしょうか？
まずは、引当金の処理からみてみましょう。

取引 ゴエモン㈱は決算を迎えた。次の決算整理仕訳をしなさい。

(1) 決算日において、完成工事未収入金の期末残高500円について、3％の貸倒引当金を設定する。なお、貸倒引当金の期末残高は5円である。

(2) 決算日において、完成工事高10,000円に対して0.2％の完成工事補償引当金を設定する。なお、完成工事補償引当金の期末残高は10円である。

決算の手続き

取引から決算までの手続きは次のようになります。

この手続きは2級で学習しましたね。

取引 ⇨ 元帳へ転記 ⇨ 試算表作成 ⇨ 決算整理等 ⇨ 精算表作成 ⇨ 損益計算書 / 貸借対照表

決算手続

精算表の作成手続

(1) 整理記入欄

① 期中修正事項の処理（修正仕訳の整理記入）

期中の誤処理や未処理の修正仕訳を行います。

② 決算整理事項の処理（決算整理仕訳の整理記入）

決算整理仕訳を整理記入欄に記入します。

(2) 損益計算書・貸借対照表欄

試算表の金額に整理記入欄の金額を加減して、損益計算書項目は損益計算書欄に記入し、貸借対照表項目は貸借対照表欄に記入します。

● 決算整理事項

主に出題される決算整理事項には貸倒引当金、完成工事補償引当金、減価償却、退職給付引当金、完成工事原価の振替えなどがあります。

(1) 貸倒引当金

貸倒引当金は売上債権（受取手形と完成工事未収入金）の合計額に対して設定しますが、決算整理で売上債権を修正した場合には、残高試算表の金額ではなく修正後の金額に対して設定することに注意します。

考え方

貸倒引当金の解答手順

①設定額
　（受取手形＋完成工事未収入金）×設定率
②繰入れまたは戻入れ

　①－Ｔ／Ｂ貸倒引当金 $\begin{cases} (+) \rightarrow 繰入れ \\ (-) \rightarrow 戻入れ \end{cases}$

貸倒引当金の決算仕訳（差額補充法）

繰入れの場合

| （貸倒引当金繰入） | ×× | （貸 倒 引 当 金） | ×× |

販売費及び一般管理費

戻入れの場合

| （貸 倒 引 当 金） | ×× | （貸倒引当金戻入） | ×× |

CASE100⑴の仕訳

| （貸倒引当金繰入） | 10 | （貸 倒 引 当 金） | 10 |

500円×3％－5円＝10円

⑵ 完成工事補償引当金

完成工事補償引当金は完成工事高に対して設定します。決算整理で完成工事高を修正した場合には、残高試算表の金額ではなく修正後の金額に対して設定することに注意しましょう。

考え方

完成工事補償引当金の解答手順
①設定額
　完成工事高×設定率
②繰入れまたは戻入れ

①－T/B完成工事補償引当金 $\begin{cases} (+) \rightarrow 繰入れ \\ (-) \rightarrow 戻入れ \end{cases}$

完成工事補償引当金の決算仕訳（差額補充法）

繰入れの場合

| （未成工事支出金） | ×× | （完成工事補償引当金） | ×× |

戻入れの場合

| （完成工事補償引当金） | ×× | （未成工事支出金） | ×× |

CASE100⑵の仕訳

| （未成工事支出金） | 10 | （完成工事補償引当金） | 10 |

10,000円×0.2％－10円＝10円

決算における処理② 減価償却

あれ？予定計上額とずれてる。

期中にニューモデル買っちゃいましたー。

建設業経理士で出題される決算整理には、予定計上額と実際計上額の差額を調整するものがあります。ここでは減価償却についてみてみましょう。

取引 ゴエモン㈱は決算を迎えた。機械の減価償却については、月次原価計算で毎月5円の予定計上をしている。なお、機械の減価償却は定率法（残存価額ゼロ、償却率25%）で行い、期首における機械の帳簿価額 は260円である。

減価償却

　定率法が適用されている固定資産に対して、減価償却費が月次で予定計上されている場合には、予定計上額と実際計上額の差額を決算整理で加減算調整します。

減価償却の計算に関しては、第9章を参考にしてください。

考え方

減価償却の解答手順

①予定計上額
　月次計上額×12カ月
②期首累計額
　T／B減価償却累計額ー予定計上額
③減価償却費（実際）
　（T／B固定資産ー②）×償却率
④決算調整額
　③ー① { (＋) → 加算調整
　　　　　 (ー) → 減算調整

加算調整の場合

（未成工事支出金）　××　（減価償却累計額）　××

減算調整の場合

（減価償却累計額）　××　（未成工事支出金）　××

CASE101の仕訳

（未成工事支出金）　5　（減価償却累計額）　5

260円×25％－5円×12カ月＝5円

決算における処理③　退職給付引当金

もう辞める！！

ええ!?
退職給付の調整が
必要になるじゃないか！

それだけ
ですか？

予定計上額と実際発生額の差額を調整するものには減価償却の他にはなにがあるのでしょうか。
ここでは退職給付引当金についてみてみましょう。

> **取引** ゴエモン㈱は決算を迎えた。退職給付引当金のうち、工事原価は
> 200円である。なお、現場作業員の退職給付引当金については、
> 月次原価計算で月額15円の予定計算を実施しており、期末まで適
> 切に計上されている。

●　退職給付引当金

　退職給付引当金は、現場作業員分について月次原価計算で予定計算を実施している場合があります。この場合、予定計上額と実際発生額との差額を決算整理で加減算調整します。

> 退職給付引当金の
> 計算に関しては、
> 第13章を参考に
> してください。

考え方

退職給付引当金の解答手順

①予定計上額
　月次計上額×12カ月
②決算調整額
　実際発生額−① $\begin{cases} （＋） → 加算調整 \\ （−） → 減算調整 \end{cases}$

加算調整の場合

（未成工事支出金）　　××　　（退職給付引当金）　　××

減算調整の場合

（退職給付引当金）　　××　　（未成工事支出金）　　××

CASE102の仕訳

（未成工事支出金）　　20　　（退職給付引当金）　　20

200円－15円×12カ月＝20円

決 算

決算における処理④ 完成工事原価

…結局、あの豪邸の
工事原価っていくら？

何だかんだで
6億円くらいです。

…‥

ここまでに学習してき
た決算整理（CASE100
～102）によって、未成工事支
出金が増減しました。
ここでは最後の決算整理であ
る完成工事原価についてみて
みましょう。

> **取引** 決算整理前残高試算表の未成工事支出金は200円であるが、未成
> 工事支出金の期末残高は40円であった。

● 完成工事原価の振替え

完成工事高に対応する工事原価は、未成工事支出金勘定から
完成工事原価勘定に振り替えられますが、他の決算整理で未成
工事支出金勘定が増減するので、通常、最後の決算整理として
行います。

考え方

未成工事支出金		完成工事原価
前T/B	決算整理 完成工事原価へ	未成工事支出金より
決算整理	期末残高 ××	

「未成工事支出金
の期末残高は××
円である」と資料
に与えられた場合
には、その金額を
残して完成工事原
価勘定に振り替え
ます。

完成工事原価の決算仕訳

（完成工事原価）　××　（未成工事支出金）　××

CASE103の仕訳 (200円＋10円＋5円＋20円)－40円＝195円

　　　　　　　CASE100(2)　CASE101　CASE102

（完 成 工 事 原 価）　　195　（未成工事支出金）　　195

第17章

税効果会計

損益計算書の税引前当期純利益までは
会計上の収益と費用で計算するけど、
損益計算書の末尾に記載する法人税等は
税法にもとづいて計算した金額を計上する…。
だから、税引前当期純利益と法人税等が
適切に対応しないこともあるんだって!
会計と税法って仲が悪いのかな?

ここでは、税効果会計についてみていきましょう。

税効果会計とは？

これは税法上の金額なんだ…。

損益計算書
⋮
法人税等 ××
⋮

ゴエモン㈱では、当期の財務諸表を作るとともに、納付すべき法人税等も計算しています。法人税等については、税法にしたがって計算しているのですが、会計上の利益をそのまま使って法人税等を計算するわけではないようです。

> **取引** ゴエモン㈱の当期の収益は10,000円、当期の費用は6,000円である。当期の費用6,000円には減価償却費1,000円を含むが、このうち200円については、法人税法上、損金として認められない。なお、法人税等の実効税率は40%とする。

> **用語** **損 金**…税法上の費用のこと ⇔ **益 金**…税法上の収益のこと
> **実効税率**…法人税のほかに住民税、事業税を加味した実質的な税率（試験では問題文に指示があります）

● 税効果会計とは？

　会計上、法人税等（法人税、住民税及び事業税）は損益計算書の末尾において税引前当期純利益から控除しますが、この法人税等は税法上の利益（**課税所得**といいます）に税率を掛けて計算します。

法人税法のことをいいます。

> 法人税等＝課税所得×税率

会計上の利益は収益から費用を差し引いて計算しますが、課税所得は益金から損金を差し引いて計算します。

> 税引前当期純利益（会計上の利益）＝収益ー費用

> 課税所得（税法上の利益）＝益金ー損金

会計上の収益・費用と法人税法上の益金と損金の範囲はほとんど同じですが、なかには、会計上は費用であっても税法上は損金として認められないものなどもあります。

CASE104では、会計上の費用である減価償却費のうち200円については、法人税法上は損金として認められていません。

したがって、会計上の利益と税法上の利益（課税所得）に不一致が生じます。

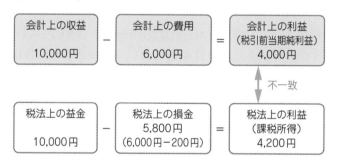

ここで、損益計算書の法人税等には、課税所得によって計算した法人税等の金額が計上されるので、損益計算書の税引前当期純利益と法人税等が対応しないことになってしまいます。

そこで、会計と税法の一時的な差異を調整し、税引前当期純利益と法人税等を対応させる処理をします。この処理を**税効果会計**といいます。

● 税効果会計の対象となる差異

会計と税法の違いから生じる差異には、**一時差異**と**永久差異**があります。

たとえば、法定耐用年数が5年の備品（取得原価4,000円、残存価額0円、定額法を採用）について、会計上は耐用年数4年で減価償却をしていたと仮定します。

会計上は備品の使用状態にあわせて適切と思われる耐用年数（4年）で減価償却することができますが、税法上は、法定耐用年数で計算した減価償却費を超える金額は損金として計上することができません。

したがって、会計上の減価償却費は1,000円（4,000円÷4年）ですが、税法上、減価償却費として計上できるのは800円（4,000円÷5年）となり、課税所得の計算上、200円は損金として認められないことになります。

しかし、耐用年数が4年であれ5年であれ、耐用年数まで備品を使用した場合の全体期間を通した減価償却費は、会計上も税法上も同額になります。

つまり、この減価償却費の差異は、いったん生じても、いつかは解消されるのです。

会計では企業の実態を適切に開示することが求められますが、税法上は課税の公平を目的とするので、同じ条件なら損金の額が同じになるようにしなければならないのです。

ちなみに、会計上の減価償却費のほうが少なかった場合（たとえば700円であった場合）には、税法上の減価償却費が800円であろうと課税所得は700円で計算されるので、差異は生じません。

このような一時的に生じる差異を**一時差異**といい、一時差異
には税効果会計を適用します。

いったん生じても、いつかは解消される一時差異に対し、永
久に解消されない差異を**永久差異**といいますが、永久差異は
税効果会計の対象となりません。

主な一時差異と永久差異には次のようなものがあります。

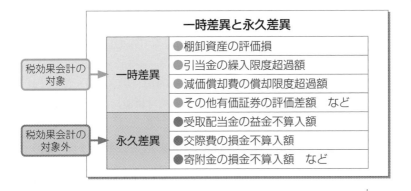

損金（益金）不算入と損金（益金）算入

会計上は費用として計上したが、税法上は損金にならないこ
とを**損金不算入**といいます。反対に、会計上は費用として計上
していないが、税法上は損金になることを**損金算入**といいま
す。また、会計上は収益として計上したが、税法上は益金にな
らないことを**益金不算入**といいます。反対に、会計上は収益と
して計上していないが、税法上は益金になることを**益金算入**と
いいます。

損金（益金）不算入と損金（益金）算入		
損金不算入	●会計上：費用として計上
	●税法上：損金とならない
損金算入	●会計上：費用として計上していない
	●税法上：損金となる
益金不算入	●会計上：収益として計上
	●税法上：益金とならない
益金算入	●会計上：収益として計上していない
	●税法上：益金となる

法人税等の調整

CASE104では、会計上の費用と税法上の損金に差異が生じていますが、これは一時差異（減価償却費の償却限度超過額）なので、税効果会計の対象となります。

ここで、法人税等の調整についてみてみましょう。

> 200円は当期の損金として認められないので、当期の損金は5,800円（6,000円－200円）となります。

まず、CASE104の課税所得は4,200円（10,000円－5,800円）なので、税法上の法人税等（当期の納付税額）は1,680円（4,200円×40%）となります。

（法　人　税　等）　1,680　（未払法人税等）　1,680

> この金額がP/L「法人税等」に記載されます。

しかし、会計上の利益は4,000円（10,000円－6,000円）なので、会計上の法人税等（会計上あるべき法人税等）は1,600円（4,000円×40%）です。

そこで、損益計算書に記載した「法人税等1,680円」をあるべき法人税等（1,600円）に調整するため、法人税等の金額を減算します。

なお、法人税等の調整は**法人税等調整額**という勘定科目で処理します。

（法人税等調整額）	80

1,680円－1,600円＝80円

そして相手科目は、**繰延税金資産**（借方が空欄の場合）または**繰延税金負債**（貸方が空欄の場合）で処理します。

> 繰延税金資産は法人税等の前払いを、繰延税金負債は法人税等の未払いを表します。

以上より、CASE104の税効果会計に関する仕訳は次のようになります。

CASE104の仕訳

（繰延税金資産）	80	（法人税等調整額）	80

借方が空欄なので、「繰延税金資産」

なお、法人税等の未払いが生じている場合（法人税等調整額が借方に記入される場合）の仕訳は次のようになります。

（法人税等調整額）	××	（繰延税金負債）	××

● 法人税等調整額の表示

　法人税等調整額が借方に生じた場合（借方残高の場合）には、損益計算書の法人税等に加算します。

　反対に、法人税等調整額が貸方に生じた場合（貸方残高の場合）には、法人税等から減算します。

　CASE104では法人税等調整額が貸方に生じているので、損益計算書の表示は次のようになります。

> 法人税等と法人税等調整額は、費用のようなものだと思いましょう。ですから、借方に生じたら加算、貸方に生じたら減算します。

損 益 計 算 書		
Ⅰ　収　　　　益		10,000
Ⅱ　費　　　　用		6,000
税引前当期純利益		4,000
法　人　税　等	1,680	
法人税等調整額	△80	⊖ 1,600
当　期　純　利　益		2,400

税効果会計によって、法人税等が会計上あるべき金額1,600円（4,000円×40％）となります。

税効果会計の適用方法

　税効果会計の適用方法には、**資産負債法**と**繰延法**がありますが、「税効果会計に係る会計基準」では**資産負債法**を採用しています。

(1)　資産負債法

　資産負債法は、会計と税法の差異を貸借対照表に視点をおいて認識しようとする方法で、差異を会計上の資産・負債と税法上の資産・負債との差額としてとらえます。

　この方法による場合、税効果会計で適用する法人税等の税率は、**差異が解消するときの税率（将来の税率）**となります。

(2)　繰延法

　繰延法は、会計と税法の差異を損益計算書に視点をおいて認識しようとする方法で、差異を会計上の収益・費用と税法上の益金・損金との差額としてとらえます。

　この方法による場合、税効果会計で適用する法人税等の税率は、**差異が発生したときの税率（過去の税率）**となります。

「税効果会計に係る会計基準」ではこちらを採用しています。しかし、処理を考えるときは、費用・収益、損金・益金の差額で考えたほうがラクです。

⇔ 問題集 ⇔
問題84、85

税効果会計

棚卸資産の評価損①

なぬっ?

一定の要件を満たさない
棚卸資産評価損は
税法上、損金不算入。

ネコでもわかる
法人税

ゴエモン㈱では、当期の決算において棚卸資産評価損を計上しましたが、この棚卸資産評価損は税法上、損金として認められません。税効果会計を適用した場合、どんな処理をするのでしょう?

取引 ゴエモン㈱では、当期の決算において取得原価500円の棚卸資産について評価損50円を計上したが、その全額が税法上、損金不算入となった。なお、法人税等の実効税率は40%とする。

● 棚卸資産評価損の損金不算入と税効果会計

　棚卸資産の評価損は、税法上、損金に算入することが認められない場合があります。

　棚卸資産評価損が損金不算入となる場合、会計上の費用よりも税務上の損金のほうが少なくなるため、当期の納付税額（税法上の金額）があるべき法人税等（会計上の金額）より多く計算されます。

　そこで、損益計算書に記載された法人税等を減算調整します。

　ここで、「会計上の費用よりも税法上の損金のほうが少ない → 税法上の法人税等が多く計上される → 法人税等を減算調整する」と考えていくと、頭の中が混乱するので、以下のように機械的に処理するようにしましょう。

> 会計上の費用が50円、税法上の損金が0円となり、その差額分だけ課税所得（税法上の利益）が多くなるので、法人税等が多く計上されます。

● 差異が生じたときの税効果会計の仕訳

　税効果会計を適用した場合の仕訳をするときには、まず会計上の仕訳を考えます。

　CASE105では、会計上、棚卸資産評価損50円を計上しているので、会計上の仕訳は次のようになります。

◆棚卸資産評価損を計上したときの仕訳

（棚卸資産評価損）	50	（棚　卸　資　産）	50

　そして、会計上の仕訳のうち費用または収益の科目に注目し、費用または収益が計上されている逆側に**法人税等調整額**を記入します。

◆棚卸資産評価損を計上したときの仕訳

（棚卸資産評価損）	50	（棚　卸　資　産）	50

損益項目

		（法人税等調整額）	

　なお金額は、会計上の金額のうち損金不算入額に実効税率を掛けた金額となります。

		（法人税等調整額）	20

50円×40％＝20円

　最後に法人税等調整額の逆側（空いている側）に、**繰延税金資産**（借方が空欄の場合）または**繰延税金負債**（貸方が空欄の場合）を記入します。

　以上より、CASE105の税効果会計に関する仕訳は次のようになります。

（繰延税金資産）	20	（法人税等調整額）	20

差異が解消したときの税効果会計の仕訳

CASE105では、会計上の棚卸資産評価損（費用）は50円、棚卸資産の金額は450円（500円－50円）ですが、税法上の棚卸資産評価損（損金）は0円、棚卸資産の金額は500円です。

この棚卸資産を次期の工事で使用したり販売したりした場合、会計上の売上原価（費用）は450円ですが、税法上の売上原価（損金）は500円となります。

> すでに学習したように、工事に関する売上原価は完成工事原価となります。

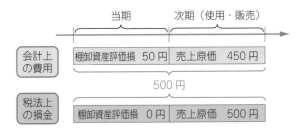

したがって、全体の期間を合わせると、会計上の費用（500円）と税法上の損金（500円）が一致します。つまり、棚卸資産評価損の損金不算入によって生じた差異は、棚卸資産を販売したとき（または使用したり処分したとき）に解消するのです。

そして、一時差異が解消したときには、一時差異が発生したときと逆の仕訳をして繰延税金資産を取り消します。

（法人税等調整額）	20	（繰延税金資産）	20

将来減算一時差異と将来加算一時差異

CASE105では、棚卸資産評価損（費用）が損金不算入となったので、当期の課税所得（税法上の利益）が多く計上されました。しかし、次期の工事で使用したり販売したりしたとき（差異が解消したとき）は、税法上の売上原価（損金）が多く計上されるので、課税所得（税法上の利益）は少なくなります。

> 差異の発生時に法人税等の前払いが生じている状態です。このときは、繰延税金資産が計上されます。

差異の発生時に法人税等の未払いが生じている状態です。このときは、繰延税金負債が計上されます。

　このように、将来（差異が解消されるとき）の課税所得を減らす効果のある一時差異を**将来減算一時差異**といいます。

　反対に、将来（差異が解消されるとき）の課税所得を増やす効果のある一時差異を**将来加算一時差異**といいます。

将来減算一時差異と将来加算一時差異

●将来減算一時差異 ⇒ 法人税等の繰延べ

　一時差異が解消するときにその期の課税所得（法人税等）が減算される効果をもつ一時差異

●将来加算一時差異 ⇒ 法人税等の見越し

　一時差異が解消するときにその期の課税所得（法人税等）が加算される効果をもつ一時差異

将来加算一時差異の会計処理

（法人税等調整額）	××	（繰延税金負債）	××

税効果会計

棚卸資産の評価損②

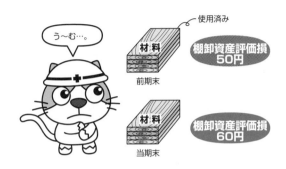

う〜む…。

材料
前期末

棚卸資産評価損
50円

使用済み

材料
当期末

棚卸資産評価損
60円

ゴエモン㈱では、前期の決算において棚卸資産評価損を計上した棚卸資産（この棚卸資産評価損は税法上、全額損金不算入）を当期に販売しました。そして、当期末に棚卸資産評価損（税法上、全額損金不算入）を計上したのですが、この場合、税効果会計の処理はどのようになるのでしょう？

> 取引　ゴエモン㈱では、前期（第1期）の決算において棚卸資産評価損50円を計上したが、その全額が損金不算入となった（繰延税金資産20円）。この棚卸資産は当期（第2期）においてすべて販売している。また、当期末において棚卸資産評価損60円を計上したが、その全額が損金不算入となった。なお、法人税等の実効税率は40%とする。

差異の解消と発生

　法人税等は期末において計上するため、法人税等の調整も期末に行います。したがって、前期に発生した差異の解消と当期に発生した差異にかかる法人税等の調整は期末に一括して行います。

　CASE106では、当期末において棚卸資産評価損60円を計上していますが、税法上、全額損金不算入なので、棚卸資産評価損60円にかかる税効果会計の仕訳は次のようになります。

◆棚卸資産評価損を計上したとき（第2期末）の仕訳

（棚卸資産評価損）　　60　　（棚　卸　資　産）　　60

損益項目

（繰 延 税 金 資 産）　　24　　（法人税等調整額）　　24

60円×40％＝24円

そして、前期に発生した差異（繰延税金資産20円）は、当期に棚卸資産を販売したことにより解消したので、上記の繰延税金資産から前期に計上した20円を差し引いた金額が、当期に新たに計上する繰延税金資産となります。

以上より、CASE106の仕訳は次のようになります。

貸倒引当金の処理（差額補充法）に似ていますね。

第2期の貸借対照表に計上される繰延税金資産は、24円（20円＋4円）となります。

CASE106の仕訳

（繰 延 税 金 資 産）　　4　　（法人税等調整額）　　4

24円－20円＝4円

次の①と②の仕訳を合わせた仕訳です。
①第1期に発生した差異の解消（販売による差異の解消）
　（法人税等調整額）　　20　　（繰 延 税 金 資 産）　　20
②第2期に発生した差異
　（繰 延 税 金 資 産）　　24　　（法人税等調整額）　　24
③第2期の仕訳（①＋②）
　（繰 延 税 金 資 産）　　4　　（法人税等調整額）　　4

貸倒引当金の繰入限度超過額

税法上は、貸倒引当金の繰入額は、限度があるんだ…。

ゴエモン㈱では、第1期の決算において200円の貸倒引当金を繰り入れましたが、このうち50円については税法上、損金として認められません。税効果会計を適用した場合、どんな処理をするのでしょう？

取引 次の一連の取引について、税効果会計に関する仕訳をしなさい。なお、法人税等の実効税率は40%とする。

(1) 第1期期末において貸倒引当金200円を繰り入れたが、そのうち50円については損金不算入となった。

(2) 第2期期末において貸倒引当金280円を設定したが、そのうち80円については損金不算入となった。なお、期中に受取手形（第1期に発生）が貸し倒れ、第1期に設定した貸倒引当金を全額取り崩している。

●貸倒引当金繰入の損金不算入と税効果会計の仕訳

　貸倒引当金の繰入額のうち、税法上の繰入額（限度額）を超える金額については、損金に算入することができません。

　CASE107(1)では、第1期の貸倒引当金繰入額は200円ですが、このうち50円については損金不算入です。

　したがって、50円分について法人税等の調整を行います。

◆貸倒引当金を設定したときの仕訳

| （貸倒引当金繰入） | 200 | （貸 倒 引 当 金） | 200 |

損益項目

50円×40％＝20円

CASE107 （1）の仕訳

| （繰延税金資産） | 20 | （法人税等調整額） | 20 |

● 差異が解消したとき（第2期）の税効果会計の仕訳

　貸倒引当金を設定した翌期以降にその貸倒引当金を取り崩した場合には、差異が解消します。したがって、この場合は差異が発生したときと逆の仕訳をします。

　なお、CASE104でみたように、法人税等の調整は期末に行うため、第1期に発生した差異の解消と第2期に発生した差異の処理は一括して行います。

　以上より、CASE107（2）の税効果会計に関する仕訳は次のようになります。

第2期の貸借対照表に計上される繰延税金資産は32円（20円＋12円）となります。

CASE107 （2）の仕訳

| （繰延税金資産） | 12 | （法人税等調整額） | 12 |

①80円×40％＝32円
②32円－20円＝12円

次の①と②の仕訳を合わせた仕訳です。
①第1期に発生した差異の解消（貸倒れの発生）

| （法人税等調整額） | 20 | （繰延税金資産） | 20 |

②第2期に発生した差異

| （繰延税金資産） | 32 | （法人税等調整額） | 32 |

③第2期の仕訳（①＋②）

| （繰延税金資産） | 12 | （法人税等調整額） | 12 |

⇔ 問題集 ⇔
問題86

税効果会計

減価償却費の償却限度超過額

耐用年数4年

法定耐用年数は5年。

ふむ…。

ネコでもわかる
法人税

ゴエモン㈱では、備品の使用状況等を考慮して、法定耐用年数5年のところ、4年で減価償却を行っています。
この場合、税効果会計の仕訳はどのようになるのでしょう？

取引　次の一連の取引について、税効果会計に関する仕訳をしなさい。
なお、備品の法定耐用年数は5年、法人税等の実効税率は40%とする。

(1)　第1期期末において、備品4,000円について定額法（耐用年数4年、残存価額は0円）により減価償却を行った。

(2)　第2期期末において、備品4,000円について定額法（耐用年数4年、残存価額は0円）により減価償却を行った。

● 減価償却費の損金不算入と税効果会計の仕訳

　減価償却費のうち、税法上の減価償却費（限度額）を超える金額については、損金に算入することができません。

　CASE108(1)では、会計上の減価償却費は1,000円（4,000円÷4年）ですが、税法上の減価償却費（限度額）は800円（4,000円÷5年）です。

　したがって、限度額を超過する200円分（1,000円－800円）について法人税等の調整を行います。

◆減価償却費を計上したときの仕訳

（減 価 償 却 費）　1,000　　（減価償却累計額）　1,000
　　　損益項目

（1,000円－800円）×40%
＝80円

CASE108 ⑴の仕訳

（繰 延 税 金 資 産）　　80　　（法人税等調整額）　　80

● 差異が解消したときの税効果会計の仕訳

　備品を売却したり、除却した場合には、差異が解消します。
したがって、この場合は差異が発生したときと逆の仕訳をします。

　また、法人税等の調整は期末に行うため、第1期に発生した
差異の解消と第2期に発生した差異の処理は一括して行います。

　なお、CASE108⑵では備品の売却等をしていませんので、
差異は解消されていません。

　したがって、CASE108⑵の税効果会計に関する仕訳は次の
ようになります。

第2期の貸借対照表に計上される繰延税金資産は160円（80円＋80円）となります。

CASE108 ⑵の仕訳

（繰 延 税 金 資 産）　　80　　（法人税等調整額）　　80

①(1,000円－800円)×40%＝80円
②80円－0円＝80円

次の①と②の仕訳を合わせた仕訳です。
①第1期に発生した差異の解消…差異は解消していない
　　　　　　　　　　仕 訳 な し
②第2期に発生した差異
　（繰 延 税 金 資 産）　　80　　（法人税等調整額）　　80
③第2期の仕訳（①＋②）
　（繰 延 税 金 資 産）　　80　　（法人税等調整額）　　80

⊖ 問題集 ⊖
問題87

その他有価証券の評価差額

「その他有価証券評価差額金」は、どのように調整するんだろう？

う〜む。

ゴエモン㈱では、その他有価証券について全部純資産直入法によって処理しています。税法ではその他有価証券の評価差額の計上は認められません。しかし、「その他有価証券評価差額金」は純資産の項目です。このような場合はどのような処理をするのでしょう？

取引 ゴエモン㈱では、当期の決算においてその他有価証券（取得原価1,000円）を時価800円に評価替えした。
全部純資産直入法によって処理している場合の仕訳をしなさい。
なお、法人税等の実効税率は40%とする。

全部純資産直入法と税効果会計

CASE109のその他有価証券は、時価が取得原価よりも低いので、評価差損が計上されます。ただし、全部純資産直入法によって処理しているため、会計上の仕訳は借方にその他有価証券評価差額金200円（1,000円 − 800円）が計上されます。

（その他有価証券評価差額金）	200	（投資有価証券）	200	◀── 評価差額の計上

800円 − 1,000円 = △200円

このように会計上はその他有価証券について評価替えをしますが、税法上はその他有価証券の評価替えは認められません。

そこで、税効果会計を適用し、法人税等を調整する必要があ

りますが、上記の仕訳をみてもわかるように、その他有価証券を全部純資産直入法によって処理した場合には、費用や収益の科目は出てきません。

ヘッジ会計を適用したときに生じる繰延ヘッジ損益（純資産）についても税効果会計を適用します。その場合、その他有価証券の評価差額と同様に考えて「繰延ヘッジ損益」で処理します。

このような場合は、「法人税等調整額」で法人税等を調整することができませんので、かわりに「**その他有価証券評価差額金**」で調整します。

CASE109の仕訳（全部純資産直入法）

| （その他有価証券評価差額金） | 200 | （投資有価証券） | 200 |
純資産項目

| （繰延税金資産） | 80 | （その他有価証券評価差額金） | 80 |

借方が空欄になるので「繰延税金資産」　　200円×40％＝80円

なお、仮にCASE109のその他有価証券の時価が1,400円であったとした場合（評価差益が生じている場合）の仕訳は次のようになります。

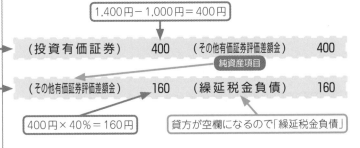

1,400円－1,000円＝400円

評価差額の計上　→　（投資有価証券）　400　（その他有価証券評価差額金）　400
純資産項目

税効果の仕訳　→　（その他有価証券評価差額金）　160　（繰延税金負債）　160

400円×40％＝160円　　貸方が空欄になるので「繰延税金負債」

● 部分純資産直入法と税効果会計

部分純資産直入法の場合、評価差益が生じたときには「その他有価証券評価差額金」で処理しますが、評価差損が生じたときには、「**投資有価証券評価損**」で処理します。

したがって、**評価差益**が生じたときは全部純資産直入法と同様に「**その他有価証券評価差額金**」で調整しますが、**評価差損**が生じたときは「**法人税等調整額**」で調整します。

仮に、CASE109を部分純資産直入法によって処理した場合
の仕訳は次のようになります。

なお、評価差益が
生じている場合の
処理は全部純資産
直入法の場合と同
じです。

CASE109の仕訳（部分純資産直入法）

（投資有価証券評価損）　200　（投資有価証券）　　200　◀── 評価差額の計上
　　損益項目

（繰延税金資産）　　　　80　（法人税等調整額）　　80　◀── 税効果の仕訳

200円×40％＝80円

😊 問題集 😊
問題88

繰延税金資産と繰延税金負債の表示

相殺するの？
しないの？

ゴエモン㈱では、税効果会計を適用した結果、繰延税金資産と繰延税金負債が生じました。

完成工事未収入金と工事未払金を相殺できないように、繰延税金資産と繰延税金負債は相殺してはいけないのでしょうか？

例 ゴエモン㈱では、税効果会計を適用した結果、繰延税金資産と繰延税金負債が生じた。この場合の貸借対照表の表示はどのようになるか答えなさい。なお、繰延税金資産と繰延税金負債は次の項目から生じたものである。

(1) 繰延税金資産
　①棚卸資産評価損の損金不算入　300円
　②減価償却費の償却限度超過額　500円
(2) 繰延税金負債
　・その他有価証券の評価差額　600円

● 繰延税金資産と繰延税金負債の表示

　税効果会計を適用した結果生じた繰延税金資産は固定資産の部に、繰延税金負債は固定負債の部に表示します。

貸借対照表

資産の部	負債の部
II　固 定 資 産	II　固 定 負 債
繰 延 税 金 資 産　　××	繰 延 税 金 負 債　　××

なお、繰延税金資産と繰延税金負債は**相殺**して表示します。

　以上より、CASE110の貸借対照表の表示は次のようになります。

CASE110の貸借対照表

貸　借　対　照　表

資産の部	負債の部
II　固 定 資 産	II　固 定 負 債
繰 延 税 金 資 産　　200	

300円＋500円－600円

第18章

企業結合

複数の企業がくっつくことを合併というのだけれど，
どんな方法があるのかな…

ここでは、企業結合（合併、株式交換、株式移転）について
みていきましょう。

CASE 111 合併

合併の処理

ゴエモン㈱は、市場での競争力を高めるため、これまでパートナーとして付き合ってきたサスケ㈱を吸収合併することにしました。

例 ゴエモン㈱はサスケ㈱を×2年3月31日に吸収合併した。次の資料にもとづき、合併受入仕訳を示すとともに、合併後のゴエモン㈱の貸借対照表を作成しなさい。

[資料1] 合併直前の両社の貸借対照表

貸 借 対 照 表
×2年3月31日　　　　　　　　　（単位：円）

資　　　　産	ゴエモン㈱	サスケ㈱	負債・純資産	ゴエモン㈱	サスケ㈱
諸　資　産	40,000	7,550	諸　負　債	8,000	1,950
			資　本　金	20,000	4,000
			資本準備金	4,000	800
			その他資本剰余金	2,500	—
			利益準備金	500	200
			繰越利益剰余金	5,000	600
	40,000	7,550		40,000	7,550

[資料2] 合併に関する資料

(1) この合併は「取得」とされ、ゴエモン㈱が取得企業である。

(2) ゴエモン㈱はサスケ㈱の株主に対し、ゴエモン㈱株式80株（時価は1株あたり85円）を交付する。なお、増加資本のうち5,000円は資本金として処理し、残額は資本準備金として処理する。

企業結合とは？

CASE111でゴエモン㈱がサスケ㈱を合併すると、ゴエモン㈱はサスケ㈱の所有する資産や負債、サスケ㈱の事業の状況も含めて利害関係者に報告します。

このように、ある企業（またはある企業を構成する事業）と他の企業（または他の企業を構成する事業）とが1つの報告単位に統合されることを**企業結合**といい、企業結合の取引には、**合併、株式交換、株式移転、子会社株式の取得**などがあります。

> 合併はCASE111で、株式交換はCASE112で、株式移転はCASE113で、子会社株式の取得は第19章で学習します。

企業結合の分類と処理

企業結合は、実態面から「**取得**」、「**共同支配企業の形成**」、「**共通支配下の取引**」（親会社と子会社の合併など）」に分類されます（「共同支配企業の形成」と「共通支配下の取引」以外の企業結合は「取得」となります）が、1級で重要なのは「取得」なので、このテキストでは「取得」について説明します。

> 共同支配企業とは、複数の独立した企業によって共同で支配される企業をいいます。

「**取得**」とは、ある企業（ゴエモン㈱）が他の企業（サスケ㈱）または他の企業を構成する事業に対する支配を獲得することをいいます。

なお、「**支配**」とは、ある企業（ゴエモン㈱）が他の企業（サスケ㈱）の財務や経営方針を左右することができる状態をいいます。

> この場合の「ある企業」を「取得企業」、「他の企業」を「被取得企業」といいます。

そして、「取得」となる企業結合は、**パーチェス法**という方法によって処理します。

「取得」の意味と会計処理
●取　　　得…ある企業が他の企業（または他の企業を構成する事業）に対する支配を獲得すること
●会 計 処 理 …パーチェス法

合併の形態

　企業結合の１つである合併は、複数の会社が合体して１つの会社になることで、合併の形態には**吸収合併**と**新設合併**があります。

　吸収合併は、合併当事会社のうち一方の会社が解散して消滅し、他方の会社が存続する合併で、この場合、存続する会社を**存続会社（合併会社）**、消滅する会社を**消滅会社（被合併会社）**といいます。

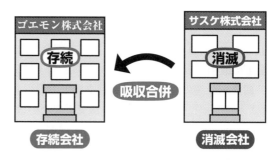

　また、新設合併は合併当事会社がすべて解散して新しい会社を設立する合併で、この場合、新設会社を**存続会社（合併会社）**、消滅する会社を**消滅会社（被合併会社）**といいます。

合併の処理（パーチェス法）

前述のように、「取得」となる企業結合は**パーチェス法**によって処理します。

パーチェス法とは、被取得企業または取得した事業の取得原価を、原則として、対価として支出する現金の額や交付する株式等の企業結合日における時価とする方法をいいます。

要するにゴエモン㈱がサスケ㈱を時価で購入したと考えて処理するのです。

被取得企業の取得原価

●対価として支出する現金や交付する株式等の企業結合日における時価

CASE111では、ゴエモン㈱はサスケ㈱を吸収合併（取得）し、対価として時価@85円のゴエモン㈱株式を80株交付しています。したがって、サスケ㈱の取得原価は6,800円（@85円×80株）となります。

CASE111 の取得原価

取得原価：@85円×80株＝6,800円

また、取得企業（ゴエモン㈱）は被取得企業（サスケ㈱）の資産・負債を時価（公正な評価額）で受け入れます。

時価			
（諸　資　産）	8,200	（諸　負　債）	2,000

なお、受け入れた資産・負債の時価の純額6,200円（8,200円－2,000円）と取得原価6,800円との差額は、**のれん**または**負ののれん**で処理します。

受け入れた純資産額（時価）のことです。「受け入れた資産・負債に配分された（取得原価の）純額」ともいいます。

（諸　資　産）	8,200	（諸　負　債）	2,000
（の　れ　ん）	600		

①取得原価：6,800円
②純　　額：8,200円－2,000円＝6,200円
③の れ ん：6,800円－6,200円＝600円（借方）

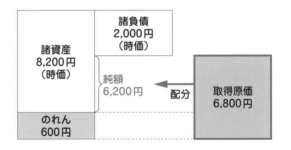

増加資本の処理については、問題文の指示にしたがってください。

　なお、増加する資本は合併契約にもとづいて資本金、資本準備金、その他資本剰余金で処理します。

　以上より、CASE111の合併受入仕訳は次のようになります。

CASE111の合併受入仕訳

（諸　　　資　　　産）	8,200	（諸　　　負　　　債）	2,000
（の　　　れ　　　ん）	600	（資　　本　　金）	5,000
		（資　本　準　備　金）	1,800

> 6,800円－5,000円＝1,800円
> 取得原価

　そして、［資料１］のゴエモン㈱の貸借対照表と合併受入仕訳を合算して合併後の貸借対照表を作成します。

CASE111 合併後の貸借対照表

貸 借 対 照 表
×2年3月31日　　　　　　（単位：円）

資　　産	金　　額	負債・純資産	金　　額
諸　資　産	48,200	諸　負　債	10,000
の　れ　ん	600	資　本　金	25,000
		資本準備金	5,800
		その他資本剰余金	2,500
		利益準備金	500
		繰越利益剰余金	5,000
	48,800		48,800

8,000円＋2,000円 → 諸負債 10,000

20,000円＋5,000円 → 資本金 25,000

4,000円＋1,800円 → 資本準備金 5,800

40,000円＋8,200円 → 諸資産 48,200

のれんと負ののれんの処理

CASE111のように、被取得企業の取得原価が、資産・負債に配分された純額を上回る場合には、借方に「のれん」が生じます。

「のれん」は**無形固定資産**に計上し、**20年以内**に、定額法等により償却します。

一方、被取得企業の取得原価が、資産・負債に配分された純額を下回る場合には、貸方に「負ののれん」が生じます。

「**負ののれん**」が生じた場合には、**負ののれん発生益（特別利益）**として、「負ののれん」が生じた事業年度の収益として処理します。

> 償却時の借方科目は「のれん償却額」です。「のれん償却額」は販売費及び一般管理費に表示します。

「のれん」と「負ののれん」の処理

● の　れ　ん…無形固定資産に計上し、20年以内に償却。償却時の借方科目は「のれん償却額」（販売費及び一般管理費）

● 負ののれん…全額「負ののれん発生益」（特別利益）

⇔ 問題集 ⇔
問題89

CASE 112 株式交換

株式交換の処理

完全親会社
ゴエモン株式会社

完全子会社
コタロウ株式会社

ゴエモン㈱は、ゴエモン㈱を完全親会社、コタロウ㈱を完全子会社とする株式交換を行いました。
この場合、ゴエモン㈱ではどんな処理をするのでしょう?

取引 ゴエモン㈱は、×3年3月31日にコタロウ㈱(発行済株式総数100株)を完全子会社とするため、株式交換(交換比率1:0.8)を行った。次の資料にもとづき、株式交換時のゴエモン㈱の仕訳をしなさい。

[資料1] 株式交換時のコタロウ㈱の貸借対照表

貸 借 対 照 表
コタロウ㈱　　×3年3月31日　　(単位:円)

資　　産	金　　額	負債・純資産	金　　額
諸　資　産	8,000	諸　負　債	4,000
		資　本　金	3,600
		資本準備金	400
	8,000		8,000

[資料2] 株式交換に関する資料

(1) この株式交換は「取得」とされ、ゴエモン㈱が取得企業である。

(2) ゴエモン㈱株式の時価は1株あたり70円である。

(3) 増加する資本のうち3,500円は資本金として処理し、残額はその他資本剰余金として処理する。

🔵 株式交換とは？

株式交換は、すでに存在する2つの会社が事業を統合して、**完全親会社、完全子会社**となるための手法です。

ゴエモン㈱がコタロウ㈱を完全子会社（発行済株式の全部を所有されている会社）にする場合、まずコタロウ㈱とその契約が交わされます。

そして株式交換の日に、完全子会社となるコタロウ㈱の株式は完全親会社であるゴエモン㈱に移転し、コタロウ㈱の株主はゴエモン㈱の株式の割当てを受けて、ゴエモン㈱の株主となります。

① 株式交換前

② 株式交換時

完全親会社とは、他の会社（完全子会社）の発行済株式の全部を所有している会社をいいます。

③　株式交換後

株式交換の会計処理（完全親会社の処理）

　完全親会社は、株式交換により完全子会社の株式を取得するので、**子会社株式が増加**します。

　このときの子会社株式の取得原価は、**交付した完全親会社株式（ゴエモン㈱株式）の時価**となります。

> 子会社株式の取得原価＝完全親会社株式の時価×交付株式数

> コタロウ㈱株式1株につきゴエモン㈱株式を0.8株交付するということです。

　なお、CASE112では、コタロウ㈱の発行済株式総数が100株で、交換比率が1：0.8なので、ゴエモン㈱が株式交換によってコタロウ㈱の株主に交付する株式数は80株（100株×0.8）となります。

CASE112の子会社株式の取得原価

（子 会 社 株 式）　　5,600

> ①交付株式数：100株×0.8＝80株
> ②取得原価：＠70円×80株＝5,600円

　また増加する資本は、株式交換契約にもとづいて、資本金、資本準備金、その他資本剰余金で処理します。

> 試験では問題文の指示にしたがってください。

　CASE112では、［資料2］(3)に「増加する資本のうち3,500円は資本金として処理し、残額はその他資本剰余金として処理する」とあるので、増加する資本の処理は次のようになります。

（子会社株式）	5,600	（資　本　金）	3,500
		（その他資本剰余金）	2,100

貸借差額

株式移転の処理

雑貨の製造・販売をするゴエモン㈱と、お菓子の製造・販売をするハンゾー㈱は、経営のみに専念する会社（スーパーGOEMON㈱）を完全親会社として設立するため、株式移転を行いました。この場合、どんな処理をするのでしょう？

取引　ゴエモン㈱とハンゾー㈱は×3年3月31日に株式移転を行い、完全親会社であるスーパーGOEMON㈱を設立した。株式移転にあたって、ゴエモン㈱とハンゾー㈱の株主にそれぞれ400株、80株のスーパーGOEMON㈱の株式を交付した。次の資料にもとづき、株式移転時のスーパーGOEMON㈱の仕訳をしなさい。

［資料1］株式移転時のゴエモン㈱とハンゾー㈱の貸借対照表

貸　借　対　照　表
×3年3月31日　　　　　　（単位：円）

資　　産	ゴエモン㈱	ハンゾー㈱	負債・純資産	ゴエモン㈱	ハンゾー㈱
諸　資　産	45,000	16,000	諸　負　債	8,500	8,000
			資　本　金	20,000	5,000
			資本準備金	4,000	600
			利益準備金	800	200
			繰越利益剰余金	11,700	2,200
	45,000	16,000		45,000	16,000

［資料2］株式移転に関する資料

(1)　この株式移転は「取得」とされ、ゴエモン㈱が取得企業である。

(2)　ゴエモン㈱株式の時価は1株あたり90円である。

(3) 増加する資本のうち30,000円は資本金として処理し、残額は資本
準備金として処理する。

● 株式移転とは？

株式移転は、すでに存在している複数の会社が、**新たな完全
親会社（持株会社）を設立する**ための手法です。

株式移転では、まずゴエモン㈱とハンゾー㈱でスーパー
GOEMON㈱を設立し、スーパーGOEMON㈱を完全親会社、
ゴエモン㈱とハンゾー㈱を完全子会社とする契約が交わされま
す。

そして、株式移転の日に、ゴエモン㈱株式は完全親会社であ
るスーパーGOEMON㈱に移転し、ゴエモン㈱の株主にはスー
パーGOEMON㈱の株式が割り当てられ、スーパーGOEMON
㈱の株主となります。

同様に、ハンゾー㈱株式は完全親会社であるスーパー
GOEMON㈱に移転し、ハンゾー㈱の株主にはスーパー
GOEMON㈱の株式が割り当てられ、スーパーGOEMON㈱の
株主となります。

① **株式移転前**

② 株式移転時

③ 株式移転後

スーパーGOEMON㈱の株主

株式移転の会計処理（完全親会社の処理）

　完全親会社（スーパーGOEMON㈱）は株式移転によりはじめて設立されるため、株式移転時に完全親会社の株式の時価は存在しません。

　したがって、株式移転によって完全子会社となる会社（ゴエモン㈱またはハンゾー㈱）のいずれかが、他の企業を取得したと仮定して処理します。

　また株式移転では、完全親会社（スーパーGOEMON㈱）が取得する子会社株式には、取得企業（ゴエモン㈱）の株式と被取得企業（ハンゾー㈱）の株式がありますが、**取得企業（ゴエモン㈱）の株式の取得原価は取得企業の純資産額（帳簿価額）**とし、**被取得企業（ハンゾー㈱）の株式の取得原価は取得企業**

CASE113ではゴエモン㈱が取得企業ですね。

取得企業（ゴエモン㈱）の株式1株につき完全親会社（スーパーGOEMON㈱）の株式が1株交付される場合を前提としています。

（ゴエモン㈱）の**株式の時価**として計算します。

$$\underset{（取得企業）}{子会社株式の取得原価} = 取得企業の純資産額（帳簿価額）$$

$$\underset{（被取得企業）}{子会社株式の取得原価} = \underset{株式の時価}{取得企業の} \times 交付株式数$$

したがって、CASE113の子会社株式の取得原価は次のようになります。

CASE113の子会社株式の取得原価

（子会社株式）　43,700

①取得企業（ゴエモン㈱）：45,000円－8,500円＝36,500円
②被取得企業（ハンゾー㈱）：@90円×80株＝7,200円
③36,500円＋7,200円＝43,700円

また、増加する資本は株式移転契約にもとづき、資本金、資本準備金、その他資本剰余金で処理します。

試験では問題文の指示にしたがってください。

CASE113では、［資料2］(3)に「増加する資本のうち30,000円は資本金として処理し、残額は資本準備金として処理する」とあるので、増加する資本の処理は次のようになります。

CASE113の仕訳

（子会社株式）	43,700	（資　本　金）	30,000
		（資本準備金）	13,700

貸借差額

事業分離

（1） 事業分離とは？

　事業分離とは、ある会社を構成する事業を他の会社に移転することをいい、事業分離の形式には、**会社分割**や**事業譲渡**、**現物出資等**があります。

（2） 会社分割とは？

　会社分割とは、既存の会社の事業（一部または全部）を他の会社に移転することをいいます。

　なお、会社分割の形態には、ある会社がその事業（一部または全部）を新しく設立する会社に移転する形態（**新設分割**）と、ある会社がその事業（一部または全部）を既存の会社に移転する形態（**吸収分割**）があります。

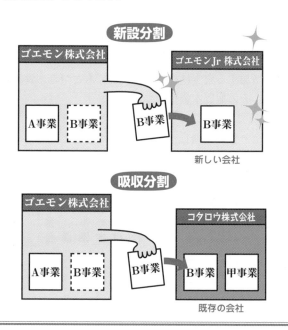

> このテキストでは会社分割について説明します。

第19章

連結会計

サブロー㈱の発行済株式の100%を取得して、子会社化した！
ゴエモン㈱とサブロー㈱は別会社だから
個別に財務諸表を作成するけど、
ゴエモン㈱は連結財務諸表っていう
財務諸表も作成しなくてはいけないんだって！

ここでは連結会計について学習します。
連結会計はとても重要な項目なので、しっかりと学習しましょう！

連結財務諸表とは?

おおっと！！
連結財務諸表って
いうのも作らなきゃ！

財務諸表
ゴエモン(株)

ネコでもわかる
連結会計

当期の決算を終え、財務諸表も作成したゴエモン㈱ですが、もうひとつ、連結財務諸表というものを作成しなければならないとのこと。
どうやら、当期末にサブロー㈱の発行済株式の全部を取得したことが原因のようです。

前提 ゴエモン㈱は当期末にサブロー㈱の発行済株式の全部を取得し、サブロー㈱を子会社としている。

親会社と子会社

株式会社の株主総会は会社の基本的事項を決める意思決定機関です。そして、株主総会では株主の持株数に応じた多数決によって、会社の基本的な経営方針などが決定されます。

したがって、CASE114のようにある企業（ゴエモン㈱）が他の企業（サブロー㈱）の発行済株式の全部を取得した場合、ある企業（ゴエモン㈱）は他の企業（サブロー㈱）の唯一の株主となり、他の企業（サブロー㈱）の基本的事項を決定することができるようになります。

このようにある企業（ゴエモン㈱）が他の企業（サブロー㈱）の意思決定機関を実質的に支配しているとき、ある企業（ゴエモン㈱）を**親会社**、他の企業（サブロー㈱）を**子会社**といいます。

また、上記のある企業（ゴエモン㈱）と他の企業（サブロー㈱）の関係を**支配従属関係**といいます。

簿記の問題では、親会社をP社（Parent companyのP）、子会社をS社（Subsidiary companyのS）で表すことが多いです。

連結財務諸表とは？

　ゴエモン㈱とサブロー㈱のように支配従属関係がある場合、親会社であるゴエモン㈱は、ゴエモングループ（ゴエモン㈱＆サブロー㈱）全体の経営成績や財政状態、キャッシュ・フローの状況を報告しなければなりません。

　このように、支配従属関係にある2つ以上の企業からなる企業集団の経営成績や財政状態、キャッシュ・フローの状況を総合的に報告するために、親会社（ゴエモン㈱）が作成する財務諸表を**連結財務諸表**といいます。

　なお、連結財務諸表は親会社と子会社の個別財務諸表をもとにして、これに親会社・子会社間の取引額等の調整（連結修正仕訳）をして作成します。

> 連結財務諸表に対して、ゴエモン㈱またはサブロー㈱が単体で作成する財務諸表（通常の財務諸表）を個別財務諸表といいます。

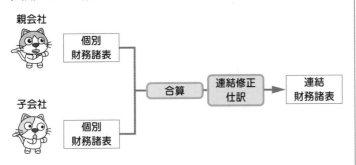

連結財務諸表の必要性

親会社は子会社の意思決定機関を支配しているので、親会社は子会社に対して強い立場にあります。

この立場を利用すると、親会社は自分の会社の経営成績や財政状態を現状よりもよくみせることができてしまいます。

第19章で登場する「棚卸資産」は、グループ内の企業が建設した建物をイメージしてください。

たとえば、決算直前になって親会社の当期の利益が赤字になりそうな場合、親会社の建設した建物（棚卸資産）を、不動産販売を営む子会社に無理やり売りつけたり、余っている土地を高い価額で子会社に売ってしまえば、親会社の個別財務諸表では利益を出すことができます。

しかし、連結財務諸表ではこのような親会社と子会社の取引はなかったものとされるので、連結財務諸表により、企業グループ全体の実態を明らかにすることができるのです。

● 連結の範囲と子会社の範囲

　親会社は原則として、すべての子会社を連結の範囲に含めなければなりません。

　また、他の企業が子会社に該当するかどうかは、他の企業の意思決定機関を実質的に支配しているかどうかという**支配力基準**によって判定します。

　他の企業の意思決定機関を実質的に支配している場合とは、他の企業の株式（**議決権**）の過半数（50％超）を自己の計算で所有している場合や、議決権の所有割合が50％以下であっても、高い割合（40％以上）で所有していて、かつ、自社の役員や従業員が他の企業の取締役会の構成員の過半数を占める場合など、他の企業の意思決定機関を支配しているという事実がある場合をいいます。

> 「議決権」とは、株主総会に参加し、意見を述べる権利をいいます。ですから、議決権が制限されている株式は、支配しているかどうかの判定の際、除外します。

他の企業の意思決定機関を支配している場合

● 他の企業の議決権の**過半数を自己の計算において所有している場合**

● 他の企業の議決権の**40％以上50％以下を自己の計算において所有している場合**で、かつ**役員や使用人**（自己が他の企業の財務、営業、事業の方針決定に影響を与えることができる者）が**他の企業の取締役会の構成員の過半数**を占めている場合　など

　なお、子会社に該当する企業でも、その企業に対する支配が一時的な場合や、その企業を連結することによって利害関係者の判断を誤らせるおそれがある場合は、連結の範囲から除きます。

> ちなみに、重要性の低い子会社は連結の範囲から除外することができます。

連結の範囲から除かれる子会社（非連結子会社）

①**支配が一時的**であると認められる企業

②連結することにより、**利害関係者の判断を著しく誤らせるおそれのある企業**

ここでは、主に連結損益計算書と連結貸借対照表の作成について学習します。なお、連結キャッシュ・フロー計算書と連結附属明細表は重要性が低いので、このテキストでは説明を省略します。

● 連結財務諸表の種類

連結財務諸表には、**連結損益計算書、連結貸借対照表、連結株主資本等変動計算書**、連結キャッシュ・フロー計算書、連結附属明細表があります。

(1) 連結損益計算書

連結損益計算書（連結P/L）は企業グループ全体の経営成績を表し、その形式は次のとおりです。

```
                連 結 損 益 計 算 書
         自×1年4月1日  至×2年3月31日(単位：円)
   Ⅰ  売    上    高
         完 成 工 事 高              ××
            ⋮                      ××      ××
   Ⅱ  売  上  原  価
         完 成 工 事 原 価           ××
            ⋮                      ××      ××
            売 上 総 利 益                   ××
   Ⅲ  販売費及び一般管理費
            のれん償却額
            営  業  利  益                  ××
   Ⅳ  営 業 外 収 益
            ⋮                      ××      ××
   Ⅴ  営 業 外 費 用
            ⋮                      ××      ××
            経  常  利  益                  ××
   Ⅵ  特  別  利  益
            ⋮                      ××
            負ののれん発生益         ××      ××
   Ⅶ  特  別  損  失
            ⋮                              ××
            税金等調整前当期純利益            ××
            法人税、住民税及び事業税  ××
            法 人 税 等 調 整 額     ××      ××
            当  期  純  利  益              ××
            非支配株主に帰属する当期純利益(または純損失)  ××
            親会社株主に帰属する当期純利益            ××
```

連結P/Lでは内訳を示しません。

借方に生じたのれんの償却額

税効果会計を適用した場合の法人税等の調整額です。

非支配株主（親会社以外の株主）に属する利益（または損失）です。

(2) **連結貸借対照表**

　連結貸借対照表（連結B/S）は企業グループの財政状態を表し、その形式は次のとおりです。

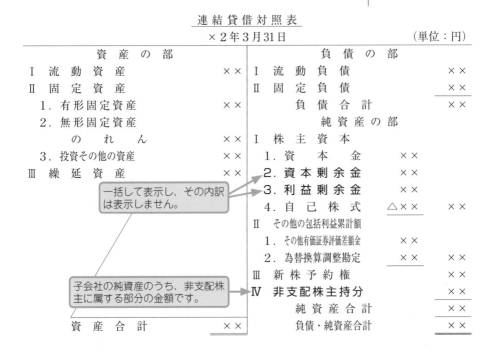

連 結 貸 借 対 照 表
×2年3月31日　　　　　　　　　　（単位：円）

資　産　の　部		負　債　の　部	
Ⅰ　流　動　資　産	××	Ⅰ　流　動　負　債	××
Ⅱ　固　定　資　産		Ⅱ　固　定　負　債	××
1．有形固定資産	××	負　債　合　計	××
2．無形固定資産		純　資　産　の　部	
の　れ　ん	××	Ⅰ　株　主　資　本	
3．投資その他の資産	××	1．資　本　金	××
Ⅲ　繰　延　資　産	××	2．資　本　剰　余　金	××
		3．利　益　剰　余　金	××
		4．自　己　株　式	△××	××
		Ⅱ　その他の包括利益累計額	
		1．その他有価証券評価差額金	××
		2．為替換算調整勘定	××	××
		Ⅲ　新　株　予　約　権	××
		Ⅳ　非　支　配　株　主　持　分	××
		純　資　産　合　計	××
資　産　合　計	××	負債・純資産合計	××

> 一括して表示し、その内訳は表示しません。

> 子会社の純資産のうち、非支配株主に属する部分の金額です。

連結決算日

　連結財務諸表を作成する際の決算日（連結決算日）は年1回で、通常親会社の決算日となります。

　なお、子会社の決算日が連結決算日と異なる場合、子会社は連結決算日に決算（正規の決算に準じる手続きによる決算）を行わなければなりません。しかし、決算日の差異が3カ月以内の場合には、子会社の正規の決算を基礎として作成した個別財務諸表をもとに連結財務諸表を作成することができます。

> この場合、決算日が異なることから生じる連結会社間の未達取引について必要な整理を行います。

⇔ **問題集** ⇔
問題90

支配獲得日の連結①
基本パターン

ゴエモン㈱は、×2年3月31日にサブロー㈱の発行済株式の100％を取得して子会社としました。このとき、ゴエモン㈱ではどんな処理をするのでしょうか？

| 例 | ゴエモン㈱は、×2年3月31日にサブロー㈱の発行済株式（S社株式）の100％を4,000円で取得し、実質的に支配した。このときの連結修正仕訳を示し、連結貸借対照表を作成しなさい。 |

[資　料]

1．×2年3月31日のゴエモン㈱とサブロー㈱の貸借対照表は次のとおりである。

貸　借　対　照　表
ゴエモン㈱ ×2年3月31日（単位：円）

諸　資　産	10,000	諸　負　債	6,000
S 社 株 式	4,000	資　本　金	5,000
		利益剰余金	3,000
	14,000		14,000

貸　借　対　照　表
サブロー㈱ ×2年3月31日（単位：円）

諸　資　産	8,000	諸　負　債	4,000
		資　本　金	3,000
		利益剰余金	1,000
	8,000		8,000

2．サブロー㈱の資産と負債の時価は帳簿価額と一致している。

資本連結

　たとえば、S社が設立の際、株式1,000円を発行（全額を資本金として処理）し、そのすべてをP社が取得した場合、P社とS社の仕訳はそれぞれ次のようになります。

① P社の仕訳

（S 社 株 式）	1,000	（現 金 な ど）	1,000

② S社の仕訳

（現 金 な ど）	1,000	（資 本 金）	1,000

　しかし、上記の取引は連結グループでみると、単に資金がグループ内で移動しただけです。

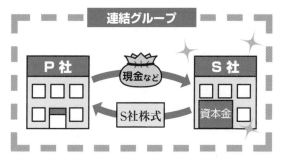

連結グループ

P社　現金など　S社株式　S社　資本金

このイメージがベースとなりますので、しっかりとおさえてください。

　そこで、連結財務諸表を作成する際には、この取引がなかったものとして次の修正仕訳（連結修正仕訳といいます）をします。

③ 連結修正仕訳

（資 本 金）	1,000	（S 社 株 式）	1,000

　このように、投資（S社株式）と資本（純資産）を相殺することを**資本連結**といいます。

● 支配獲得日の連結

　ある企業（ゴエモン㈱）が他の企業（サブロー㈱）の議決権（株式）の過半数を取得するなど、他の企業に対する支配を獲得した日を**支配獲得日**といいます。
　支配獲得日には、次の手順によって連結貸借対照表を作成します。

なお、支配獲得日（株式取得日）が子会社の決算日以外の日である場合には、その株式取得日の前後いずれかの決算日に株式が取得されたとみなして連結決算を行うことができます。この場合の決算日をみなし取得日といいます。

支配獲得日の連結

- Step 1 子会社の資産、負債を時価に評価替えする
- Step 2 親会社と子会社の貸借対照表を合算する
- Step 3 投資と資本を相殺消去する
- Step 4 連結貸借対照表を作成する

上記の手順にもとづいて、CASE115の連結貸借対照表を作成すると次のようになります。

Step 1 子会社の資産、負債を時価に評価替えする

CASE115では、サブロー㈱(子会社)の諸資産、諸負債の時価は帳簿価額と一致しているので、評価替えの処理は不要です。

Step 2 親会社と子会社の貸借対照表を合算する

ゴエモン㈱とサブロー㈱の貸借対照表を合算すると次のようになります。

ゴエモン㈱のB/S

諸資産 10,000円	諸負債 6,000円
	資本金 5,000円
S社株式 4,000円	利益剰余金 3,000円

サブロー㈱のB/S

諸資産 8,000円	諸負債 4,000円
	資本金 3,000円
	利益剰余金 1,000円

↓

ゴエモン㈱＋サブロー㈱のB/S

10,000円＋8,000円 →	諸資産 18,000円	諸負債 10,000円	← 6,000円＋4,000円
		資本金 8,000円	← 5,000円＋3,000円
	S社株式 4,000円	利益剰余金 4,000円	← 3,000円＋1,000円

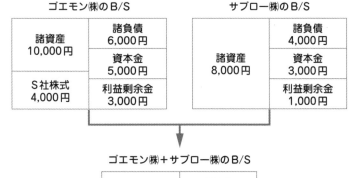

Step 3 投資と資本を相殺消去する

　連結財務諸表の作成にあたって、ゴエモン㈱（親会社）が所有するサブロー㈱株式（S社株式）と、サブロー㈱（子会社）の純資産（資本）は相殺消去します。

　CASE115の、投資と資本を相殺消去する仕訳（連結修正仕訳）は次のようになります。

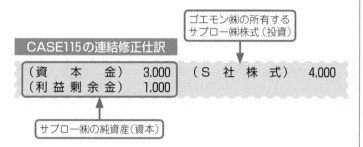

CASE115の連結修正仕訳

（資　本　金）	3,000	（S 社 株 式）	4,000
（利 益 剰 余 金）	1,000		

ゴエモン㈱の所有するサブロー㈱株式（投資）

サブロー㈱の純資産（資本）

Step 4 連結貸借対照表を作成する

　合算後の貸借対照表（Step 2）に連結修正仕訳（Step 3）を加減して、連結貸借対照表を作成します。

CASE115の連結貸借対照表

連 結 貸 借 対 照 表

ゴエモン㈱　×2年3月31日　（単位：円）

諸　資　産	18,000	諸　負　債	10,000
		資　本　金	5,000
		利益剰余金	3,000
	18,000		18,000

8,000円－3,000円

4,000円－1,000円

結局、連結貸借対照表の純資産額は、親会社の純資産額となります。

⇔ 問題集 ⇔
問題91

支配獲得日の連結②
部分所有の場合

CASE115では、ゴエモン㈱はサブロー㈱の発行済株式の全部を取得していましたが、もし60%しか取得していなかった場合はどんな処理になるのでしょうか？

残りの40%分の処理は？

> **例** ゴエモン㈱は、×2年3月31日にサブロー㈱の発行済株式（S社株式）の60%を2,400円で取得し、実質的に支配した。このときの連結修正仕訳を示し、連結貸借対照表を作成しなさい。
>
> ［資　料］
> 1. ×2年3月31日のゴエモン㈱とサブロー㈱の貸借対照表は次のとおりである。
>
> 貸　借　対　照　表
> ゴエモン㈱ ×2年3月31日（単位：円）
>
> | 諸　資　産 | 11,600 | 諸　負　債 | 6,000 |
> |---|---|---|---|
> | S 社 株 式 | 2,400 | 資　本　金 | 5,000 |
> | | | 利益剰余金 | 3,000 |
> | | 14,000 | | 14,000 |
>
> 貸　借　対　照　表
> サブロー㈱ ×2年3月31日（単位：円）
>
> | 諸　資　産 | 8,000 | 諸　負　債 | 4,000 |
> |---|---|---|---|
> | | | 資　本　金 | 3,000 |
> | | | 利益剰余金 | 1,000 |
> | | 8,000 | | 8,000 |
>
> 2. サブロー㈱の資産と負債の時価は帳簿価額と一致している。

このような状態を「部分所有」といいます。なお、100%所有の場合は「完全所有」といいます。

部分所有の場合の処理

　CASE116のように親会社（ゴエモン㈱）が子会社（サブロー㈱）の議決権（株式）のすべてを取得していない場合でも、CASE115と同様の手順で連結貸借対照表を作成します。

Step 1 子会社の資産、負債を時価に評価替えする

CASE116では、サブロー㈱（子会社）の諸資産、諸負債の時価は帳簿価額に一致しているので、評価替えの処理は不要です。

Step 2 親会社と子会社の貸借対照表を合算する

ゴエモン㈱とサブロー㈱の貸借対照表を合算すると次のようになります。

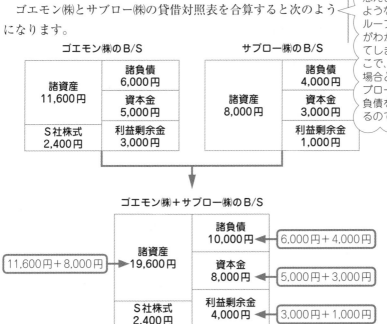

サブロー㈱株式の60％しか所有していないのだから、サブロー㈱の資産や負債のうち60％分だけ合算すればいいように思えますが、そのような処理だとグループ全体の規模がわからなくなってしまいます。そこで、完全所有の場合と同様に、サブロー㈱の資産や負債を全部合算するのです。

ゴエモン㈱のB/S

諸資産 11,600円	諸負債 6,000円
	資本金 5,000円
S社株式 2,400円	利益剰余金 3,000円

サブロー㈱のB/S

諸資産 8,000円	諸負債 4,000円
	資本金 3,000円
	利益剰余金 1,000円

ゴエモン㈱＋サブロー㈱のB/S

諸資産 19,600円 ← 11,600円＋8,000円	諸負債 10,000円 ← 6,000円＋4,000円
	資本金 8,000円 ← 5,000円＋3,000円
S社株式 2,400円	利益剰余金 4,000円 ← 3,000円＋1,000円

Step 3 投資と資本を相殺消去する

ゴエモン㈱（親会社）が所有するサブロー㈱株式（S社株式）と、サブロー㈱（子会社）の純資産（資本）のうちゴエモン㈱の所有割合分（60％）を相殺します。

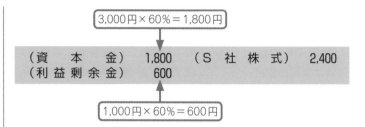

また、ゴエモン㈱以外の株主の持分（残りの40％分）は、**非支配株主持分**という勘定科目に振り替えます。

> 非支配株主持分は、親会社以外の株主の持分を表します。

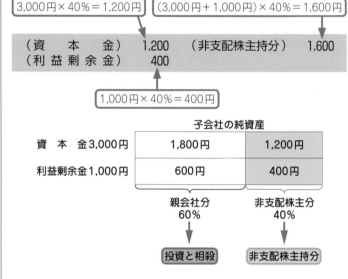

以上より、CASE116の連結修正仕訳は次のようになります。

CASE116の連結修正仕訳

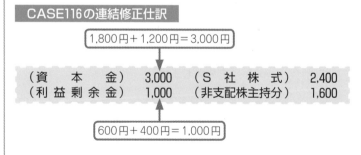

前記の仕訳からわかるように、結局、子会社の純資産（資本）を全額減少させることになります。

　したがって、投資と資本の相殺消去をするときは、次のように考えて連結修正仕訳を作りましょう。

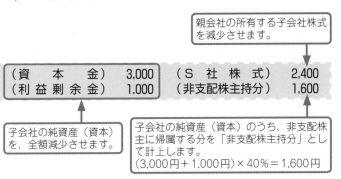

親会社の所有する子会社株式を減少させます。

| （資　本　金） | 3,000 | （Ｓ 社 株 式） | 2,400 |
| （利 益 剰 余 金） | 1,000 | （非支配株主持分） | 1,600 |

子会社の純資産（資本）を、全額減少させます。

子会社の純資産（資本）のうち、非支配株主に帰属する分を「非支配株主持分」として計上します。
（3,000円＋1,000円）× 40％＝1,600円

(Step 4) 連結貸借対照表を作成する

　以上より、CASE116の連結貸借対照表は次のようになります。

CASE116の連結貸借対照表

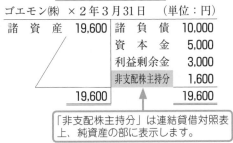

連 結 貸 借 対 照 表
ゴエモン㈱　×2年3月31日　（単位：円）

諸 資 産	19,600	諸 負 債	10,000
		資 本 金	5,000
		利益剰余金	3,000
		非支配株主持分	1,600
	19,600		19,600

「非支配株主持分」は連結貸借対照表上、純資産の部に表示します。

⇔ 問題集 ⇔
問題92

支配獲得日の連結③
投資消去差額が生じる場合

親会社
ゴエモン株式会社
S社株式
2,600円
60%分

差額が生じる場合は？

子会社
サブロー株式会社
資 本 金 3,000円
利益剰余金 1,000円

CASE116で、ゴエモン
㈱の所有するサブロー
㈱株式（S社株式）が2,600円
だった場合、連結修正仕訳に
貸借差額が生じます。この差
額はどのように処理するので
しょう？

例 ゴエモン㈱は、×2年3月31日にサブロー㈱の発行済株式（S社
株式）の60%を2,600円で取得し、実質的に支配した。このとき
の連結修正仕訳を示し、連結貸借対照表を作成しなさい。

［資 料］

1．×2年3月31日のゴエモン㈱とサブロー㈱の貸借対照表は次のと
おりである。

貸 借 対 照 表			
ゴエモン㈱ ×2年3月31日（単位：円）			
諸 資 産	11,400	諸 負 債	6,000
S 社 株 式	2,600	資 本 金	5,000
		利益剰余金	3,000
	14,000		14,000

貸 借 対 照 表			
サブロー㈱ ×2年3月31日（単位：円）			
諸 資 産	8,000	諸 負 債	4,000
		資 本 金	3,000
		利益剰余金	1,000
	8,000		8,000

2．サブロー㈱の資産と負債の時価は帳簿価額と一致している。

投資消去差額が生じる場合の処理

CASE117は、ゴエモン㈱の所有するサブロー㈱株式（S社株
式）が2,600円なので、連結修正仕訳に貸借差額が生じます。

| （資　本　金） | 3,000 | （S　社　株　式） | 2,600 |
| （利　益　剰　余　金） | 1,000 | （非支配株主持分） | 1,600 |

借方合計
4,000円

貸方合計
4,200円

　この差額（200円）は、親会社の投資（S社株式）の金額と子会社の純資産（資本）のうち親会社に帰属する部分の金額（子会社の純資産×親会社の所有割合）が異なるために生じた差額です。

　この差額を**投資消去差額**といい、投資消去差額が生じたときは、**のれん（無形固定資産）**または**負ののれん発生益（特別利益）**で処理します。

> 投資消去差額が借方に生じたらのれん（無形固定資産）、貸方に生じたら負ののれん発生益（特別利益）です。

　以上より、CASE117の連結修正仕訳と連結貸借対照表は次のようになります。

CASE117の連結修正仕訳

（資　本　金）	3,000	（S　社　株　式）	2,600
（利　益　剰　余　金）	1,000	（非支配株主持分）	1,600
（の　れ　ん）	200		

貸借差額

> のれんは2級でも学習したように、発生後20年以内に償却します。

CASE117の連結貸借対照表

連 結 貸 借 対 照 表

ゴエモン㈱　×2年3月31日　　（単位：円）

諸　資　産	19,400	諸　負　債	10,000
の　れ　ん	200	資　本　金	5,000
		利益剰余金	3,000
		非支配株主持分	1,600
	19,600		19,600

⇔ 問題集 ⇔
問題93

支配獲得日の連結④ 評価差額が生じる場合

こんどは、サブロー㈱の貸借対照表の資産や負債の時価が、帳簿価額と異なる場合の処理についてみてみましょう。

取引 ゴエモン㈱は、×2年3月31日にサブロー㈱の発行済株式（S社株式）の60%を2,600円で取得し、実質的に支配した。次の資料にもとづき、評価替えの仕訳と連結修正仕訳を示しなさい。

［資　料］

1．×2年3月31日のゴエモン㈱とサブロー㈱の貸借対照表は次のとおりである。

貸 借 対 照 表
ゴエモン㈱ ×2年3月31日（単位：円）

諸 資 産	11,400	諸 負 債	6,000
S 社 株 式	2,600	資 本 金	5,000
		利益剰余金	3,000
	14,000		14,000

貸 借 対 照 表
サブロー㈱ ×2年3月31日（単位：円）

諸 資 産	8,000	諸 負 債	4,000
		資 本 金	3,000
		利益剰余金	1,000
	8,000		8,000

2．支配獲得日におけるサブロー㈱の諸資産の時価は8,200円であった。

●評価替えがある場合の処理

　連結貸借対照表を作成するにあたって、子会社の資産や負債の帳簿価額が時価（公正な評価額）と異なる場合は、時価に評価替えします（全面時価評価法）。

子会社の資産、負債の評価替え

CASE118では、サブロー㈱（子会社）の諸資産の時価（8,200円）が帳簿価額（8,000円）と異なっているので、時価（8,200円）に評価替えします（相手科目は「**評価差額**」で処理します）。

したがって、CASE118のサブロー㈱の諸資産を評価替えする仕訳は次のようになります。

（諸　資　産）　200　（評　価　差　額）　200

8,200円－8,000円＝200円

連結修正仕訳

評価差額は子会社の純資産として処理するので、投資と資本を相殺するときに消去されます。

なお、評価差額のうち親会社持分は投資と相殺し、親会社持分以外は非支配株主持分として処理します（評価差額も非支配株主持分の計算に含めます）。

> 資本金や利益剰余金と同様に処理します。

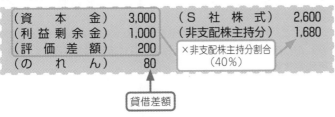

（資　本　金）	3,000	（Ｓ　社　株　式）	2,600
（利 益 剰 余 金）	1,000	（非支配株主持分）	1,680
（評　価　差　額）	200	×非支配株主持分割合	
（の　れ　ん）	80	（40%）	

貸借差額

以上より、CASE118の評価替えの仕訳と連結修正仕訳は次のようになります。

CASE118の評価替えの仕訳と連結修正仕訳

(1)　評価替えの仕訳

（諸　資　産）　200　（評　価　差　額）　200

(2)　連結修正仕訳

（資　本　金）	3,000	（Ｓ　社　株　式）	2,600
（利 益 剰 余 金）	1,000	（非支配株主持分）	1,680
（評　価　差　額）	200		
（の　れ　ん）	80		

⇔ 問題集 ⇔
問題94

連結会計上の税効果会計

　子会社の資産、負債を時価に評価替えすることによって評価差額が生じた場合には、評価差額に対して税効果会計を適用します。

> **例** CASE118と同じ条件のとき、評価差額に税効果会計（実効税率40%）を適用する。

(1) 評価替えの仕訳

　サブロー㈱（子会社）の諸資産を、時価に評価替えすると次のようになります。

この仕訳はCASE118と同じです。

（諸　資　産）　200　（評　価　差　額）　200

8,200円－8,000円＝200円

　この評価替えによって生じた評価差額（純資産）に対して税効果会計を適用しますが、この場合、「法人税等調整額」は用いることはできません。

税効果会計の基本的な内容については第17章で確認してください。

　そこで、評価差額に実効税率を掛けた金額を評価差額（純資産）から減額します。そして、相手科目は**繰延税金資産**または**繰延税金負債**で処理します。

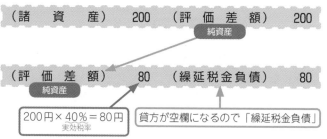

子会社の資産の評価替えによって繰延税金負債が生じているので、この繰延税金負債は子会社に帰属します。

200円×40％＝80円
実効税率

貸方が空欄になるので「繰延税金負債」

　上記の仕訳を合わせた仕訳が、評価替えの仕訳になります。

(2) 連結修正仕訳

　税効果会計適用後の評価差額にもとづいて投資と資本を相殺する仕訳（連結修正仕訳）を行います。

以上より、評価替えの仕訳と連結修正仕訳は次のようになります。

評価替えの仕訳と連結修正仕訳

(1) **評価替えの仕訳**

慣れてきたら、評価差額に（100％－実効税率）を掛けて直接求めましょう。
200円×（100％－40％）＝120円

| （諸　資　産） | 200 | （評　価　差　額） | 120 |
| | | （繰延税金負債） | 80 |

200円×40％＝80円

(2) **連結修正仕訳**

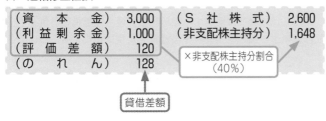

（資　本　金）	3,000	（S　社　株　式）	2,600
（利益剰余金）	1,000	（非支配株主持分）	1,648
（評　価　差　額）	120		
（の　れ　ん）	128		

×非支配株主持分割合（40％）

貸借差額

参考 連結会計上の繰延税金資産と繰延税金負債の表示

連結精算表を作成する際には、相殺しないこともあります。連結精算表の作成問題では、問題文の指示にしたがって処理してください。

繰延税金資産は固定資産の部に、繰延税金負債は固定負債の部に表示します。

なお、繰延税金資産と繰延税金負債は**相殺**して表示します。

納税主体が異なるので、相殺することができないのです。

ただし、親会社に帰属する繰延税金資産・繰延税金負債と子会社に帰属する繰延税金資産・繰延税金負債は相殺することはできません。

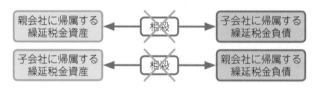

連結会計

支配獲得日後1年目の連結①
開始仕訳

ってことは、
前期に行った
連結修正仕訳は…？

×3年3月31日（決算日）。

ゴエモン㈱は前期末（×2年3月31日）にサブロー㈱を子会社としています。

サブロー㈱の支配獲得日（CASE118）から1年がたちましたが、当期の連結財務諸表はどのように作成するのでしょう？

取引 ゴエモン㈱は、前期末（×2年3月31日）にサブロー㈱の発行済株式（S社株式）の60%を2,600円で取得し、実質的に支配した。前期末（×2年3月31日）におけるサブロー㈱の貸借対照表にもとづいて、当期（決算日は×3年3月31日）の連結財務諸表を作成するために必要な仕訳をしなさい。なお、会計期間はゴエモン㈱、サブロー㈱ともに×2年4月1日から×3年3月31日までである。

[資 料]
貸 借 対 照 表
サブロー㈱ ×2年3月31日 （単位：円）

諸 資 産	8,000	諸 負 債	4,000
		資 本 金	3,000
		利益剰余金	1,000
	8,000		8,000

* ×2年3月31日におけるサブロー㈱の諸資産の時価は8,200円であった。

このテキストでは
主に連結P/Lと連
結B/Sの作成につ
いて学習します。

● 支配獲得日後の連結

　子会社の支配獲得日（前期末）には、連結貸借対照表だけを
作成しましたが、支配獲得日後は連結損益計算書、連結貸借対
照表、連結株主資本等変動計算書、連結キャッシュ・フロー計
算書を作成します。

　なお、連結損益計算書、連結貸借対照表、連結株主資本等変
動計算書の関連を示すと次のようになります。

連結損益計算書

諸費用 60,000円	諸収益 85,000円
利　益 25,000円	

連結貸借対照表

諸資産 197,000円	諸負債 70,000円
	資本金 80,000円
	利益剰余金 40,000円
	非支配株主持分 7,000円

連結株主資本等変動計算書

	株　　主　　資　　本			非支配株主持分
	資　本　金	資本剰余金	利益剰余金	
当 期 首 残 高	80,000	0	27,000	4,000
当 期 変 動 額				
剰 余 金 の 配 当			△12,000	
親会社株主に帰属する当期純利益			25,000	
株主資本以外の項目の当期変動額(純額)				3,000
当 期 変 動 額 合 計	0	0	13,000	3,000
当 期 末 残 高	80,000	0	40,000	7,000

　連結財務諸表は、親会社と子会社の当期の個別財務諸表をも
とに作成します。この当期の個別財務諸表には、前期までに
行った連結修正仕訳は反映されていませんので、当期の連結財
務諸表を作成するにあたって再度行う必要があります。この、
前期までに行った連結修正仕訳を**開始仕訳**といいます。

　そして、開始仕訳を行ったあと、当期の連結修正仕訳を行
い、当期の連結財務諸表を作成します。

当期の連結決算に
あたって最初に行
うので「開始仕
訳」といいます。

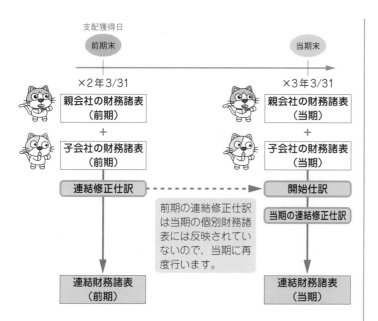

なお、支配獲得日後に行う連結修正仕訳（当期の連結修正仕訳）には、①**のれんの償却**（CASE120）、②**子会社の当期純損益の振替え**（CASE121）、③**子会社の配当金の修正**（CASE122）などがあります。

これ以外の連結修正仕訳についてはCASE124から学習します。

● 開始仕訳

CASE119は前期末に支配を獲得しているので、前期末における評価替えの仕訳と連結修正仕訳は次のようになります。

(1) 評価替えの仕訳

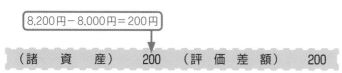

8,200円−8,000円＝200円

（諸　資　産）　200　（評　価　差　額）　200

(2) 連結修正仕訳

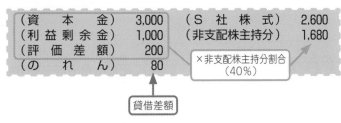

（資　本　金）　　3,000　　（S　社　株　式）　　2,600
（利 益 剰 余 金）　　1,000　　（非支配株主持分）　　1,680
（評　価　差　額）　　　200
（の　　れ　　ん）　　　 80　　| ×非支配株主持分割合 （40%） |

| 貸借差額 |

支配獲得日後は連
結株主資本等変動
計算書も作成する
からです。

　当期の連結財務諸表を作成するにあたって、この仕訳を再度
行いますが、このとき、純資産の項目については連結株主資本
等変動計算書の勘定科目で仕訳します。

　具体的には、純資産の勘定科目のうしろに「**当期首残高**」を
つけて、「資本金当期首残高」などで処理します。

| 開始仕訳では、この金額を修正
するので、「○○当期首残高」
という勘定科目で仕訳します。 |

連結株主資本等変動計算書

	株　　主　　資　　本			非 支 配 株主持分
	資 本 金	資本剰余金	利益剰余金	
当 期 首 残 高	××	××	××	××
当 期 変 動 額				
剰 余 金 の 配 当			△××	
親会社株主に帰属 する 当 期 純 利 益			××	
株主資本以外の項目 の当期変動額(純額)				××
当 期 変 動 額 合 計			××	××
当 期 末 残 高	××	××	××	××

以上より、CASE119の評価替えの仕訳と開始仕訳は次のようになります。

CASE119の評価替えの仕訳と開始仕訳

(1) 評価替えの仕訳

（諸　資　産）　　　200　（評価差額）　　　200

(2) 開始仕訳

（資本金当期首残高）	3,000	（S　社　株　式）	2,600
（利益剰余金当期首残高）	1,000	（非支配株主持分当期首残高）	1,680
（評　価　差　額）	200		
（の　　れ　　ん）	80		

CASE 120 連結会計

支配獲得日後1年目の連結②
のれんの償却

のれんの償却は
2級でも学習したよね。

ネコでもわかる
連結会計

ゴエモン㈱が前期末（×2年3月31日）にサブロー㈱を子会社としたとき、のれんが生じています。
このののれんはどのように処理するのでしょうか？

取引 ゴエモン㈱は、前期末（×2年3月31日）にサブロー㈱の発行済株式（S社株式）の60%を取得し、実質的に支配した。支配獲得日においてのれん（借方）が80円生じている。当期（×2年4月1日から×3年3月31日）の連結財務諸表を作成するために必要な連結修正仕訳（のれんの償却の仕訳）を示しなさい。なお、のれんは発生年度の翌年（当期）から8年間で均等額を償却する。

● のれんの償却

投資と資本の相殺消去によって、のれん（借方ののれん）が生じた場合には、原則として20年以内に定額法等の方法によって償却します。

CASE120では、発生年度の翌年（当期）から8年間で均等額を償却するため、CASE120の連結修正仕訳は次のようになります。

> 償却期間は問題文の指示にしたがってください。

CASE120の連結修正仕訳

$$80円÷8年＝10円$$

（のれん償却額）　10　（の　れ　ん）　10

支配獲得日後1年目の連結③
子会社の当期純損益の振替え

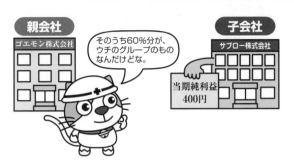

サブロー㈱の当期純利益は400円でした。ゴエモン㈱はサブロー㈱の親会社ですが、株式の取得割合は60%です。
この場合、当期純利益の全額をゴエモングループの利益として処理してよいのでしょうか？

> **取引** ゴエモン㈱はサブロー㈱の発行済株式（S社株式）の60%を取得し、実質的に支配している。サブロー㈱の当期純利益は400円であった。当期の連結財務諸表を作成するために必要な連結修正仕訳（子会社の当期純損益を振り替える仕訳）を示しなさい。

●子会社の当期純損益の振替え

　連結財務諸表を作成する際、親会社と子会社の個別財務諸表をそのまま合算すると、連結財務諸表に子会社の当期純利益の全額が計上されます。したがって、このうち非支配株主に帰属する部分は非支配株主持分に振り替えます。

　CASE121では、サブロー㈱（子会社）の当期純利益が400円、非支配株主持分割合が40%（100%－60%）なので、160円（400円×40%）を非支配株主持分に振り替えることになります。

　なお、仕訳上は「**非支配株主持分当期変動額**」として処理します。

> 非支配株主持分（純資産）の変動なので、連結株主資本等変動計算書の科目で処理します。

連結株主資本等変動計算書

| | 株　主　資　本 | | | 非　支　配 |
	資　本　金	資本剰余金	利益剰余金	株主持分
当 期 首 残 高	××	××	××	××
当 期 変 動 額				
株主資本以外の項目の当期変動額(純額)				××

> 当期純利益なので、非支配株主の持分が増加します。

（非支配株主持分当期変動額） 160

$$400円 × 40\% = 160円$$

> 利益の振替えだからといって、利益剰余金を直接減額するわけではありません。

また、相手科目は**非支配株主に帰属する当期純損益**で処理します。

以上より、CASE121 の連結修正仕訳は次のようになります。

CASE121 の連結修正仕訳

（非支配株主に帰属する当期純損益） 160 （非支配株主持分当期変動額） 160

● 非支配株主に帰属する当期純損益の損益計算書上の表示

非支配株主に帰属する当期純損益は、借方の金額と貸方の金額を相殺して、連結損益計算書に計上します。

なお、非支配株主に帰属する当期純損益が借方残高の場合は、親会社にとっては利益の減少を表しますが、非支配株主にとっては利益の増加を表すので、連結損益計算書上は「**非支配株主に帰属する当期純利益**」として表示し、当期純利益から減算します。

> CASE121 では子会社の当期純利益を非支配株主持分に振り替えた結果、借方に非支配株主に帰属する当期純損益が計上されました。したがって、この場合（借方残高）の非支配株主に帰属する当期純損益は、非支配株主にとっては利益の増加を表します。

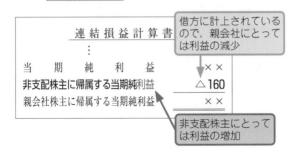

反対に、非支配株主に帰属する当期純損益が貸方残高の場合は、親会社にとっては利益の増加を表しますが、非支配株主にとっては利益の減少（損失の増加）を表すので、連結損益計算書上は「**非支配株主に帰属する当期純損失**」として表示し、当期純利益に加算します。

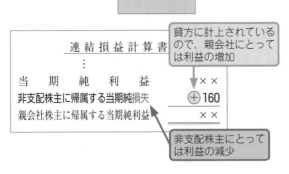

子会社の当期純損失を非支配株主持分に振り替えた場合などは、非支配株主に帰属する当期純損益が貸方に計上されます。したがって、この場合（貸方残高）の非支配株主に帰属する当期純損益は、非支配株主にとっては利益の減少を表します。

支配獲得日後1年目の連結④
子会社の配当金の修正

ゴエモン㈱は、当期において サブロー㈱から配当金を受け取っています。子会社から配当金を受け取った場合、連結財務諸表を作成するにあたって、何か処理をしなければならないのでしょうか？

取引 ゴエモン㈱はサブロー㈱の発行済株式（S社株式）の60%を取得し、実質的に支配している。サブロー㈱は当期中に300円の配当をした。この場合の連結修正仕訳を示しなさい。

● 子会社の配当金の修正

サブロー㈱が配当金を支払ったとき（ゴエモン㈱がサブロー㈱から配当金を受け取ったとき）、サブロー㈱とゴエモン㈱はそれぞれ次の処理をしています。

◆サブロー㈱の処理（配当金の支払時の処理）

（利 益 剰 余 金）	300	（現 金 な ど）	300
繰越利益剰余金			

◆ゴエモン㈱の処理（配当金の受取時の処理）

（現　　　　　金）	180	（受 取 配 当 金）	180*

* 300円×60％＝180円

子会社（サブロー㈱）の親会社（ゴエモン㈱）に対する配当はグループ内部の取引なので、連結上、相殺消去します。

　なお、純資産の項目については、連結株主資本等変動計算書の科目で処理するため、配当金の支払額については「**剰余金の配当**」で処理します。

連結株主資本等変動計算書

	株　主　資　本			非　支　配 株主持分
	資　本　金	資本剰余金	利益剰余金	
当 期 首 残 高	××	××	××	××
当 期 変 動 額				
剰 余 金 の 配 当			△××	

300円×60％＝180円

（受 取 配 当 金）　　　180　　（剰 余 金 の 配 当）　　　180
　　　　　　　　　　　　　　　　　　　利益剰余金

　また、サブロー㈱の利益剰余金（繰越利益剰余金）の減少額のうち、40％分は非支配株主の持分に対応する部分です。

　そこで、子会社（サブロー㈱）が非支配株主に対して支払った配当金については**非支配株主持分の減少**として処理します。

> 連結上は連結株主資本等変動計算書の科目（非支配株主持分当期変動額）で処理します。

連結株主資本等変動計算書

	株　主　資　本			非　支　配 株主持分
	資　本　金	資本剰余金	利益剰余金	
当 期 首 残 高	××	××	××	××
当 期 変 動 額				
株主資本以外の項目 の当期変動額(純額)				××

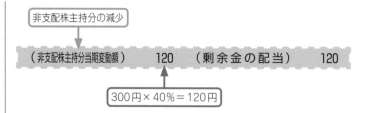

非支配株主持分の減少

（非支配株主持分当期変動額）　120　（剰余金の配当）　120

300円×40％＝120円

以上より、CASE122の連結修正仕訳は次のようになります。

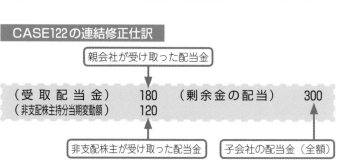

CASE122の連結修正仕訳

親会社が受け取った配当金

（受 取 配 当 金）　180　（剰 余 金 の 配 当）　300
（非支配株主持分当期変動額）　120

非支配株主が受け取った配当金　　　子会社の配当金（全額）

CASE 123

連結会計

支配獲得日後2年目の連結

前々期と前期に行った
連結修正仕訳を、再度
しなきゃだね！

ネコでもわかる
連結会計

ゴエモン㈱は、前々期
末（×2年3月31日）
にサブロー㈱を子会社として
います。
この場合、当期（支配獲得日
後2年目）の連結修正仕訳
（開始仕訳）はどのようになる
のでしょう？

取引 ゴエモン㈱は、前々期末（×2年3月31日）にサブロー㈱の発行
済株式（S社株式）の60%を取得し、実質的に支配した。次の資
料にもとづき、当期（×3年4月1日から×4年3月31日）の連
結財務諸表を作成するための評価替えの仕訳と開始仕訳を示しな
さい。

［資　料］

前期末において、前期（×2年4月1日から×3年3月31日）の連
結財務諸表を作成する際に行った連結修正仕訳等は次のとおりであ
る。

(1) 評価替えの仕訳

（諸 資 産）	200	（評 価 差 額）	200

(2) 連結修正仕訳

① 開始仕訳（投資と資本の相殺消去）

（資本金当期首残高）	3,000	（S 社 株 式）	2,600
（利益剰余金当期首残高）	1,000	（非支配株主持分当期首残高）	1,680
（評 価 差 額）	200		
（の れ ん）	80		

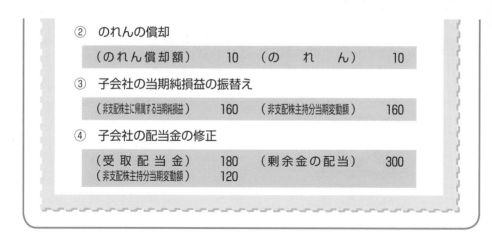

② のれんの償却

| （のれん償却額） | 10 | （の　れ　ん） | 10 |

③ 子会社の当期純損益の振替え

| （非支配株主に帰属する当期純損益） | 160 | （非支配株主持分当期変動額） | 160 |

④ 子会社の配当金の修正

| （受　取　配　当　金） | 180 | （剰余金の配当） | 300 |
| （非支配株主持分当期変動額） | 120 | | |

● 支配獲得日後2年目の連結

　当期の連結財務諸表を作成するにあたって、前期末までに行った連結修正仕訳を再度行います（開始仕訳）。

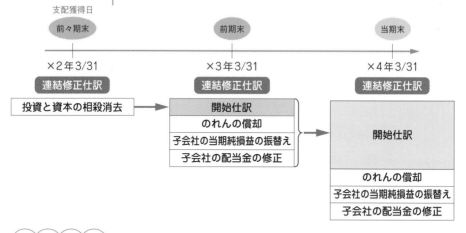

> 収益と費用から当期純損益が計算されて、当期純損益は最終的に利益剰余金（繰越利益剰余金）となるからです。

　なお、前期までの連結修正仕訳のうち、純資産の項目は「○○**当期首残高**」で処理し、利益に影響を与える項目（のれん償却額など）は「**利益剰余金当期首残高**」で処理します。

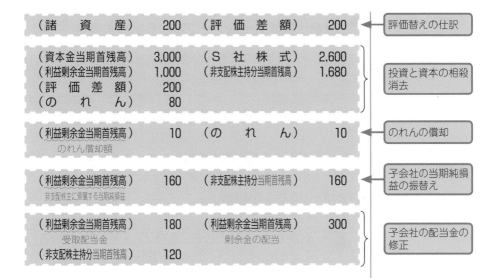

（諸　資　産）	200	（評　価　差　額）	200	← 評価替えの仕訳
（資本金当期首残高） （利益剰余金当期首残高） （評　価　差　額） （の　れ　ん）	3,000 1,000 200 80	（S　社　株　式） （非支配株主持分当期首残高）	2,600 1,680	投資と資本の相殺 消去
（利益剰余金当期首残高） 　のれん償却額	10	（の　れ　ん）	10	← のれんの償却
（利益剰余金当期首残高） 　非支配株主に帰属する当期純損益	160	（非支配株主持分当期首残高）	160	← 子会社の当期純損 益の振替え
（利益剰余金当期首残高） 　受取配当金 （非支配株主持分当期首残高）	180 120	（利益剰余金当期首残高） 　剰余金の配当	300	子会社の配当金の 修正

上記の仕訳をまとめると次のようになります。

CASE123の評価替えの仕訳と開始仕訳

(1) **評価替えの仕訳**

（諸　資　産）	200	（評　価　差　額）	200

(2) **連結修正仕訳（開始仕訳）**

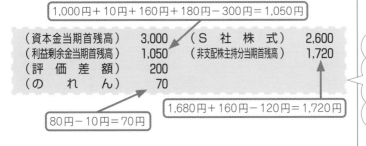

1,000円＋10円＋160円＋180円－300円＝1,050円

（資本金当期首残高）	3,000	（S　社　株　式）	2,600
（利益剰余金当期首残高）	1,050	（非支配株主持分当期首残高）	1,720
（評　価　差　額）	200		
（の　れ　ん）	70		

80円－10円＝70円

1,680円＋160円－120円＝1,720円

> 開始仕訳以外の連結修正仕訳（当期ののれんの償却等）はCASE120～122と同様に行います。

開始仕訳はタイムテーブルから求めよう！

　開始仕訳は前期までに行った連結修正仕訳をまとめた仕訳ですが、CASE123のように各期の仕訳をしてから開始仕訳を作るのは、少し面倒です。そこで、問題を解く際には通常、タイムテーブルを使って開始仕訳を作ります。

　CASE118からCASE122を前提として、タイムテーブルの作り方と当期（×3年4月1日から×4年3月31日）の開始仕訳の作り方をみてみましょう。

　問題　次の資料にもとづき、当期（×3年4月1日から×4年3月31日）の連結財務諸表を作成するために必要な開始仕訳を示しなさい。

　[資　料]
1．ゴエモン㈱は、×2年3月31日（前々期末）にサブロー㈱の発行済株式（S社株式）のうち60％を2,600円で取得して実質的に支配した。
2．×2年3月31日（支配獲得日）のサブロー㈱の貸借対照表は次のとおりである（諸資産の時価は8,200円である）。

　　　　　　　　　　貸　借　対　照　表
サブロー㈱　×2年3月31日　（単位：円）

諸　資　産	8,000	諸　負　債	4,000
		資　本　金	3,000
		利益剰余金	1,000
	8,000		8,000

3．×3年3月31日（前期末）のサブロー㈱の資本金は3,000円、利益剰余金は1,100円である。
4．のれんは発生年度の翌年から8年間で均等額を償却する。

Step 1 支配獲得日の状況を記入する

まず、タイムテーブルに日付と支配獲得日の状況（取得割合、子会社株式の帳簿価額、子会社の純資産の金額）等を記入します。

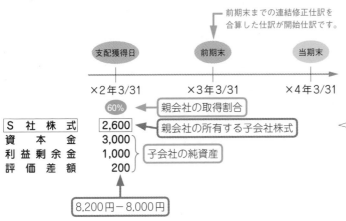

前期末までの連結修正仕訳を合算した仕訳が開始仕訳です。

	支配獲得日	前期末	当期末
	×2年3/31	×3年3/31	×4年3/31

60% ← 親会社の取得割合

S 社 株 式	2,600	← 親会社の所有する子会社株式
資 本 金	3,000	
利 益 剰 余 金	1,000	子会社の純資産
評 価 差 額	200	

8,200円 － 8,000円

□で囲んだ項目は、連結修正仕訳で貸方に記入されるものです。

Step 2 支配獲得日の非支配株主持分を計算する

次に、子会社の純資産（資本）に非支配株主持分割合を掛けて、支配獲得日における非支配株主持分を計算します。

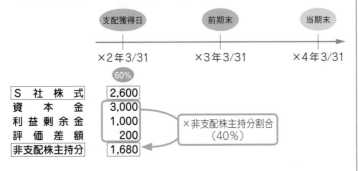

	支配獲得日	前期末	当期末
	×2年3/31	×3年3/31	×4年3/31

60%

S 社 株 式	2,600	
資 本 金	3,000	
利 益 剰 余 金	1,000	×非支配株主持分割合
評 価 差 額	200	（40%）
非支配株主持分	1,680	

支配獲得日ののれんを計算する

次に、投資（S社株式）と資本（子会社の純資産）の差額で
のれんを計算します。

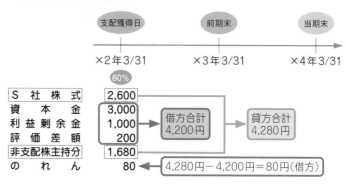

Step 4　前期末の状況を記入する

支配獲得日の状況を記入後、前期末の状況も記入します。な
お、のれんは前期に1回目の償却をしているので、償却後の金
額を記入します。

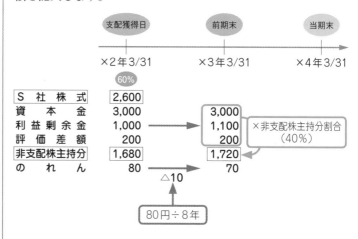

Step 5 利益剰余金の増減額のうち非支配株主分を計算する

支配獲得日から前期末までの利益剰余金の増減額のうち、非支配株主の持分に対応する金額を計算し、タイムテーブルに記入します。

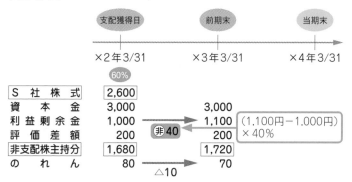

なお期末の利益剰余金は、期首の利益剰余金に当期純利益を加算し、剰余金の配当・処分額を差し引いた金額です。

したがって、サブロー㈱の前期末の利益剰余金1,100円は、次の計算結果によるものです。

利益剰余金（前期末）

Step 6 開始仕訳を作る

最後に、このタイムテーブルから直接開始仕訳を作るのですが、その前に、このタイムテーブルと前期末までの連結修正仕訳の関係をみておきましょう。

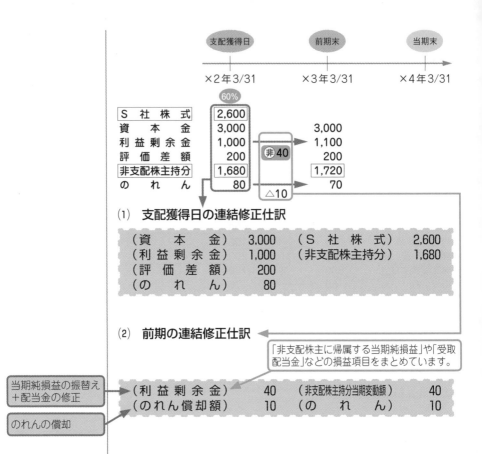

(1) **支配獲得日の連結修正仕訳**

（資　本　金）	3,000	（S　社　株　式）	2,600
（利 益 剰 余 金）	1,000	（非支配株主持分）	1,680
（評　価　差　額）	200		
（の　れ　ん）	80		

(2) **前期の連結修正仕訳**

「非支配株主に帰属する当期純損益」や「受取配当金」などの損益項目をまとめています。

当期純損益の振替え
＋配当金の修正

| （利 益 剰 余 金） | 40 | （非支配株主持分当期変動額） | 40 |
| （のれん償却額） | 10 | （の　れ　ん） | 10 |

のれんの償却

　上記の仕訳を合算し、純資産の項目は「○○**当期首残高**」に、利益に影響を与える項目は「**利益剰余金当期首残高**」になおした仕訳が当期の開始仕訳となります。

開始仕訳 (1)＋(2)

1,000円＋40円＋10円＝1,050円

（資本金当期首残高）	3,000	（S　社　株　式）	2,600
（利益剰余金当期首残高）	1,050	（非支配株主持分当期首残高）	1,720
（評　価　差　額）	200		
（の　れ　ん）	70		

1,680円＋40円＝1,720円

したがって、タイムテーブルから直接開始仕訳を作ると次の
ようになります。

「開始仕訳」といったらこのタイムテーブルがすぐ書けるように、問題を使って書く練習をしましょう。

基本的に、前期末の金額を
用います。

	支配獲得日	前期末	当期末
	×2年3/31	×3年3/31	×4年3/31

	60%		
S 社 株 式	2,600		
資 本 金	3,000	3,000	
利 益 剰 余 金	1,000	1,100	
評 価 差 額	200	(非40) 200	
非支配株主持分	1,680	1,720	
の れ ん	80	△10 → 70	

1,000円＋40円＋10円＝1,050円

開始仕訳

（資本金当期首残高）	3,000	（S 社 株 式）	2,600
（利益剰余金当期首残高）	1,050	（非支配株主持分当期首残高）	1,720
（評 価 差 額）	200		
（の れ ん）	70		

CASE123の開始仕訳（仕訳を合算した場合）と同じ仕訳になることを確認しておきましょう。

内部取引高と債権債務の相殺消去

ゴエモン㈱は子会社であるシロー㈱に棚卸資産を売り上げています。また、シロー㈱に対する貸付金もあります。

このような場合、連結財務諸表を作成するにあたって、どんな修正をするのでしょうか?

取引 ゴエモン㈱はシロー㈱の発行済株式の80%を取得し、支配している。次の各取引について、当期の連結財務諸表を作成するのに必要な連結修正仕訳を示しなさい。

[取 引]
(1) ゴエモン㈱は当期においてシロー㈱に棚卸資産1,000円を売り上げている。

(2) ゴエモン㈱はシロー㈱に対する短期貸付金200円があり、この短期貸付金にかかる受取利息20円と未収利息10円を計上している。

内部取引高と債権債務の相殺消去

　連結会社間(親会社と子会社の間)で行われた取引は、連結会計上、企業グループ内部の取引となるので、連結財務諸表の作成にあたって消去します。

　また、親会社の子会社に対する貸付金など、連結会社間の債権債務の期末残高も消去します。

　消去する内部取引高、債権債務には次のようなものがあります。

> 子会社からみたら親会社からの借入金ですね。

消去する内部取引高、債権債務

内部取引高の相殺消去	債権債務の相殺消去
完成工事高 ←→ 完成工事原価	工事未払金 ←→ 完成工事未収入金
受 取 利 息 ←→ 支 払 利 息	支 払 手 形 ←→ 受 取 手 形
受取配当金 ←→ 配 当 金	借 入 金 ←→ 貸 付 金
	未 払 費 用 ←→ 未 収 収 益
	前 受 収 益 ←→ 前 払 費 用

受取配当金と配当金の相殺消去はCASE122で学習しましたね。

　CASE124(1)では、ゴエモン㈱（親会社）がシロー㈱（子会社）に棚卸資産1,000円を売り上げているので、ゴエモン㈱が計上した「完成工事高1,000円」とシロー㈱が計上した「仕入1,000円」を相殺します。なお連結損益計算書では、売上原価の内訳項目は表示しないので、「完成工事原価1,000円」を消去することになります。

シロー㈱は、ゴエモン㈱が建設した建物を買っているので、本来は「販売不動産」として計上しますが、このテキストでは理解のために「仕入」と考えます。

CASE124の連結修正仕訳　(1)内部取引高の相殺消去

（完 成 工 事 高）　1,000　（完成工事原価）　1,000

個別損益計算書の金額を修正するので、「完成工事高」で仕訳します。

「完成工事原価」を消去します。

　またCASE124(2)では、ゴエモン㈱（親会社）が計上した短期貸付金、受取利息、未収利息と、シロー㈱（子会社）が計上した短期借入金、支払利息、未払利息を相殺消去します。

CASE124の連結修正仕訳　(2)債権債務の相殺消去

（短 期 借 入 金）　200　（短 期 貸 付 金）　200
（受 取 利 息）　 20　（支 払 利 息）　 20
（未 払 利 息）　 10　（未 収 利 息）　 10

⇒ 問題集 ⇒
問題95

未実現損益の消去　期末棚卸資産

期末棚卸資産に親会社または子会社から仕入れた棚卸資産が含まれている場合、連結財務諸表を作成するにあたって、何か必要な処理があるのでしょうか？

取引　ゴエモン㈱はシロー㈱の発行済株式の80％を取得し、支配している。次の各取引について、当期の連結財務諸表を作成するのに必要な連結修正仕訳を示しなさい。

［取　引］
(1) シロー㈱の期末棚卸資産のうち1,000円はゴエモン㈱から仕入れたものである。なお、ゴエモン㈱はシロー㈱に対し、原価率70％で棚卸資産を販売している。
(2) ゴエモン㈱の期末棚卸資産のうち1,000円はシロー㈱から仕入れたものである。なお、シロー㈱はゴエモン㈱に対し、原価率70％で棚卸資産を販売している。

未実現損益の消去

　親会社が子会社に対して棚卸資産を販売するとき（または子会社が親会社に対して棚卸資産を販売するとき）は、ほかの取引先に対して棚卸資産を販売するのと同様に、完成工事原価に一定の利益を加算して販売します。

　個別会計上は、親会社と子会社は別会社として財務諸表を作成するので、親会社から仕入れた（または子会社から仕入れ

た）棚卸資産が期末に残っていた場合、加算された利益を含んだ金額で期末棚卸資産を計上しています。

しかし、連結会計上は、親会社と子会社を同一のグループとして財務諸表を作成するため、期末棚卸資産に親会社（または子会社）が加算した利益が含まれている場合は、これを消去しなければなりません。

本支店会計で、本店から支店に内部利益を加算して販売したとき、支店の期末棚卸資産に含まれる内部利益（未実現利益）を消去しましたよね？　それと同じです。

なお、期末棚卸資産に含まれる親会社（または子会社）が加算した利益を**未実現利益**といいます。

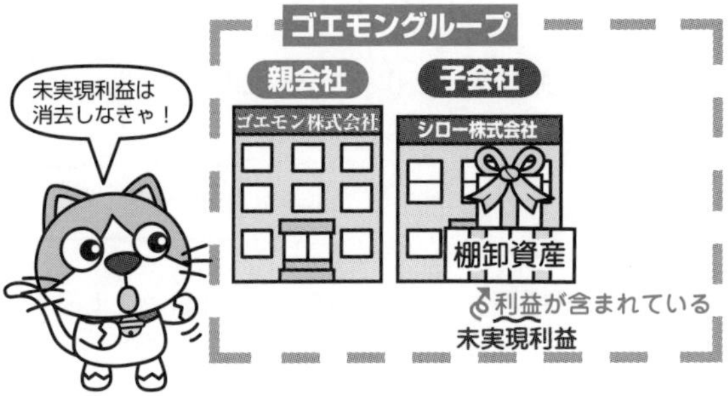

期末棚卸資産に含まれる未実現利益

(1)　ダウンストリーム

CASE125(1)では、ゴエモン㈱（親会社）がシロー㈱（子会社）に棚卸資産を売り上げています。このように親会社が子会社に対して棚卸資産（またはその他の資産）を販売することを**ダウンストリーム**といいます。

「上（親）から下（子）への流れ」という意味です。このことばは通称なので、覚えなくても大丈夫です。

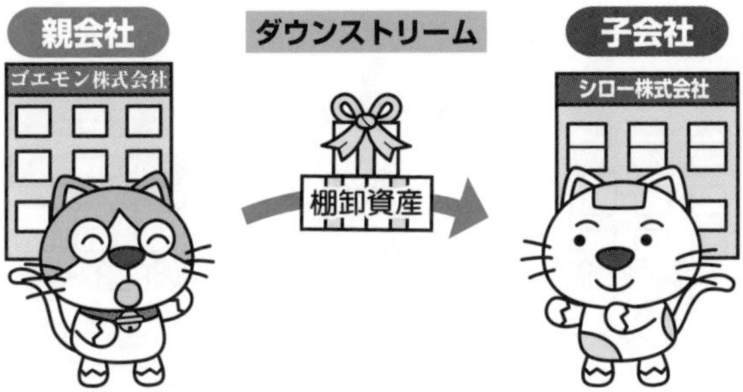

CASE125⑴では、シロー㈱はゴエモン㈱から棚卸資産を仕入れており、ゴエモン㈱から仕入れた棚卸資産のうち、1,000円が期末に残っています。

そこで、連結財務諸表を作成するにあたって、期末棚卸資産（B/S棚卸資産）に含まれる未実現利益を消去するとともに、完成工事原価を修正します。

> 個別貸借対照表の「棚卸資産」に含まれる未実現利益を消去するので、「棚卸資産」を減少させます。

> CASE125⑴は原価率が70%（利益率が30%）なので、未実現利益は300円（1,000円×30%）となりますね。

（完成工事原価）　　300　　（棚　卸　資　産）　　300

> 「完成工事原価」の金額を修正します。

> 1,000円×30% ＝ 300円
> 利益率

以上より、CASE125⑴の連結修正仕訳は次のようになります。

CASE125の連結修正仕訳　⑴ダウンストリーム

> 未実現利益の消去

（完成工事原価）　　300　　（棚　卸　資　産）　　300

⑵　アップストリーム

CASE125⑵は、シロー㈱（子会社）がゴエモン㈱（親会社）に棚卸資産を売り上げています。このように子会社が親会社に対して棚卸資産（またはその他の資産）を販売することを**アップストリーム**といいます。

> 「下（子）から上（親）への流れ」という意味ですね。このことばも覚えなくても大丈夫です。

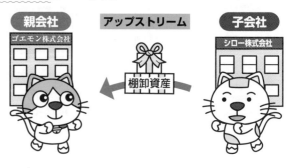

アップストリームの場合も、親会社の期末の棚卸資産に含まれる未実現利益（子会社が加算した利益）は全額消去します。

　ただし、子会社が加算した利益のうち親会社に帰属するのは、親会社の持分に相当する部分だけなので、消去した未実現利益のうち、非支配株主の持分に相当する部分については、非支配株主持分に負担させます。

　以上より、CASE125(2)の連結修正仕訳は次のようになります。

CASE125の連結修正仕訳　(2)アップストリーム

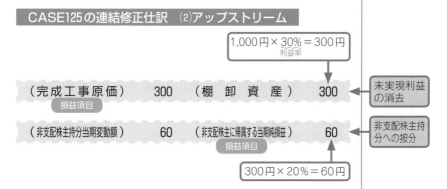

$$1,000円 × 30\% = 300円$$
利益率

| （完 成 工 事 原 価）損益項目 | 300 | （棚 卸 資 産） | 300 | 未実現利益の消去 |

| （非支配株主持分当期変動額） | 60 | （非支配株主に帰属する当期純損益）損益項目 | 60 | 非支配株主持分への按分 |

$$300円 × 20\% = 60円$$

● 未実現損益の消去方法

　これまでみてきたように、ダウンストリームの場合でもアップストリームの場合でも、（期末）棚卸資産に含まれる未実現利益は、全額消去します。

　そして、ダウンストリームの場合、消去した未実現利益は全額、親会社が負担しています。このような未実現損益の消去方法を、**全額消去・親会社負担方式**といいます。

> CASE125(1)の場合ですね。

　一方、アップストリームの場合、消去した未実現利益のうち、非支配株主の持分に相当する部分については非支配株主持分にも負担させています。このような未実現損益の消去方法を**全額消去・持分按分負担方式**といいます。

> CASE125(2)の場合ですね。

棚卸資産に限らず、土地や備品などの資産を連結会社間で販売した場合の未実現損益の消去方法はすべて同じです。

未実現損益の消去方法
● ダウンストリーム：全額消去・親会社負担方式
● アップストリーム：全額消去・持分按分負担方式

参考 | 包括利益と連結包括利益計算書

「包括利益の表示に関する会計基準」が定められたことにより、連結財務諸表において包括利益が表示されることになりました。

個別財務諸表における包括利益の表示は、もう少しあとになります。

(1) 包括利益とは

包括利益とは、ある企業の特定期間（当期首から当期末）における純資産の変動額のうち、持分所有者（株主等）との直接的な取引によらない部分のことをいいます。

持分所有者には、その会社の株主のほか、新株予約権者、そして連結財務諸表の場合には非支配株主が含まれます。

直接的な取引とは、新株発行や剰余金の配当など、会社と持分所有者との間の直接的な取引のことをいい、これ以外の取引から生じた純資産の変動額（当期純利益やその他有価証券評価差額金など）が包括利益となります。

(2) その他の包括利益とは

包括利益のうち、当期純利益以外の部分をその他の包括利益といいます。その他の包括利益には、その他有価証券評価差額金や繰延ヘッジ損益、為替換算調整勘定などがあります。

連結貸借対照表

負　　　債		
当期首の純資産		
持分所有者との直接的な取引による変動額（新株発行による資本金の増加など）		
親会社株主に帰属する当期純利益		
非支配株主に帰属する当期純利益		
その他の包括利益	その他有価証券評価差額金	
	繰延ヘッジ損益	
	為替換算調整勘定	

当期末の純資産

包括利益

⊖ 問題集 ⊖
問題96

(3) **連結財務諸表における包括利益の表示**

連結財務諸表における包括利益の表示方法には、**2計算書方式**と**1計算書方式**があります。

いずれかの方法を選択して表示します。

2計算書方式

2計算書方式では、当期純利益までを**連結損益計算書**で表示し、それとは別に包括利益を**連結包括利益計算書**で表示する形式です。なお、連結包括利益計算書の表示については、**原則表示**と**容認表示**があります。

原則表示と容認表示の違いは、その他の包括利益（その他有価証券評価差額金など）について、税効果控除後の金額で表示するかどうかにあります。

① **連結損益計算書**

連結損益計算書には、親会社株主に帰属する当期純利益までを表示します。

	連 結 損 益 計 算 書		
	自×1年4月1日　至×2年3月31日		
Ⅰ	売　　上　　高		××
Ⅱ	売　上　原　価		××
	⋮		⋮
	税金等調整前当期純利益		××
	法人税、住民税及び事業税	××	
	法 人 税 等 調 整 額	××	××
	当　期　純　利　益		××
	非支配株主に帰属する当期純利益（または純損失）		××
	親会社株主に帰属する当期純利益		××

その他の包括利益には、「その他有価証券評価差額金」のほか、「為替換算調整勘定」、「持分法適用会社に対する持分相当額」などがありますが、このテキストでは「その他有価証券評価差額金」のみであったと仮定して表示します。

② 連結包括利益計算書

連結包括利益計算書には、連結損益計算書の当期純利益に、その他の包括利益を加減して包括利益を表示します。なお、**原則表示**の場合には、その他の包括利益について**税効果控除後の金額**を、**容認表示**の場合には、その他の包括利益について**税効果控除前の金額および税効果控除額**を表示します。

原則表示

税効果控除前のその他有価証券評価差額金が100円、税効果控除額が40円として表示しています。

連結包括利益計算書
自×1年4月1日　至×2年3月31日

当 期 純 利 益	××
その他の包括利益	
その他有価証券評価差額金	60
包 括 利 益	××

税効果控除後の金額（100円－40円＝60円）

（内訳）

親会社株主に係る包括利益	××
非支配株主に係る包括利益	××

包括利益の内訳（親会社株主分と非支配株主分）を表示します。

容認表示

連結包括利益計算書
自×1年4月1日　至×2年3月31日

当 期 純 利 益	××
その他の包括利益	
その他有価証券評価差額金	100
その他の包括利益に係る税効果額	△ 40
その他の包括利益合計	60
包 括 利 益	××

税効果控除前の金額

税効果控除額

（内訳）

親会社株主に係る包括利益	××
非支配株主に係る包括利益	××

1計算書方式

1計算書方式では、親会社株主に帰属する当期純利益と包括利益の両方を**連結損益及び包括利益計算書**で表示します。なお、連結損益及び包括利益計算書の表示については、**原則表示**と**容認表示**があります（原則表示と容認表示の違いは、2計算書方式の場合と同様です）。

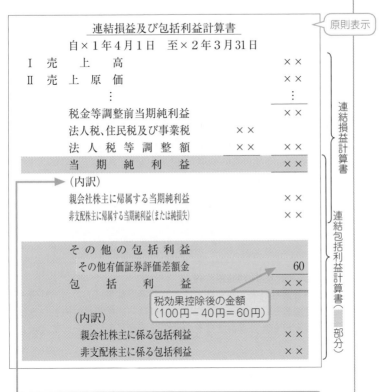

連結損益及び包括利益計算書
自×1年4月1日　至×2年3月31日

Ⅰ　売　上　高		××
Ⅱ　売　上　原　価		××
︙		︙
税金等調整前当期純利益		××
法人税,住民税及び事業税	××	
法人税等調整額	××	××
当　期　純　利　益		××
（内訳）		
親会社株主に帰属する当期純利益		××
非支配株主に帰属する当期純利益（または純損失）		××
その他の包括利益		
その他有価証券評価差額金		60
包　括　利　益		××
（内訳）		
親会社株主に係る包括利益		××
非支配株主に係る包括利益		××

原則表示

連結損益計算書
連結包括利益計算書（▨部分）

税効果控除後の金額
（100円－40円＝60円）

当期純利益の内訳（親会社株主分と非支配株主分）を表示します。

容認表示

連結損益及び包括利益計算書

自×1年4月1日　至×2年3月31日

Ⅰ　売　上　高		××
Ⅱ　売上原価		××
⋮		⋮
税金等調整前当期純利益		××
法人税、住民税及び事業税	××	
法人税等調整額	××	××
当期純利益		××
（内訳）		
親会社株主に帰属する当期純利益		××
非支配株主に帰属する当期純利益（または純損失）		××
その他の包括利益		
その他有価証券評価差額金		100
その他の包括利益に係る税効果額		△ 40
その他の包括利益合計		60
包括利益		××
（内訳）		
親会社株主に係る包括利益		××
非支配株主に係る包括利益		××

税効果控除前の金額（→その他有価証券評価差額金）

税効果控除額（→その他の包括利益に係る税効果額）

連結損益計算書（売上高〜非支配株主に帰属する当期純利益）

連結包括利益計算書（■部分）（当期純利益〜非支配株主に係る包括利益）

(4)　その他の包括利益累計額

個別貸借対照表や個別株主資本等変動計算書において、**評価・換算差額等**として表示されている項目は、連結貸借対照表や連結株主資本等変動計算書では**その他の包括利益累計額**として表示されます。

(5)　包括利益の内訳

前記のように、連結包括利益計算書（連結損益及び包括利益計算書）には、包括利益を表示したあと、その内訳を親会社株主分と非支配株主分に分けて示します。

親会社株主に係る包括利益は、連結損益計算書の**親会社株主に帰属する当期純利益に、その他の包括利益のうち親会社の持分に相当する金額を加算した金額**となります。

また、**非支配株主に係る包括利益**は、連結損益計算書の**非支配株主に帰属する当期純利益に、その他の包括利益のうち非支配株主の持分に相当する金額を加算した金額**となります。

親会社株主に帰属する当期純利益＋その他の包括利益のうち親会社の持分に相当する金額

```
          :              :
 包   括   利   益        × ×

 （内訳）
   親会社株主に係る包括利益      × ×
   非支配株主に係る包括利益      × ×
```

非支配株主に帰属する当期純利益＋その他の包括利益のうち非支配株主の持分に相当する金額

連結財務諸表における退職給付に関する会計処理

　平成24年5月に「退職給付に関する会計基準」が公表され、退職給付に関する会計処理が一部変更されました。

　主な改正点は次のとおりです。

主な改正点

●用語の変更

改正前		改正後	
退職給付引当金	→	退職給付に係る負債	…★
前払年金費用	→	退職給付に係る資産	…★
過去勤務債務	→	過去勤務費用	
期待運用収益率	→	長期期待運用収益率	

●未認識数理計算上の差異と未認識過去勤務費用の処理方法の変更…★

●退職給付見込額の計算方法の変更
　→改正前は原則として「期間定額基準」
　　改正後は「期間定額基準」または「給付算定式基準」の選択適用

★マークがついているものは、当面、連結財務諸表のみに適用されるものです。

このテキストでは、「期間定額基準」を前提として説明しています。

個別会計上の処理については、第13章で確認してください。

　上記のうち、★マークがついているものに関しては、当面、連結財務諸表のみに適用されます（個別財務諸表では適用されません）。

　ここでは、連結財務諸表のみに適用される、「未認識数理計算上の差異と未認識過去勤務費用の処理方法の変更」についてみておきましょう。

(1) 未認識数理計算上の差異と未認識過去勤務費用の処理

　未認識数理計算上の差異と未認識過去勤務費用については、以下のように処理します。

① 　当期に発生した差異のうち、当期に費用処理されない部分（未認識数理計算上の差異および未認識過去勤務費用）については、税効果を適用したあと、連結貸借対照表の**純資産の部**（その他の包括利益累計額）に「**退職給付に係る調整累計額**」として表示します。

② 　当期以前に発生した差異のうち、当期に費用処理した部分については、**退職給付費用（販売費及び一般管理費）**として処理します。

③ 　その他の包括利益累計額に計上されている未認識数理計算上の差異および未認識過去勤務費用のうち、当期に費用処理された部分については、**その他の包括利益の調整（組替調整）**を行います。

(2) 費用処理方法

　数理計算上の差異および過去勤務費用は、原則として、**定額法**（平均残存勤務期間以内の一定の年数で按分する方法）によって処理します。

　ただし、**定率法**（未認識残高の一定割合を費用処理する方法）も認められています。

> 費用処理方法については、改正前から変更はありません（個別会計上も同様の処理をします）が、確認のため、記載しておきます。

> 差異が発生したときに全額費用処理する方法も含まれます。

その他の論点編

第20章

共同企業体会計

自分の会社だけだと、
大きな工事を請け負うのはちょっと不安…
でも、他の会社と協力すれば
大きな工事だって請け負える!
この場合、どんな会計処理をすればいいんだろう?

ここでは共同企業体会計について
みていきましょう。

CASE
126

共同企業体会計

共同企業体 (JV) の成立

ウチだけでは無理かな…。

北口再開発事業
参加事業者
募集

一緒にどう？

ゴエモン㈱は、規模の大きな工事を請け負うため、クロキチ㈱と共同企業体を設立しました。どのような処理が必要なのでしょうか。

取引 次の資料により、共同企業体 (JV) および構成員 (A社、B社) の行うべき仕訳を示しなさい。

[資 料]
ゴエモン㈱とクロキチ㈱は共同企業体 (JV) の協定を締結し、JVは当座預金口座を開設した。スポンサー企業となるゴエモン㈱をA社、サブ企業となるクロキチ㈱をB社としたとき、それぞれの出資割合は次のとおりである。

A社（スポンサー企業）　出資割合　70%
B社（サブ企業）　　　　出資割合　30%

用語 **スポンサー企業**…共同企業体の構成員のうち代表となるもの
サブ企業…共同企業体の構成員のうちスポンサー企業以外のもの

共同企業体（JV）とは

共同企業体（JV：Joint Ventureの略）とは、大きな工事を複数の会社が協定を結ぶことによって出資し、工事を分担して請け負う目的で設立するものです。JVは、それ自体が法人格を持つわけではありませんが、1個の独立した会計単位とし

て取り扱う必要があります。このとき、経理事務は、構成員から完全に独立した形をとるか、または、構成員の1社に委託するという形で行います。

共同企業体（ＪＶ）成立時の処理

ＪＶの成立時にはなんの処理もしませんが、構成員となる各社の出資割合（A社：70％、B社：30％）をチェックしておきましょう。

CASE126の仕訳

仕訳なし

共同企業体（ＪＶ）会計の流れと仕訳

ＪＶは次のようなプロセスをたどり、ＪＶとしての独立した会計単位として処理します。

> 仕訳が必要な場合と不要な場合がありますので、それぞれ下の表を参考に覚えておきましょう。

とても
重要

共同企業体（ＪＶ）の流れ

	ＪＶの仕訳	構成員の仕訳
1. 共同企業体の成立	×	×
2. 構成員による出資	○	○
3. 請負工事による原価の発生	○	○
4. 工事完成による発注者への引渡し	○	×
5. 共同企業体の決算	○	○
6. 共同企業体の解散（資金清算）	○	○

○：仕訳をします、×：仕訳不要

> 共同企業体の成立から解散までの流れを簡単にあらわしています。

共同企業体（JV）の会計処理①

おう！

内装はよろしく。

工事活動は共同企業体（ＪＶ）が行いますが、各構成員もそれぞれ出資割合に応じて会計処理を行っていく必要があります。このときどんな処理をするのでしょうか？

取引 次の資料により、共同企業体（ＪＶ）及び構成員（Ａ社、Ｂ社）の行うべき仕訳を示しなさい。

［資　料］

(1)　発注者よりＪＶの工事に係る前受金5,000円（請負契約価額は25,000円）が入金された。

(2)　工事原価20,000円が発生し、ＪＶは各構成員にこの原価に対する出資の請求を行った。

(3)　上記(2)の原価のうち、15,000円を支払うため、前受金では足りない10,000円につき各構成員が出資した。

(4)　ＪＶは、上記(2)の原価のうち15,000円を小切手で支払った。

(5)　ＪＶは、上記(2)の原価のうち5,000円を支払うため、手形を振り出した。

(6)　各構成員が5,000円の支払いのために、ＪＶに出資した。

(7)　上記(5)の手形が決済された。

なお、出資割合はCASE126で示したとおりである。

● 前受金の入金による出資

　ＪＶの工事に係る前受金が入金された場合は、ＪＶの会計と

して処理をすると同時に、この前受金は、構成員がＪＶに出資
したことと同様になるので、構成員も出資割合に応じて処理を
行います。

CASE127⑴ＪＶの仕訳

（当 座 預 金）	5,000	（未成工事受入金）	5,000

70%

CASE127⑴Ａ社の仕訳

（Ｊ Ｖ 出 資 金）	3,500	（未成工事受入金）	3,500

30%

CASE127⑴Ｂ社の仕訳

（Ｊ Ｖ 出 資 金）	1,500	（未成工事受入金）	1,500

「ＪＶ出資金」は、仮勘定としての性質を有しているので、
構成員の決算にあたっては、完成工事未収入金以外の未収入金
と考え、貸借対照表に流動資産として表示します。

● 請負工事による原価の発生

工事原価が発生したときは、ＪＶに未成工事支出金と工事未
払金を計上します。Ａ社とＢ社は、それぞれの出資割合に応じ
た負担の分だけ計上します。

CASE127⑵JVの仕訳

（未成工事支出金）　20,000　（工 事 未 払 金）　20,000

70%

CASE127⑵A社の仕訳

（未成工事支出金）　14,000　（工 事 未 払 金）　14,000

30%

CASE127⑵B社の仕訳

（未成工事支出金）　6,000　（工 事 未 払 金）　6,000

● 構成員による出資

　構成員が出資した場合には、JVは、各構成員からの出資を「○○出資金」として処理し、各構成員は、「JV出資金」として処理します。構成員からJVへの出資は、出資割合に応じてなされたとして処理します。

CASE127⑶JVの仕訳

（当 座 預 金）　10,000　（A 社 出 資 金）　7,000
　　　　　　　　　　　　　（B 社 出 資 金）　3,000

70%

CASE127⑶A社の仕訳

（J V 出 資 金）　7,000　（現 金 預 金）　7,000

30%

CASE127⑶B社の仕訳

（J V 出 資 金）　3,000　（現 金 預 金）　3,000

● 工事未払金の支払い

　ＪＶが未払金を支払った時点で、各構成員も出資割合に応じ、工事未払金を減少させます。また、共同企業体に対する未収入金が減少したと考えて、ＪＶ出資金を減少させます。

CASE127⑷ＪＶの仕訳

（工 事 未 払 金） 15,000 　（当 座 預 金） 15,000

70%

CASE127⑷Ａ社の仕訳

（工 事 未 払 金） 10,500 　（Ｊ Ｖ 出 資 金） 10,500

30%

CASE127⑷Ｂ社の仕訳

（工 事 未 払 金） 4,500 　（Ｊ Ｖ 出 資 金） 4,500

● 工事原価支払いのための手形

　工事原価の支払いのために、ＪＶが手形を振り出したとき、各構成員は、工事未払金とＪＶ出資金を出資割合に応じて減少させます。

CASE127⑸ＪＶの仕訳

（工 事 未 払 金） 5,000 　（支 払 手 形） 5,000

70%

CASE127⑸Ａ社の仕訳

（工 事 未 払 金） 3,500 　（Ｊ Ｖ 出 資 金） 3,500

30%

CASE127⑸Ｂ社の仕訳

（工 事 未 払 金） 1,500 　（Ｊ Ｖ 出 資 金） 1,500

手形支払いのための出資

手形支払いのため構成員が出資したときは、次のような仕訳になります。

CASE127⑹JVの仕訳

（当 座 預 金）	5,000	（A 社 出 資 金）	3,500
		（B 社 出 資 金）	1,500

70%

CASE127⑹A社の仕訳

（J V 出 資 金）	3,500	（現 金 預 金）	3,500

30%

CASE127⑹B社の仕訳

（J V 出 資 金）	1,500	（現 金 預 金）	1,500

支払手形の決済

支払手形が決済されたときは、次の仕訳を行います。

CASE127⑺JVの仕訳

（支 払 手 形）	5,000	（当 座 預 金）	5,000

CASE127⑺A社の仕訳

仕 訳 な し

CASE127⑺B社の仕訳

仕 訳 な し

共同企業体（JV）の会計処理②

完成！

おつかれ！

共同企業体（ＪＶ）は
工事を完成させたので、
発注者に引渡し、決算を行い
ました。
共同企業体の目的である工事
が完成したので、解散しなけ
ればなりません。

> **取引** 共同企業体（ＪＶ）および構成員（Ａ社、Ｂ社）の行うべき仕訳
> を示しなさい。なお、この取引はCASE127の続きである。
>
> ［資　料］
> (1)　工事が完成し、発注者に引き渡した。
> (2)　ＪＶの決算を行った。
> (3)　請負契約価額25,000円のうち残金が入金され、各構成員に分配し
> た。

●工事完成による発注者への引渡し

　工事が完成し、目的物の引渡しが行われたので、ＪＶは、完
成工事高、完成工事原価、完成工事未収入金の計上を行いま
す。

CASE128(1)JVの仕訳

（完成工事原価）	20,000	（未成工事支出金）	20,000
（未成工事受入金）	5,000	（完 成 工 事 高）	25,000
（完成工事未収入金）	20,000		

仕 訳 な し

仕 訳 な し

● JVの決算

　各構成員が出資割合に応じて、完成工事高、完成工事原価、完成工事未収入金を計上します。ＪＶでは、完成工事高、完成工事原価を相殺し、分配金の計算を行います。

CASE128⑵JVの仕訳

（完 成 工 事 高）	25,000	（完 成 工 事 原 価）	20,000
（Ａ 社 出 資 金）	10,500	（未 払 分 配 金）	20,000
（Ｂ 社 出 資 金）	4,500		

70%

CASE128⑵A社の仕訳

（完 成 工 事 原 価）	14,000	（未 成 工 事 支 出 金）	14,000
（未 成 工 事 受 入 金）	3,500	（完 成 工 事 高）	17,500
（完成工事未収入金）	14,000		

30%

CASE128⑵B社の仕訳

（完 成 工 事 原 価）	6,000	（未 成 工 事 支 出 金）	6,000
（未 成 工 事 受 入 金）	1,500	（完 成 工 事 高）	7,500
（完成工事未収入金）	6,000		

● 共同企業体解散（資金清算）の仕訳

　ＪＶが残金を回収し、各構成員に分配金を支払います。

CASE128⑶ JVの仕訳

（当 座 預 金）　20,000　　（完成工事未収入金）　20,000
（未 払 分 配 金）　20,000　　（当 座 預 金）　20,000

70%

CASE128⑶ A社の仕訳

（現 金 預 金）　14,000　　（完成工事未収入金）　14,000

30%

CASE128⑶ B社の仕訳

（現 金 預 金）　6,000　　（完成工事未収入金）　6,000

⇔ 問題集 ⇔
問題97

第21章

外貨換算会計

・・・・・

これまでは国内だけで取引をしていたけど、
今年からは外国企業とも取引を始めた!
この場合、取引額は外貨(ドル)建てなんだけど、
帳簿に記録するときは円貨建てになおすんだよね?

ここでは、外貨換算会計についてみていきましょう。

CASE 129

外貨建取引① 前渡金の支払時の仕訳

よろしく〜。

OH!

ゴエモン㈱では、アメリカのロッキー㈱から材料を仕入れることにしました。そこで、前渡金として10ドルを支払ったのですが、このとき、どんな処理をするのでしょう?

取引 ×2年4月10日 ゴエモン㈱はアメリカのロッキー㈱から材料100ドルを輸入する契約をし、前渡金10ドルを現金で支払った。なお、×2年4月10日の為替相場は1ドル100円である。

用語 **為替相場**…外貨建取引を換算する際のレート（為替レート）

● 前渡金を支払ったときの仕訳

CASE129のように、日本企業が外国企業と外貨によって取引を行う場合、日本企業（ゴエモン㈱）は、その取引を日本円に換算して処理します。

なお、取引が発生したときは、原則としてその**取引発生時の為替相場**によって換算します。

したがって、CASE129でゴエモン㈱が支払った前渡金10ドルは、4月10日の為替相場で換算した金額で処理します。

1ドルが100円なら、10ドルを日本円に換算すると1,000円になります。これは大丈夫ですよね？

| （前　渡　金） | 1,000 | （現　　　　金） | 1,000 |

> 10ドル×100円＝1,000円

> CASE129は、材料の輸入契約であるため、前渡金で処理します。なお、材料が手元に届いた時点で仕訳をする場合、前渡金ではなく、材料や未成工事支出金として処理します。

●前受金を受け取ったときの仕訳

　仮にCASE129でゴエモン㈱がロッキー㈱に材料100ドルを輸出する立場で、ロッキー㈱から前受金10ドルを受け取った場合の仕訳は下記のようになります。

| （現　　　　金） | 1,000 | （未成工事受入金） | 1,000 |

> 10ドル×100円＝1,000円

> 建設業会計においては、前受金を未成工事受入金と表示します。

外貨建取引② 輸入時の仕訳

ゴエモン㈱では、アメリカのロッキー㈱から材料100ドルを輸入し、先に支払った前渡金10ドルとの差額は翌月末日に支払うことにしました。
このとき、どんな処理をするのでしょう？

取引 ×2年4月20日 ゴエモン㈱はアメリカのロッキー㈱から材料100ドルを輸入し、×2年4月10日に支払った前渡金10ドルとの差額90ドルは翌月末日に支払うこととした。

[為替相場] ×2年4月10日：1ドル100円
×2年4月20日：1ドル110円

● 材料を輸入したときの仕訳

材料を輸入したときは、材料を仕入れたときの処理をしますが、輸入前に前渡金を支払っている場合は、まずは前渡金（4月10日の為替相場で換算した金額）を減らします。

（前 渡 金） 1,000

10ドル×100円＝1,000円

また、差額の90ドルについては翌月末日に支払うため、**工事未払金**で処理します。なお、工事未払金が発生したのは4月20日なので、工事未払金は4月20日の為替相場で換算します。

（前　渡　金）　1,000
（工 事 未 払 金）　9,900

90ドル×110円＝9,900円

そして、材料を計上します。

なお、前渡金がある場合は、前渡金と工事未払金の合計額（貸方合計額）を材料の金額として計上します。

> 輸入金額（100ドル）に取引発生日の為替相場（110円）を掛けた金額（11,000円）ではないので注意！

以上より、CASE130の仕訳は次のようになります。

CASE130の仕訳

（材　　　　料）　10,900　（前　渡　金）　1,000
（工 事 未 払 金）　9,900

貸方合計

外貨建取引③　決済時の仕訳

ってことは、支払う金額は…？

本日の為替相場
1ドル＝105円

工事未払金
$90

?円

1ドル110円で換算されている。

アメリカのロッキー㈱から輸入した材料の工事未払金90ドルを、今日、現金で支払いました。
輸入時と決済時の為替相場が異なるのですが、この場合、どのように処理するのでしょう？

取引 　×2年5月31日　ゴエモン㈱は×2年4月20日に発生した工事未払金90ドルを現金で支払った。

［為替相場］　×2年4月20日：1ドル110円
　　　　　　　×2年5月31日：1ドル105円

●工事未払金を決済したときの仕訳

工事未払金を支払ったときには、発生時（4月20日）の為替相場（110円）で換算した工事未払金を減らします。

（工　事　未　払　金）　9,900

90ドル×110円＝9,900円

また、現金については決済時（5月31日）の為替相場（105円）で換算します。

（工　事　未　払　金）　9,900	（現　　　　金）　9,450

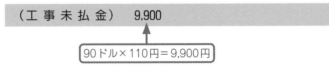

90ドル×105円＝9,450円

ここまでの仕訳をみてもわかるように、工事未払金の発生時と決済時の為替相場が異なるときは、貸借差額が生じます。

　この為替相場の変動から生じた差額は、**為替差損益**（**営業外費用**または**営業外収益**）で処理します。

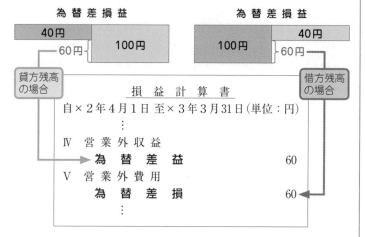

　以上より、CASE131の仕訳は次のようになります。

CASE131の仕訳

| （工 事 未 払 金） | 9,900 | （現　　　　金） | 9,450 |
| | | （為 替 差 損 益） | 450 |

貸借差額

⇔ 問題集 ⇔
問題98、99

外貨建取引の換算

決算時の換算

え〜と、換算替えは
するのかな？

本日の為替相場

1ドル＝108円

×3年3月31日（決算
日）。

決算日において、外貨建ての
完成工事未収入金や借入金が
ありますが、これらの資産や
負債は決算時の為替相場で換
算しなおさなくてもよいので
しょうか？

例 次の資料にもとづき、決算整理後残高試算表を作成しなさい（当
期：×2年4月1日〜×3年3月31日）。

[資料1] 決算整理前残高試算表

決算整理前残高試算表 （単位：円）

現　　　金	5,000	工 事 未 払 金	15,600
完成工事未収入金	16,000	未成工事受入金	1,380
前　渡　金	1,140	長 期 借 入 金	14,040

[資料2] 決算整理事項

決算整理前残高試算表の資産・負債のうち、外貨建てのものは次の
とおりである。なお、決算時の為替相場は1ドル108円である。

資産・負債	帳 簿 価 額	取引発生時の為替相場
現　　　金	3,000円　（30ドル）	1ドル100円
完成工事未収入金	11,000円（100ドル）	1ドル110円
前　渡　金	1,020円　（10ドル）	1ドル102円
工事未払金	8,720円　（80ドル）	1ドル109円
未成工事受入金	848円　（8ドル）	1ドル106円
長期借入金	12,600円（120ドル）	1ドル105円

決算時の処理

外貨建ての資産および負債は、取得時または発生時の為替相場（**HR**）で換算された金額で計上されていますが、決算時には外貨建ての資産および負債のうち、**貨幣項目**については、決算時の為替相場（**CR**）によって換算した金額を貸借対照表価額とします。

なお、貨幣項目とは外国通貨や外貨預金、外貨建ての金銭債権債務をいい、次のようなものがあります。

分　類		項　　　目
貨幣項目	資産	外国通貨、外貨預金、受取手形、完成工事未収入金、未収入金、貸付金、未収収益　など
	負債	支払手形、工事未払金、未払金、社債、借入金、未払費用　など
非貨幣項目	資産	材料貯蔵品、未成工事支出金、前渡金、前払費用、固定資産　など
	負債	未成工事受入金、前受収益　など

また、換算替えで生じた差額は**為替差損益**（**営業外費用**または**営業外収益**）で処理します。

以上より、CASE132の資産および負債の換算替えの処理と決算整理後残高試算表は以下のようになります。

(1)　現金

現金は貨幣項目なので、決算時の為替相場で換算替えをします。

（現　　　　金）　240　（為 替 差 損 益）　240

①B/S価額：30ドル×108円＝3,240円
②帳簿価額：3,000円
③3,240円－3,000円＝240円（増加）

(2) 完成工事未収入金

完成工事未収入金は貨幣項目なので、決算時の為替相場で換算替えをします。

（為替差損益）　200　（完成工事未収入金）　200

①B/S価額：100ドル×108円＝10,800円
②帳簿価額：11,000円
③10,800円－11,000円＝△200円（減少）

(3) 前渡金

前渡金は貨幣項目ではないので、換算替えをしません。

仕　訳　な　し

(4) 工事未払金

工事未払金は貨幣項目なので、決算時の為替相場で換算替えをします。

（工　事　未　払　金）　80　（為　替　差　損　益）　80

①B/S価額：80ドル×108円＝8,640円
②帳簿価額：8,720円
③8,640円－8,720円＝△80円（減少）

(5) 未成工事受入金

未成工事受入金は貨幣項目ではないので、換算替えをしません。

仕　訳　な　し

⑹ 長期借入金

借入金は貨幣項目なので、決算時の為替相場で換算替えをします。

| （為 替 差 損 益） | 360 | （長 期 借 入 金） | 360 |

①B/S価額：120ドル×108円＝12,960円
②帳簿価額：12,600円
③12,960円－12,600円＝360円（増加）

以上より、CASE132の決算整理後残高試算表は次のようになります。

CASE132の決算整理後残高試算表

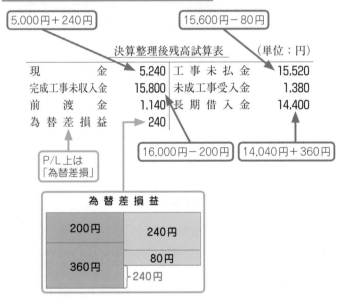

5,000円＋240円

15,600円－80円

決算整理後残高試算表　　　　（単位：円）

現　　　　　金	5,240	工 事 未 払 金	15,520
完成工事未収入金	15,800	未成工事受入金	1,380
前　渡　金	1,140	長 期 借 入 金	14,400
為 替 差 損 益	240		

P/L上は「為替差損」

16,000円－200円　14,040円＋360円

為 替 差 損 益

200円	240円
360円	80円
	240円

⇔ 問題集 ⇔
問題100

外貨建売買目的有価証券の換算

時価評価…だよね？
換算レートは？

CR:108円

HR:100円

A社株式

売買目的

❓ ×3年3月31日（決算日）。

有価証券には時価と原価がありますが、決算日において外貨建ての売買目的有価証券はどのように換算するのでしょうか？

取引 次の資料にもとづき、決算整理仕訳をしなさい（当期：×2年4月1日～×3年3月31日）。なお、決算時の為替相場は1ドル108円である。

[資料]

銘　　柄	保有目的	取得原価	取得時の為替相場	時　　価
A社株式	売買目的	20ドル	100円	18ドル

このテキストでは、時価をCC（カレント・コスト）、取得原価をHC（ヒストリカル・コスト）で表します。

● 売買目的有価証券の換算

　外貨建ての売買目的有価証券は、外貨による**時価（CC）**を**決算時の為替相場（CR）**で換算した金額を貸借対照表価額とします。

　そして、換算によって生じた差額は**有価証券評価損益**（**営業外費用**または**営業外収益**）で処理します。

外貨建売買目的有価証券の換算

① B/S価額＝時価(CC)×決算時の為替相場(CR)

② 取得原価＝原価(HC)×取得時の為替相場(HR)

③ 換算差額＝①－② → 有価証券評価損益

以上より、CASE133の決算整理仕訳は次のようになります。

CASE133の仕訳

（有価証券評価損益）　　　56　　（有　価　証　券）　　　56

①B/S価額：18ドル×108円＝1,944円
②取得原価：20ドル×100円＝2,000円
③換算差額：1,944円－2,000円＝△56円

なお、ボックス図を作ると次のようになります。

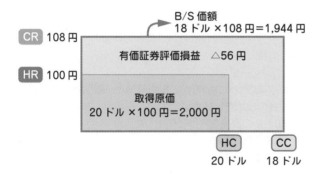

B/S価額
18ドル×108円＝1,944円

CR 108円

有価証券評価損益　△56円

HR 100円

取得原価
20ドル×100円＝2,000円

HC　　　CC
20ドル　18ドル

外貨建有価証券の場合は、内側に過去（取得時）のデータを記入し、外側に現在（決算時）のデータを記入します。

⇔ 問題集 ⇔
問題101

為替差異の処理

為替差異をどのような科目で処理するのかについては、理論上、2つの考え方があります。2つの考え方を頭に入れたうえで、具体例を使って、2つの考え方の処理の違いを見てみましょう。

(1) 二取引基準

二取引基準とは、最初に行われた外貨建取引（輸出時など）とその後に行われた決済取引（決済時）または換算換え（決算時）によって生じた為替差異を別々の取引として扱う考え方です。

この考え方にもとづけば、決済取引または換算換えによって生じた為替差異は、最初の取引とは区別されて独立した損益の科目（為替差損益）として処理されます。

(2) 一取引基準

一取引基準とは、最初に行われた外貨建取引とその後に行われた決済取引または換算換えを連続した一つの取引として扱う考え方です。

この考え方にもとづけば、決済取引または換算換えによって生じた為替差異は、最初の取引高（たとえば売上や仕入など）の修正として処理します。

> **例** 次に取引について、二取引基準と一取引基準による場合の仕訳をしなさい。
> (1) 10ドルの商品を掛けで輸出した。
> (2) 決算日を迎えた。
> (3) 売掛金10ドルを現金で受け取った。
> なお、それぞれの為替相場は次のとおりである。
> 輸出時1ドル90円、決算日1ドル87円、決済日1ドル85円

	二取引基準				一取引基準			
(1)	（売掛金）	900	（売　上）	900	（売掛金）	900	（売　上）	900
(2)	（為替差損益）	30	（売掛金）	30	（売　上）	30	（売掛金）	30
(3)	（現　金）	850	（売掛金）	870	（現　金）	850	（売掛金）	870
	（為替差損益）	20			（売　上）	20		

◆ 問題集 ◆
問題102

為替相場の選択・適用

(1) 換算方法

決算時における換算方法については、いくつかの方法（考え方）があります。主な方法としては、①流動・非流動法、②貨幣・非貨幣法、③テンポラル法（属性法）、④決算日レート法などがあります。

① 流動・非流動法

流動・非流動法とは、流動項目には決算日の為替相場を、非流動項目には取得時または発生時の為替相場を適用する方法です。

流動項目とは、決済日の翌日から起算して1年以内に期限等が到来する資産および負債です。非流動項目とは、決算日の翌日から起算して1年を超えて期限等が到来する資産および負債です。

② 貨幣・非貨幣法

貨幣・非貨幣法とは、貨幣項目については決算日の為替相場を、非貨幣項目には取得時または発生時の為替相場を適用する方法です。

貨幣項目とは、法令または契約によって、その金額（券面額、金銭回収額、金銭支払額）が確定している外貨建金銭債権債務（外貨預金を含む）です。非貨幣項目とは、貨幣項目以外の資産および負債です。

③ テンポラル法（属性法）

テンポラル法とは、過去の価額（原価）で記録されている資産および負債については取得時または発生時の為替相場を、現在または将来の価額（時価）で記録されている資産および負債については決算時の為替相場を適用する方法です。

④ 決算日レート法

決算日レート法とは、すべての財務諸表項目について決算日の為替相場を適用する方法です。

以上をまとめると、次のようになります。

換算方法	外貨建項目	為替相場
①流動・非流動法	流動項目（短期項目） 非流動項目（長期項目）	CR HR
②貨幣・非貨幣法	貨幣項目 非貨幣項目	CR HR
③テンポラル法（属性法）	外貨数値に時価が付されている項目 外貨数値に原価が付されている項目	CR HR
④決算日レート法	すべての項目	CR

(2)　在外子会社と在外支店の外貨建財務諸表項目の換算

　外貨建財務諸表項目の換算方法には、決算日レート法とテンポラル法を用います。

　在外子会社は決算日レート法によって換算し、在外支店はテンポラル法によって換算します。

> ### 外貨建財務諸表項目の換算方法
> ●在外子会社：決算日レート法
> ●在外支店：テンポラル法

①　在外子会社の換算

　在外子会社は親会社から独立しているため、現地の通貨で表示された財務諸表が最も適切であると考えます。換算方法は次のとおりです。

項　　目		適用為替相場
資産および負債		決算時の為替相場（CR）
純資産（資本）	親会社による株式取得時の純資産項目	株式取得時の為替相場（HR）
	株式取得後に生じた純資産項目	当該項目の発生時の為替相場（HR）
収益および費用	親会社との取引により生じた収益および費用	親会社が換算に用いる為替相場 この場合に生じる差額は当期の為替差損益として処理する。
	その他	原則：期中平均相場（AR） 容認：決算時の為替相場（CR）
当期純利益		原則：期中平均相場（AR） 容認：決算時の為替相場（CR）
換算差額の処理		貸借対照表の換算によって生じた差額は「為替換算調整勘定」に計上し、貸借対照表の純資産の部に記載する。

②　在外支店の換算

　在外支店は本店に対して従属しているため、本店が外貨建取引を行ったものとして考えます。在外支店の財務諸表項目は本店が作成する個別財務諸表の構成要素になるので、本店の基準と整合させなければならないからです。

在外支店のF/Sは本店のF/Sの構成要素になるので、本店の外貨換算基準にあわせます。

ただし、以下の項目に関しては次の方法を採用することができます。

収益および費用の換算	収益性負債の収益化額と費用性資産の費用化額を期中平均相場（AR）で換算することができる。
非貨幣項目の額に重要性がない場合	本店勘定以外のすべての貸借対照表項目を決算時の為替相場（CR）で換算することができる。

　本店と異なる方法で換算することにより生じた換算差額は、当期の為替差損益として処理します。

在外子会社と在外支店の違いをおさえましょう。

その他の論点編

第22章

キャッシュ・フロー計算書

財務諸表には、損益計算書、貸借対照表、
株主資本等変動計算書のほかに
キャッシュ・フロー計算書というものがある。
どうやらお金の流れを表す書類のようだけど、
いったい、お金の流れはどのように把握するんだろう?

ここでは、キャッシュ・フロー計算書についてみていきましょう。

CASE 134

キャッシュ・フロー計算書とは？

キャッシュ・フロー
＝お金の流れ？

ゴエモン㈱では、損益計算書、貸借対照表の作成が終わりほっと一息…と思っていたのですが、キャッシュ・フロー計算書という財務諸表も作らなくてはならないようです。
ところで、キャッシュ・フロー計算書ってどんな財務諸表なのでしょう？

●キャッシュ・フロー計算書とは？

キャッシュ・フロー計算書とは、一会計期間におけるキャッシュ・フロー（収入と支出）を活動区分別に報告するための財務諸表をいいます。

●キャッシュ・フロー計算書の必要性

損益計算書では収益と費用から当期純損益を計算しましたが、この収益・費用の額は通常、収入・支出の額とは異なります。

たとえば、当期に商品80円を現金で仕入れて、100円の売価をつけて掛けで売り上げた場合、損益計算書では利益が20円（100円－80円）と計算されます。

しかし、現金ベースで考える（売掛金100円はまだ回収され
ていないと仮定する）と、収入額が0円、支出額が80円となる
ので、現金ベースで考えた場合の利益は△80円となります。

収入	0円
支出	80円
差額	△80円

収支でみると
マイナスだ！

損益計算書に利益
が生じているから
といって、資金が
十分にある、とい
うわけではないの
です。

　このように、収益と収入、費用と支出にズレが生じている
と、損益計算書上では利益が生じているのに、実際は資金が不
足しているため、支払いが滞って倒産してしまう（これを**黒字
倒産**といいます）、ということもあります。

　また、貸借対照表は期末時点の財政状態を表しますが、資産
や負債の増減は表しません。

　そこで、会社の状況に関する利害関係者の判断を誤らせない
ようにするため、資金の増減状況や期末における資金の残高を
表すキャッシュ・フロー計算書の作成が必要となるのです。

● 資金（キャッシュ）の範囲

　一般的に「キャッシュ」というと現金を意味しますが、
キャッシュ・フロー計算書における「キャッシュ（資金）」は、
現金及び現金同等物をいいます。

(1)　現金

　キャッシュ・フロー計算書における**現金**とは、手許にある現
金（**手許現金**）のほかに、**普通預金**や**当座預金**など、事前に通
知することなく引き出せる預金を含みます。また、事前に通知
しておけば数日で元本を引き出せる**通知預金**も現金の範囲に含
まれます。

　これらの、普通預金、当座預金、通知預金などをまとめて**要
求払預金**といいます。

株式は価値の変動
リスクが高いの
で、現金同等物に
は含まれません。

(2) 現金同等物

キャッシュ・フロー計算書における**現金同等物**とは、容易に換金することができ、かつ、価値の変動リスクが少ない短期投資をいい、取得日から満期日までの期間が**3カ月以内**の定期預金や譲渡性預金などがあります。

資金（キャッシュ）の範囲		
資　金 （キャッシュ）	現　金	手許現金
		要求払預金 { 普通預金 / 当座預金 / 通知預金
	現金同等物*1	定期預金 譲渡性預金*2 コマーシャル・ペーパー*3 公社債投資信託*4　など

＊1 容易に換金可能かつ価値の変動リスクが僅少な短期投資（3カ月以内）
＊2 銀行が発行する無記名の預金証書。預金者はこれを金融市場で自由に売買できる
＊3 企業が資金調達のために市場で発行する短期の約束手形
＊4 株式を組み入れず、国債など安全性の高い公社債を中心に運用する投資信託。信託銀行は投資者から預かった資金で公社債を運用し、運用成果を投資者に分配する

譲渡性預金、コマーシャル・ペーパー、公社債投資信託の意味を覚える必要はありません。

● キャッシュ・フロー計算書の様式

キャッシュ・フロー計算書は、会社の活動を**営業活動、投資活動、財務活動**に分け、それぞれの活動ごとに資金（キャッシュ）の増減を表示します。

キャッシュ・フロー計算書のおおまかな様式を示すと次のとおりです。

```
                    キャッシュ・フロー計算書
         営業活動によるキャッシュ・フロー        ××
         投資活動によるキャッシュ・フロー        ××
         財務活動によるキャッシュ・フロー        ××
         現金及び現金同等物に係る換算差額        ××
         現金及び現金同等物の増減額（△は減少）    ××
         現金及び現金同等物の期首残高          ⊕ ××
         現金及び現金同等物の期末残高          ××
```

活動ごとに分けて表示

外貨建ての現金や現金同等物を換算したときの換算差額

当期の増減額

● 営業活動によるキャッシュ・フローに記載される項目

　営業活動によるキャッシュ・フローの区分には、商品の仕入や販売等、営業活動により生じるキャッシュ・フローが記載されます。

　つまり、損益計算書の営業損益計算の対象となった取引から生じるキャッシュ・フローが記載されることになります。

　また、営業活動によるキャッシュ・フローの区分には、投資活動にも財務活動にも分類されない活動（その他の活動）から生じるキャッシュ・フローも記載されます。

営業活動によるキャッシュ・フローに記載するもの

①商品（またはサービス）の販売による収入
②商品（またはサービス）の購入による支出
③従業員や役員に対する給料、報酬の支払い
④その他の営業支出（営業費支出など）

営業活動から生じたキャッシュ・フロー

⑤災害による保険金の収入
⑥損害賠償金の支払い
⑦法人税等の支払い　など

営業活動にも投資活動にも財務活動にも分類されない活動から生じたキャッシュ・フロー

投資活動によるキャッシュ・フローに記載される項目

投資活動によるキャッシュ・フローの区分には、有価証券や建物の購入や売却、資金の貸付けなど、投資活動により生じるキャッシュ・フローが記載されます。

投資活動によるキャッシュ・フローに記載するもの
①有価証券や有形固定資産の取得による支出
②有価証券や有形固定資産の売却による収入
③貸付けによる支出
④貸付金の回収による収入　など

財務活動によるキャッシュ・フローに記載される項目

財務活動によるキャッシュ・フローの区分には、資金の借入れ、社債の発行・償還、株式の発行など、財務活動により生じるキャッシュ・フローが記載されます。

財務活動によるキャッシュ・フローに記載するもの
①借入れによる収入
②借入金の返済による支出
③社債の発行による収入
④社債の償還による支出
⑤株式の発行による収入
⑥配当金の支払い　など

利息と配当金の表示区分

利息や配当金の受取額または支払額は、キャッシュ・フロー計算書では「**利息の受取額**（または**支払額**）」、「**配当金の受取額**（または**支払額**）」として表示します。

なお、利息や配当金の受取額または支払額については、次の2つのうちどちらかの表示区分によって表示します。

(1) **損益計算書項目かどうかで区分する方法**

　1つめは、損益計算書項目である**受取利息、受取配当金、支払利息**は**営業活動**によるキャッシュ・フローに表示し、損益計算書項目ではない**支払配当金**は**財務活動によるキャッシュ・フロー**に表示する方法です。

(2) **活動によって区分する方法**

　2つめは、投資活動の成果である**受取利息、受取配当金**は**投資活動によるキャッシュ・フロー**に表示し、財務活動上の支出である**支払利息、支払配当金**は**財務活動によるキャッシュ・フロー**に表示する方法です。

利息と配当金の表示区分

(1) 損益計算書項目かどうかで区分する方法

●受取利息、受取配当金、支払利息 ← 損益計算書項目

　→ 営業活動によるキャッシュ・フロー

●支払配当金 ← 損益計算書項目以外

　→ 財務活動によるキャッシュ・フロー

(2) 活動によって区分する方法

●受取利息、受取配当金 ← 投資活動の成果

　→ 投資活動によるキャッシュ・フロー

●支払利息、支払配当金 ← 財務活動上の支出

　→ 財務活動によるキャッシュ・フロー

どちらの方法によるかは問題文の指示にしたがってください。

CASE 135

営業活動によるキャッシュ・フロー①
間接法

営業活動による
キャッシュ・フローに
は2つの表示方法
があるんだって！

キャッシュ・フロー計算書の作成方法を、具
体例を使ってみていきましょう。まずは営業
活動によるキャッシュ・フロー（間接法）からです。

例 次の資料にもとづき、間接法によるキャッシュ・フロー計算書（営業活動によるキャッシュ・フローまで）を完成させなさい。

［資料1］貸借対照表

	前 期	当 期
現　　　　　金	165	50
完成工事未収入金	300	400
貸 倒 引 当 金	△ 15	△ 20
材 料 貯 蔵 品	560	640
備　　　　　品	1,200	1,200
減価償却累計額	△160	△320
資 産 合 計	2,050	1,950
工 事 未 払 金	340	200
資　　本　　金	1,000	1,000
利 益 準 備 金	70	120
繰越利益剰余金	640	630
負債・純資産合計	2,050	1,950

［資料2］損益計算書

売　　上　　高	2,400
売 上 原 価	960
売 上 総 利 益	1,440
貸倒引当金繰入	5
給　　　　料	485
減 価 償 却 費	160
その他の費用	150
営 業 利 益	640
受 取 配 当 金	260
税引前当期純利益	900
法 人 税 等	360
当 期 純 利 益	540

［資料3］その他の事項
1．配当金の受取額は営業活動によるキャッシュ・フローに表示する。
2．売上・仕入取引はすべて掛けで行っている。

```
              キャッシュ・フロー計算書     （単位：円）
営業活動によるキャッシュ・フロー
   税 引 前 当 期 純 利 益     （              ）
   減   価   償   却   費     （              ）
   貸倒引当金の増減額（△は減少）  （              ）
   受   取   配   当   金     （              ）
   売上債権の増減額 （△は増加）   （              ）
   棚卸資産の増減額 （△は増加）   （              ）
   仕入債務の増減額 （△は減少）   （              ）
         小       計        （              ）
   配  当  金  の  受  取  額   （              ）
   法  人  税  等  の  支  払  額   （              ）
   営業活動によるキャッシュ・フロー  （              ）
```

営業活動によるキャッシュ・フロー（間接法）

営業活動によるキャッシュ・フローの表示方法には、**間接法**（CASE135）と**直接法**（CASE136）の2つの方法があります。

> まずは間接法から
> みてみましょう。

間接法では、損益計算書の**税引前当期純利益**をベースにして、**税引前当期純利益**に必要な項目を加減していきます。

```
              キャッシュ・フロー計算書 （単位：円）
営業活動によるキャッシュ・フロー
   税 引 前 当 期 純 利 益     （     900 ）
```

> スタートは税引前当期純利益です。
> 当期純利益ではありませんので注意！

(1) 非資金損益項目の加減

減価償却費や貸倒引当金繰入は、費用として計上されていますが、現金等を支払ったわけではありません。

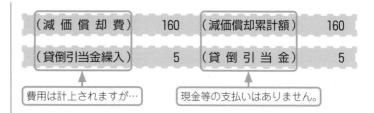

| （減 価 償 却 費） | 160 | （減価償却累計額） | 160 |
| （貸倒引当金繰入） | 5 | （貸 倒 引 当 金） | 5 |

費用は計上されますが… 　現金等の支払いはありません。

　このような現金等の支出をともなわない項目を**非資金損益項目**といい、非資金損益項目は税引前当期純利益に加減します。

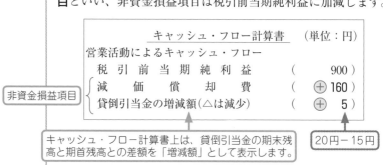

```
　　　　　　　キャッシュ・フロー計算書　　　（単位：円）
営業活動によるキャッシュ・フロー
　　税 引 前 当 期 純 利 益　　　（　　　900 ）
　　減 価 償 却 費　　　　　（　⊕ 160 ）
　　貸倒引当金の増減額(△は減少)　（　⊕　5 ）
```

非資金損益項目

キャッシュ・フロー計算書上は、貸倒引当金の期末残高と期首残高との差額を「増減額」として表示します。

20円－15円

(2) P/L営業外損益、特別損益の加減

　営業活動によるキャッシュ・フローは、損益計算書の営業損益区分に対応する区分です。

　したがって、税引前当期純利益に損益計算書の営業外損益と特別損益の金額を加減します。

　税引前当期純利益からさかのぼって営業利益を計算するイメージなので、税引前当期純利益に営業外費用と特別損失を加算し、営業外収益と特別利益を差し引きます。

```
　　　　損 益 計 算 書
Ⅰ　売　上　高
Ⅱ　売 上 原 価
　　　売 上 総 利 益
Ⅲ　販売費及び一般管理費
　　　営 業 利 益
Ⅳ　営 業 外 収 益　⊖
Ⅴ　営 業 外 費 用　⊕
　　　経 常 利 益
Ⅵ　特 別 利 益　⊖
Ⅶ　特 別 損 失　⊕
　　税引前当期純利益
　　法 人 税 等
　　当 期 純 利 益
```

CASE135の損益計算書には、営業外収益である受取配当金が記載されているので、受取配当金を税引前当期純利益から差し引きます。

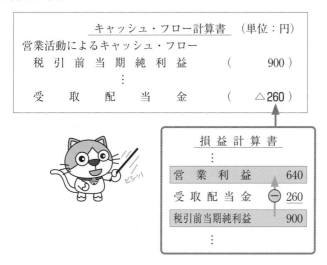

キャッシュ・フロー計算書　（単位：円）

営業活動によるキャッシュ・フロー
　税 引 前 当 期 純 利 益　　（　　　900）
　　　　　　　　：
　受　取　配　当　金　　（　△260）

損　益　計　算　書
　　　　：
営　業　利　益　　640
受　取　配　当　金　⊖　260
税引前当期純利益　　900
　　　　：

(3) 売上債権、仕入債務、棚卸資産の増減額の加減

税引前当期純利益に売上債権、仕入債務、棚卸資産の増減額を加減して、税引前当期純利益を営業活動によるキャッシュ・フローに修正します。

① 売上債権の増減

売上債権とは、完成工事未収入金や受取手形をいいます。
CASE135では、完成工事未収入金の期首残高が300円、期末残高が400円、売上高が2,400円なので、完成工事未収入金のボックス図を作ると次のようになります。

完成工事未収入金

| 期首 300円 | 当期回収 2,300円【貸借差額】 |
| 当期売上 2,400円 | 期末 400円 |

P/Lの金額

C/F（キャッシュ・フロー計算書）の金額

損益計算書の税引前当期純利益は、当期発生額である2,400円をベースに計算されているので、これを収入ベースの金額（2,300円）に修正します。収入ベースの金額に修正するためには、税引前当期純利益から100円（2,400円－2,300円）を減額することになりますが、この100円は売上債権の増加分（400円－300円）なので、売上債権の増加はキャッシュ・フローにマイナスの影響を与えるということになります。

　したがって、売上債権の増加額は税引前当期純利益から減算し、売上債権の減少額は税引前当期純利益に加算します。

	増　減	調　整
売上債権	増加 ↑	減算 －
	減少 ↓	加算 ＋

② 仕入債務の増減

　仕入債務とは、工事未払金や支払手形をいいます。

　仕入債務は売上債権の逆なので、仕入債務の増加額は税引前当期純利益に加算し、仕入債務の減少額は税引前当期純利益から減算します。

	増　減	調　整
仕入債務	増加 ↑	加算 ＋
	減少 ↓	減算 －

③ 棚卸資産の増減

　棚卸資産とは、材料貯蔵品や未成工事支出金をいいます。

　棚卸資産は売上債権と同様に、増加額は税引前当期純利益から減算し、減少額は税引前当期純利益に加算します。

	増　減	調　整
棚卸資産	増加 ↑	減算 －
	減少 ↓	加算 ＋

④ 前払費用、未払費用の増減

　前払費用や未払費用も売上債権（資産）や仕入債務（負債）と同様に考えて、増減額を税引前当期純利益に加減します。

　なお、経過勘定は、営業損益計算の対象となった項目（給料や営業費など）のみ調整することに注意しましょう。

前払利息や未払利息など、営業損益計算の対象とならない項目（支払利息）にかかる経過勘定は調整しません。

	項　目	増減	調　整
営業資産	売上債権、棚卸資産、前払費用　など	増加 ↑	減算 ⊖
		減少 ↓	加算 ⊕
営業負債	仕入債務、未払費用など	増加 ↑	加算 ⊕
		減少 ↓	減算 ⊖

要するに、営業資産が増えたら減算調整し、営業負債が増えたら加算調整するのです。「資産が増えたら、一見うれしいけど、実は悲しい（キャッシュ・フローは減る）」というイメージでおさえておきましょう。

　以上より、CASE135の売上債権等の増減をキャッシュ・フロー計算書に記入すると次のようになります。

```
　　　　　　　キャッシュ・フロー計算書（単位：円）
営業活動によるキャッシュ・フロー
　税　引　前　当　期　純　利　益　　（　　　　900）
　　　　　　　　　　：
　売上債権の増減額（△は増加）　　　（　　　△100）
　棚卸資産の増減額（△は増加）　　　（　　　△ 80）
　仕入債務の増減額（△は減少）　　　（　　　△140）
```

項　目	増　減	調　整
売上債権	400円－300円＝100円（増加）	減算 ⊖
棚卸資産	640円－560円＝80円（増加）	減算 ⊖
仕入債務	200円－340円＝△140円（減少）	減算 ⊖

⑷ **利息・配当金の支払額、受取額の記載**

　CASE134で学習したように、利息・配当金の支払額、受取額の表示方法は2つあります。CASE135では、［資料3］1.に「配当金の受取額は営業活動によるキャッシュ・フローに表示

する」と指示があるので、配当金の受取額（受取配当金）260
円を営業活動によるキャッシュ・フローの区分に記入します。

キャッシュ・フロー計算書（単位：円）

営業活動によるキャッシュ・フロー

税 引 前 当 期 純 利 益	（	900 ）
⋮		
配 当 金 の 受 取 額	（	⊕260 ）

受取配当金

⑸ 投資活動にも財務活動にも属さない項目の記入

　最後に投資活動、財務活動のいずれの活動にも属さない活動
から生じたキャッシュ・フロー（法人税等の支払額や損害賠償
金の支払額など）を記入します。

　以上より、CASE135のキャッシュ・フロー計算書（営業活
動によるキャッシュ・フローのみ）は次のようになります。

CASE135　営業活動によるキャッシュ・フロー（間接法）

キャッシュ・フロー計算書　（単位：円）

営業活動によるキャッシュ・フロー

税 引 前 当 期 純 利 益	（	900 ）
減 価 償 却 費	（	160 ）
貸倒引当金の増減額(△は減少)	（	5 ）
受 取 配 当 金	（	△260 ）
売上債権の増減額（△は増加）	（	△100 ）
棚卸資産の増減額（△は増加）	（	△ 80 ）
仕入債務の増減額（△は減少）	（	△140 ）
小 計	（	485 ）
配 当 金 の 受 取 額	（	260 ）
法 人 税 等 の 支 払 額	（	△360 ）
営業活動によるキャッシュ・フロー	（	385 ）

未払法人税等がある場合は、当期に
支払った金額を計算して記入します。

なお、営業活動によるキャッシュ・フロー（間接法）の基本様式を示すと次のとおりです。

キャッシュ・フロー計算書	（単位：円）
営業活動によるキャッシュ・フロー	
税 引 前 当 期 純 利 益	××
減 価 償 却 費	××
貸倒引当金の増減額（△は減少）	××
受 取 利 息 及 び 受 取 配 当 金	△××
支 払 利 息	××
為 替 差 損 益 （ △ は 益 ）	××
有形固定資産売却損益(△は益)	△××
損 害 賠 償 損 失	××
売上債権の増減額（△は増加）	△××
棚卸資産の増減額（△は増加）	××
仕入債務の増減額（△は減少）	△××
小 計	××
利息及び配当金の受取額	××
利 息 の 支 払 額	△××
損 害 賠 償 金 の 支 払 額	△××
法 人 税 等 の 支 払 額	△××
営業活動によるキャッシュ・フロー	××

(1) 非資金損益項目

(2) P/L営業外損益、特別損益の加減

(3) 売上債権、棚卸資産、仕入債務の調整

(4) 利息・配当金の受取額、利息の支払額（営業活動によるCFに表示する場合）

(5) その他の項目

★CF…キャッシュ・フロー

キャッシュ・フロー計算書

営業活動によるキャッシュ・フロー② 直接法

こんどは直接法！

次は、直接法による場合の営業活動によるキャッシュ・フローの記入の仕方をみてみましょう。

例　次の資料にもとづき、直接法によるキャッシュ・フロー計算書（営業活動によるキャッシュ・フローまで）を完成させなさい。

［資料１］貸借対照表

	前　期	当　期
現　　　　　金	165	50
完成工事未入金	300	400
貸 倒 引 当 金	△ 15	△ 20
材 料 貯 蔵 品	560	640
備　　　　　品	1,200	1,200
減価償却累計額	△160	△320
資 産 合 計	2,050	1,950
工 事 未 払 金	340	200
資 　本 　金	1,000	1,000
利 益 準 備 金	70	120
繰越利益剰余金	640	630
負債・純資産合計	2,050	1,950

［資料２］損益計算書

売　　　上　　　高	2,400
売 　上 　原 　価	960
売 　上 　総 　利 　益	1,440
貸 倒 引 当 金 繰 入	5
給　　　　　料	485
減 価 償 却 費	160
そ の 他 の 費 用	150
営 　業 　利 　益	640
受 取 配 当 金	260
税引前当期純利益	900
法 　人 　税 　等	360
当 期 純 利 益	540

［資料３］その他の事項
1．配当金の受取額は営業活動によるキャッシュ・フローに表示する。
2．売上・仕入取引はすべて掛けで行っている。

```
          キャッシュ・フロー計算書     （単位：円）
営業活動によるキャッシュ・フロー
    営    業    収    入      （          ）
    原材料又は商品の仕入れによる支出  （          ）
    人    件    費    の    支    出      （          ）
    そ  の  他  の  営  業  支  出      （          ）
          小          計          （          ）
    配  当  金  の  受  取  額      （          ）
    法  人  税  等  の  支  払  額      （          ）
    営業活動によるキャッシュ・フロー  （          ）
```

営業活動によるキャッシュ・フロー（直接法）

間接法では、損益計算書の**税引前当期純利益**をベースにして作成しましたが、直接法では、**営業収入**と**営業支出**を直接計上します。

⑴ **営業収入**

営業収入には、現金売上高や前受金の受取額、**完成工事未収入金や受取手形の回収額**など、売上取引から生じる収入額を計上します。

完成工事未収入金

> 完成工事未収入金ボックスを作って、完成工事未収入金の当期回収額（収入額）を計算します。

<u>キャッシュ・フロー計算書</u>（単位：円）

営業活動によるキャッシュ・フロー

営　業　収　入　　　　（　　2,300　）

⑵　原材料又は商品の仕入れによる支出

　原材料又は商品の仕入れによる支出には、現金仕入高や前払金の支払額、**工事未払金や支払手形の支払額**など、原材料や商品の仕入取引から生じる支出額を計上します。

　原材料又は商品の仕入れによる支出は、通常、原材料や商品と仕入債務の増減から計算します。そこで、CASE136について、工事未払金と材料貯蔵品のボックス図を作って原材料又は商品の仕入れによる支出を求めると次のようになります。

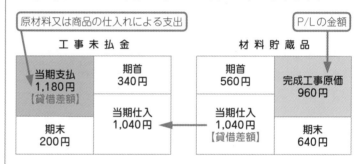

<u>キャッシュ・フロー計算書</u>（単位：円）

営業活動によるキャッシュ・フロー

　　　　　　　　　⋮

原材料又は商品の仕入れによる支出　　　（　△1,180　）

⑶　人件費の支出

　人件費の支出には、従業員や役員の給料、報酬、賞与などのうち、当期の実際支払額を記載します。

　CASE136では人件費（給料）の未払額や前払額がないので、発生額（損益計算書の金額）が支出額となりますが、もし期末に未払人件費（当期の費用にもかかわらず、まだ支払われていない人件費）があった場合は未払人件費の金額を控除します。

> 期首に未払人件費があった場合は当期に支払いがあるため、人件費の支出に含めます。

また、期末に前払人件費（次期の費用にもかかわらず、すでに支払いがされている人件費）があった場合は、前払人件費の金額を含めます。

　したがって、CASE136の人件費の支出は次のようになります。

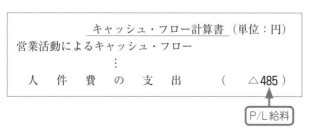

期首に前払人件費があった場合は前期に支払いがされている（当期の支払いではない）ため、人件費の支出に含めません。

(4)　その他の営業支出

　その他の営業支出には、原材料又は商品の仕入れによる支出、人件費の支出以外の営業活動による支出を合計して記入します。

　なお、減価償却費や貸倒引当金繰入は支出をともなわない費用なので、計算に含めません。

　したがって、CASE136のその他の営業支出には「その他の費用150円」を記入します。

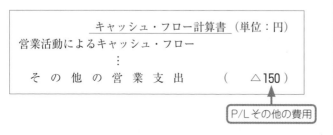

CASE136は前払費用や未払費用がないので、P/Lの金額をそのまま記入します。

(5)　利息・配当金の支払額、受取額の記載

　CASE136では、［資料3］1.に「配当金の受取額は営業活動によるキャッシュ・フローに表示する」と指示があるので、配当金の受取額（受取配当金）260円を営業活動によるキャッシュ・フローの区分に記入します。

これは間接法の場合と同じです。

```
                    キャッシュ・フロー計算書（単位：円）
  営業活動によるキャッシュ・フロー
                           ：
      配 当 金 の 受 取 額      （     260 ）
```

⑹　投資活動にも財務活動にも属さない項目の記入

これは間接法の場
合と同じです。

　CASE135（間接法）の場合と同様に、投資活動、財務活動
のいずれの活動にも属さない活動から生じたキャッシュ・フ
ロー（法人税等の支払額や損害賠償金の支払額など）を記入し
ます。

　以上より、CASE136のキャッシュ・フロー計算書（営業活
動によるキャッシュ・フローのみ）は次のようになります。

CASE136　営業活動によるキャッシュ・フロー（直接法）

```
              キャッシュ・フロー計算書      （単位：円）
  営業活動によるキャッシュ・フロー
     営  業  収  入        （      2,300 ）
     原材料又は商品の仕入れによる支出 （    △1,180 ）
     人  件  費  の  支  出    （    △ 485 ）
     そ の 他 の 営 業 支 出    （    △ 150 ）
          小       計        （      485 ）
     配 当 金 の 受 取 額      （      260 ）
     法 人 税 等 の 支 払 額    （    △ 360 ）
     営業活動によるキャッシュ・フロー （      385 ）
```

間接法と同じ

間接法の場合
と一致します。

　なお、営業活動によるキャッシュ・フロー（直接法）の基本
様式を示すと次のとおりです。

(1) 現金売上高や売上債権の回収額など		

キャッシュ・フロー計算書 （単位：円）

営業活動によるキャッシュ・フロー

(1) 現金売上高や売上債権の回収額など →	営　業　収　入	××
(2) 現金仕入高や仕入債務の支払額など →	原材料又は商品の仕入れによる支出	△××
(3) 給料、賞与等の支払額 →	人　件　費　の　支　出	△××
(4) その他の営業支出 →	そ の 他 の 営 業 支 出	△××
	小　　　　計	××
(5) 利息・配当金の受取額、利息の支払額（営業活動によるCFに表示する場合）	⎧ 利 息 及 び 配 当 金 の 受 取 額	××
	⎨ 利　息　の　支　払　額	
(6) その他の項目 →	⎪ 損 害 賠 償 金 の 支 払 額	
	⎩ 法 人 税 等 の 支 払 額	△××
	営業活動によるキャッシュ・フロー	××

小計より下は直接法も間接法も同じです。

⇔ 問題集 ⇔
問題103

キャッシュ・フロー計算書

投資活動によるキャッシュ・フロー

投資活動による
キャッシュ・
フローは…？

つづいて、投資活動によるキャッシュ・フローの記入の仕方をみてみましょう。なお、投資活動によるキャッシュ・フローの表示方法には、直接法と間接法の区別はありません。

例 次の資料にもとづき、キャッシュ・フロー計算書（投資活動によるキャッシュ・フローのみ）を完成させなさい。

［資料1］貸借対照表（一部）

	前　期	当　期
⋮	⋮	⋮
有 価 証 券	1,200	2,600
貸 付 金	300	400
建 物	3,800	2,400
減価償却累計額	△480	△400
資 産 合 計	××	××

［資料2］当期中の取引
1. 有価証券（帳簿価額1,000円）を1,100円で売却し、現金を受け取った（当期末において所有する有価証券の帳簿価額と時価との差額はなかった）。
2. 貸付金の当期回収額は200円である。
3. 建物（取得原価1,400円、減価償却累計額160円）を1,200円で売却し、現金を受け取った。

キャッシュ・フロー計算書 （単位：円）	
投資活動によるキャッシュ・フロー	
有 価 証 券 の 取 得 に よ る 支 出	（　　　　　）
有 価 証 券 の 売 却 に よ る 収 入	（　　　　　）
有形固定資産の売却による収入	（　　　　　）
貸 付 け に よ る 支 出	（　　　　　）
貸 付 金 の 回 収 に よ る 収 入	（　　　　　）
投資活動によるキャッシュ・フロー	（　　　　　）

投資活動によるキャッシュ・フロー

投資活動によるキャッシュ・フローの区分には、有価証券や建物の購入や売却、資金の貸付けなど、投資活動から生じるキャッシュ・フローを記載します。

なお、営業活動によるキャッシュ・フローの表示方法は直接法と間接法がありましたが、投資活動によるキャッシュ・フローおよび財務活動によるキャッシュ・フローの表示方法には、直接法と間接法の区別はありません。

> 収入額・支出額を
> 直接計上します。

(1) 有価証券の取得による支出

CASE137の［資料１］有価証券の増減から、有価証券の当期取得額（支出額）を計算すると、次のとおりです。

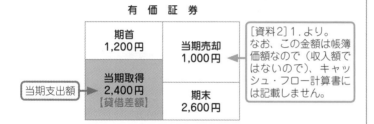

有 価 証 券

期首 1,200円	当期売却 1,000円
当期取得 2,400円 【貸借差額】	期末 2,600円

当期支出額

> ［資料２］１.より。
> なお、この金額は帳簿価額なので（収入額ではないので）、キャッシュ・フロー計算書には記載しません。

```
          キャッシュ・フロー計算書 （単位：円）
投資活動によるキャッシュ・フロー
    有価証券の取得による支出     （  △2,400 ）
```

(2) 有価証券の売却による収入

CASE137の［資料２］１.より、有価証券の売却収入は1,100円となります。

```
          キャッシュ・フロー計算書 （単位：円）
投資活動によるキャッシュ・フロー
              ⋮
    有価証券の売却による収入     （   1,100 ）
```

⑶ 有形固定資産の売却による収入

CASE137の［資料２］３.より、有形固定資産の売却収入は1,200円となります。

キャッシュ・フロー計算書（単位：円）

投資活動によるキャッシュ・フロー

⋮

　有形固定資産の売却による収入　　（　　1,200　）

なお、有形固定資産の取得があった場合には、「有形固定資産の取得による支出」を記入します。

CASE137では、建物の期首残高（3,800円）から売却した建物の取得原価（1,400円）を差し引いた金額（2,400円）が建物の期末残高（2,400円）に一致するので、当期の有形固定資産の取得はなかったことがわかります。

建　　　　　物

	当期売却 1,400円
期首 3,800円	期末 2,400円

⑷ 貸付けによる支出と貸付金の回収による収入

CASE137の［資料１］貸付金の増減と［資料２］２.から、貸付けによる支出額と貸付金の回収額を計算すると、次のとおりです。

貸　付　金

期首 300円	当期回収 200円 　　当期回収額 ［資料２］２.より
当期貸付 300円【貸借差額】 ←当期支出額	期末 400円

440

```
            キャッシュ・フロー計算書（単位：円）
投資活動によるキャッシュ・フロー
                    ：
  貸 付 け に よ る 支 出    （   △300 ）
  貸付金の回収による収入    （    200 ）
```

　以上より、CASE137のキャッシュ・フロー計算書（投資活
動によるキャッシュ・フローのみ）は次のようになります。

CASE137　投資活動によるキャッシュ・フロー

```
            キャッシュ・フロー計算書   （単位：円）
投資活動によるキャッシュ・フロー
  有 価 証 券 の 取 得 に よ る 支 出  （   △2,400 ）
  有 価 証 券 の 売 却 に よ る 収 入  （    1,100 ）
  有形固定資産の売却による収入      （    1,200 ）
  貸 付 け に よ る 支 出            （   △ 300 ）
  貸 付 金 の 回 収 に よ る 収 入    （    200 ）
  投資活動によるキャッシュ・フロー  （   △ 200 ）
```

　なお、投資活動によるキャッシュ・フローの基本様式を示す
と次のとおりです。

```
            キャッシュ・フロー計算書（単位：円）
投資活動によるキャッシュ・フロー
  有 価 証 券 の 取 得 に よ る 支 出      △××
  有 価 証 券 の 売 却 に よ る 収 入       ××
  有形固定資産の取得による支出          △××
  有形固定資産の売却による収入           ××
  投資有価証券の取得による支出          △××
  投資有価証券の売却による収入           ××
  貸 付 け に よ る 支 出                △××
  貸 付 金 の 回 収 に よ る 収 入         ××
  投資活動によるキャッシュ・フロー        ××
```

財務活動によるキャッシュ・フロー

最後は財務活動による
キャッシュ・フロー！

最後に、財務活動によるキャッシュ・フロー
の記入の仕方をみてみましょう。

例　次の資料にもとづき、キャッシュ・フロー計算書（財務活動によるキャッシュ・フローのみ）を完成させなさい。

［資料1］貸借対照表（一部）

	前　期	当　期
⋮	⋮	⋮
短 期 借 入 金	2,800	2,500
資 　 本 　 金	1,000	1,500
⋮	⋮	⋮
負債・純資産合計	××	××

［資料2］当期中の取引
1．短期借入金の当期返済額は1,000円である。
2．当期に増資をし、500円が当座預金口座に払い込まれた。
3．株主に配当金100円を現金で支払った。

キャッシュ・フロー計算書　　（単位：円）

財務活動によるキャッシュ・フロー
　短 期 借 入 れ に よ る 収 入　　（　　　　　）
　短期借入金の返済による支出　　（　　　　　）
　株 式 の 発 行 に よ る 収 入　　（　　　　　）
　配 当 金 の 支 払 額　　（　　　　　）
　財務活動によるキャッシュ・フロー　　（　　　　　）

●財務活動によるキャッシュ・フロー

　財務活動によるキャッシュ・フローの区分には、資金の借入れや返済、社債の発行・償還、株式の発行など、財務活動にかかるキャッシュ・フローを記載します。

(1) 短期借入れによる収入、短期借入金の返済による支出

CASE138の［資料１］短期借入金の増減と［資料２］１.から、短期借入れによる収入額と短期借入金の返済による支出額を計算すると、次のとおりです。

短 期 借 入 金

当期返済 1,000円	期首 2,800円
期末 2,500円	当期借入 700円【貸借差額】

当期支出額 ［資料２］１.より

当期収入額

```
            キャッシュ・フロー計算書 （単位：円）
財務活動によるキャッシュ・フロー
    短 期 借 入 れ に よ る 収 入    （      700 ）
    短期借入金の返済による支出      （ △1,000 ）
```

(2) 株式の発行による収入

CASE138の［資料２］２.より、株式の発行による収入は500円です。

```
            キャッシュ・フロー計算書 （単位：円）
財務活動によるキャッシュ・フロー
                    ⋮
    株 式 の 発 行 に よ る 収 入    （      500 ）
```

(3) 配当金の支払額

［資料２］３.より、配当金の支払額は100円です。

```
            キャッシュ・フロー計算書 （単位：円）
財務活動によるキャッシュ・フロー
                    ⋮
    配 当 金 の 支 払 額          （    △100 ）
```

以上より、CASE138のキャッシュ・フロー計算書（財務活動によるキャッシュ・フローのみ）は次のようになります。

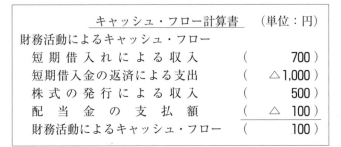

CASE138　財務活動によるキャッシュ・フロー

キャッシュ・フロー計算書	（単位：円）
財務活動によるキャッシュ・フロー	
短期借入れによる収入	（　　　700）
短期借入金の返済による支出	（　△1,000）
株式の発行による収入	（　　　500）
配当金の支払額	（　△　100）
財務活動によるキャッシュ・フロー	（　　　100）

なお、財務活動によるキャッシュ・フローの基本様式を示すと次のとおりです。

キャッシュ・フロー計算書	（単位：円）
財務活動によるキャッシュ・フロー	
短期借入れによる収入	××
短期借入金の返済による支出	△××
長期借入れによる収入	××
長期借入金の返済による支出	△××
社債の発行による収入	××
社債の償還による支出	△××
株式の発行による収入	××
自己株式の取得による支出	△××
配当金の支払額	△××
財務活動によるキャッシュ・フロー	××

●さくいん

スッキリわかるシリーズ

スッキリわかる　建設業経理士1級　財務諸表　第3版

2013年 9 月30日　　初　版　第1刷発行
2020年 6 月27日　　第3版　第1刷発行
2024年 6 月10日　　　　　　第6刷発行

編　著　者	滝　澤　な　な　み	
	TAC出版開発グループ	
発　行　者	多　田　敏　男	
発　行　所	TAC株式会社　出版事業部	
	（TAC出版）	

〒101-8383
東京都千代田区神田三崎町3-2-18
電話　03 (5276) 9492 (営業)
FAX　03 (5276) 9674
https://shuppan.tac-school.co.jp

印　　　刷	株式会社　ワ　コ　ー
製　　　本	東京美術紙工協業組合

© TAC, Nanami Takizawa 2020　　　Printed in Japan

ISBN 978-4-8132-8834-3
N.D.C. 336

建設業経理士検定講座のご案内

オリジナル教材　　合格までのノウハウを結集！

これが **TAC**

テキスト
試験の出題傾向を徹底分析。最短距離での合格を目標に、確実に理解できるように工夫されています。

トレーニング
合格を確実なものとするためには欠かせないアウトプットトレーニング用教材です。出題パターンと解答テクニックを修得してください。

的中答練
講義を一通り修了した段階で、本試験形式の問題練習を繰り返しトレーニングします。これにより、一層の実力アップが図れます。

DVD
TAC専任講師の講義を収録したDVDです。画面を通して、講義の迫力とポイントが伝わり、よりわかりやすく、より効率的に学習が進められます。
[DVD通信講座のみ送付]

学習メディア　　ライフスタイルに合わせて選べる！

通 学 講 座

ビデオブース講座
通って学ぶ
予約制

ご自身のスケジュールに合わせて、TACのビデオブースで学習するスタイル。日程を自由に設定できるため、忙しい社会人に人気の講座です。

通 信 講 座

Web通信講座
（音声DLフォロー標準装備）
スマホやタブレットにも対応
見て学ぶ

教室講座の生講義をブロードバンドを利用し動画で配信します。ご自身のペースに合わせて、24時間いつでも何度でも繰り返し受講することができます。また、講義動画はダウンロードして2週間視聴可能です。有効期間内は何度でもダウンロード可能です。
※Web通信講座の配信期間は、受講された試験月の末日までです。

TAC WEB SCHOOL ホームページ
URL https://portal.tac-school.co.jp/
※お申込み前に、左記のサイトにて必ず動作環境をご確認ください。

DVD通信講座
見て学ぶ

講義を収録したデジタル映像をご自宅にお届けします。講義の臨場感をクリアな画像でご自宅にて再現することができます。
※DVD-Rメディア対応のDVDプレーヤーでのみ受講が可能です。パソコンやゲーム機の動作保証はいたしておりません。

Webでも無料配信中！
スマホ タブレット パソコン
「TAC動画チャンネル」

● **入門セミナー** ※収録内容の変更のため、配信されない期間が生じる場合がございます。
● **1回目の講義（前半分）が視聴できます**

資料通信講座（1級総合本科生のみ）
テキスト・添削問題を中心として学習します。

詳しくは、TACホームページ「TAC動画チャンネル」をクリック！
TAC 動画チャンネル　建設業 [検 索]

コースの詳細は、建設業経理士検定講座パンフレット・TACホームページをご覧ください。

パンフレットのご請求・お問い合わせは、**TACカスタマーセンター**まで
※営業時間短縮の場合がございます。詳細はHPでご確認ください。

通話無料 ゴウカク イイナ **0120-509-117**
受付時間　月〜金　9:30〜19:00
　　　　　土・日・祝　9:30〜18:00

TAC建設業経理士検定講座ホームページ
TAC 建設業 [検 索]

| 通学 |  ビデオブース講座 | 通信 | Web通信講座 | DVD通信講座 | 資料通信講座（1級総合本科生のみ） |

合格カリキュラム　ご自身のレベルに合わせて無理なく学習！

■ 1級受験対策コース▶　財務諸表　財務分析　原価計算

対象 日商簿記2級・建設業2級修了者、日商簿記1級修了者

1級総合本科生

財務諸表	財務分析	原価計算
財務諸表本科生	**財務分析本科生**	**原価計算本科生**
財務諸表講義 ／ 財務諸表的中答練	財務分析講義 ／ 財務分析的中答練	原価計算講義 ／ 原価計算的中答練

※上記の他、1級的中答練セットもございます。

■ 2級受験対策コース

対象 初学者（簿記知識がゼロの方）

2級本科生（日商3級講義付）

日商簿記3級講義	2級講義	2級的中答練

対象 日商簿記3級・建設業3級修了者

2級本科生

2級講義	2級的中答練

対象 日商簿記2級修了者

日商2級修了者用2級セット

日商2級修了者用2級講義	2級的中答練

※上記の他、単科申込みのコースもございます。　※上記コース内容は予告なく変更される場合がございます。あらかじめご了承ください。

合格カリキュラムの詳細は、TACホームページをご覧になるか、パンフレットにてご確認ください。

安心のフォロー制度　充実のバックアップ体制で、学習を強力サポート！

 ＝ビデオブース講座でのフォロー制度です。　　　＝Web・DVD・資料通信講座でのフォロー制度です。

1. 受講のしやすさを考えた制度

随時入学
ビデオブース講座および通信では "始めたい時が開講日"。視聴開始日・送付開始日以降ならいつでも受講を開始できます。

校舎間自由視聴制度
校舎間で自由に振り替えて受講ができます。平日は学校・会社の近くで、週末は自宅近くの校舎で受講するなど、時間を有効に活用できます。
※振替用のブース数は各校に制限がありますので予めご了承ください。
※予約方法については各校で異なります。詳細は振替希望校舎にお問い合わせください。

2. 困った時、わからない時のフォロー

質問電話
講師とのコミュニケーションツール。疑問点・不明点は、質問電話ですぐに解決しましょう。

質問カード
講師と接する機会の少ないビデオブース受講生や通信受講生も、質問カードを利用すればいつでも疑問点・不明点を講師に質問し、解決できます。また、実際に質問事項を書くことによって、理解も深まります（利用回数：10回）。

質問メール
受講生専用のWebサイト「マイページ」より質問メール機能をご利用いただけます（利用回数：10回）。
※質問カード、メールの使用回数の上限は合算で10回までとなります。

3. その他の特典

再受講割引制度
過去に、本科生（1級各科目本科生含む）を受講されたことのある方が、同一コースをもう一度受講する場合には再受講割引受講料でお申込みいただけます。
※以前受講されていた時の会員証をご提示いただき、お手続きをしてください。
※テキスト・問題集はお渡ししておりませんのでお持ちのテキスト等をご使用ください。テキスト等のver.変更があった場合は、別途お買い求めください。

TAC出版 書籍のご案内

TAC出版では、資格の学校TAC各講座の定評ある執筆陣による資格試験の参考書をはじめ、資格取得者の開業法や仕事術、実務書、ビジネス書、一般書などを発行しています!

TAC出版の書籍

*一部書籍は、早稲田経営出版のブランドにて刊行しております。

資格・検定試験の受験対策書籍

- ❂日商簿記検定
- ❂建設業経理士
- ❂全経簿記上級
- ❂税 理 士
- ❂公認会計士
- ❂社会保険労務士
- ❂中小企業診断士
- ❂証券アナリスト

- ❂ファイナンシャルプランナー(FP)
- ❂証券外務員
- ❂貸金業務取扱主任者
- ❂不動産鑑定士
- ❂宅地建物取引士
- ❂賃貸不動産経営管理士
- ❂マンション管理士
- ❂管理業務主任者

- ❂司法書士
- ❂行政書士
- ❂司法試験
- ❂弁理士
- ❂公務員試験(大卒程度・高卒者)
- ❂情報処理試験
- ❂介護福祉士
- ❂ケアマネジャー
- ❂電験三種 ほか

実務書・ビジネス書

- ❂会計実務、税法、税務、経理
- ❂総務、労務、人事
- ❂ビジネススキル、マナー、就職、自己啓発
- ❂資格取得者の開業法、仕事術、営業術

一般書・エンタメ書

- ❂ファッション
- ❂エッセイ、レシピ
- ❂スポーツ
- ❂旅行ガイド (おとな旅プレミアム/旅コン)

書籍の正誤に関するご確認とお問合せについて

書籍の記載内容に誤りではないかと思われる箇所がございましたら、以下の手順にてご確認とお問合せをしてくださいますよう、お願い申し上げます。

なお、正誤のお問合せ以外の書籍内容に関する解説および受験指導などは、一切行っておりません。
そのようなお問合せにつきましては、お答えいたしかねますので、あらかじめご了承ください。

1 「Cyber Book Store」にて正誤表を確認する

TAC出版書籍販売サイト「Cyber Book Store」の
トップページ内「正誤表」コーナーにて、正誤表をご確認ください。

CYBER BOOK STORE TAC出版書籍販売サイト

URL：https://bookstore.tac-school.co.jp/

2 1の正誤表がない、あるいは正誤表に該当箇所の記載がない ⇒ 下記①、②のどちらかの方法で文書にて問合せをする

★ご注意ください★

お電話でのお問合せは、お受けいたしません。

①、②のどちらの方法でも、お問合せの際には、「お名前」とともに、
「対象の書籍名（○級・第○回対策も含む）およびその版数（第○版・○○年度版など）」
「お問合せ該当箇所の頁数と行数」
「誤りと思われる記載」
「正しいとお考えになる記載とその根拠」
を明記してください。

なお、回答までに1週間前後を要する場合もございます。あらかじめご了承ください。

① ウェブページ「Cyber Book Store」内の「お問合せフォーム」より問合せをする

【お問合せフォームアドレス】

https://bookstore.tac-school.co.jp/inquiry/

② メールにより問合せをする

【メール宛先　TAC出版】

syuppan-h@tac-school.co.jp

※土日祝日はお問合せ対応をおこなっておりません。
※正誤のお問合せ対応は、該当書籍の改訂版刊行月末日までといたします。

乱丁・落丁による交換は、該当書籍の改訂版刊行月末日までといたします。なお、書籍の在庫状況等により、お受けできない場合もございます。
また、各種本試験の実施の延期、中止を理由とした本書の返品はお受けいたしません。返金もいたしかねますので、あらかじめご了承くださいますようお願い申し上げます。

（2022年7月現在）